电源工程师研发笔记

开关电源控制环路设计
Christophe Basso 的
实 战 秘 籍

[法]克里斯多夫·巴索（Christophe Basso） 著
文天祥　王牡丹　译

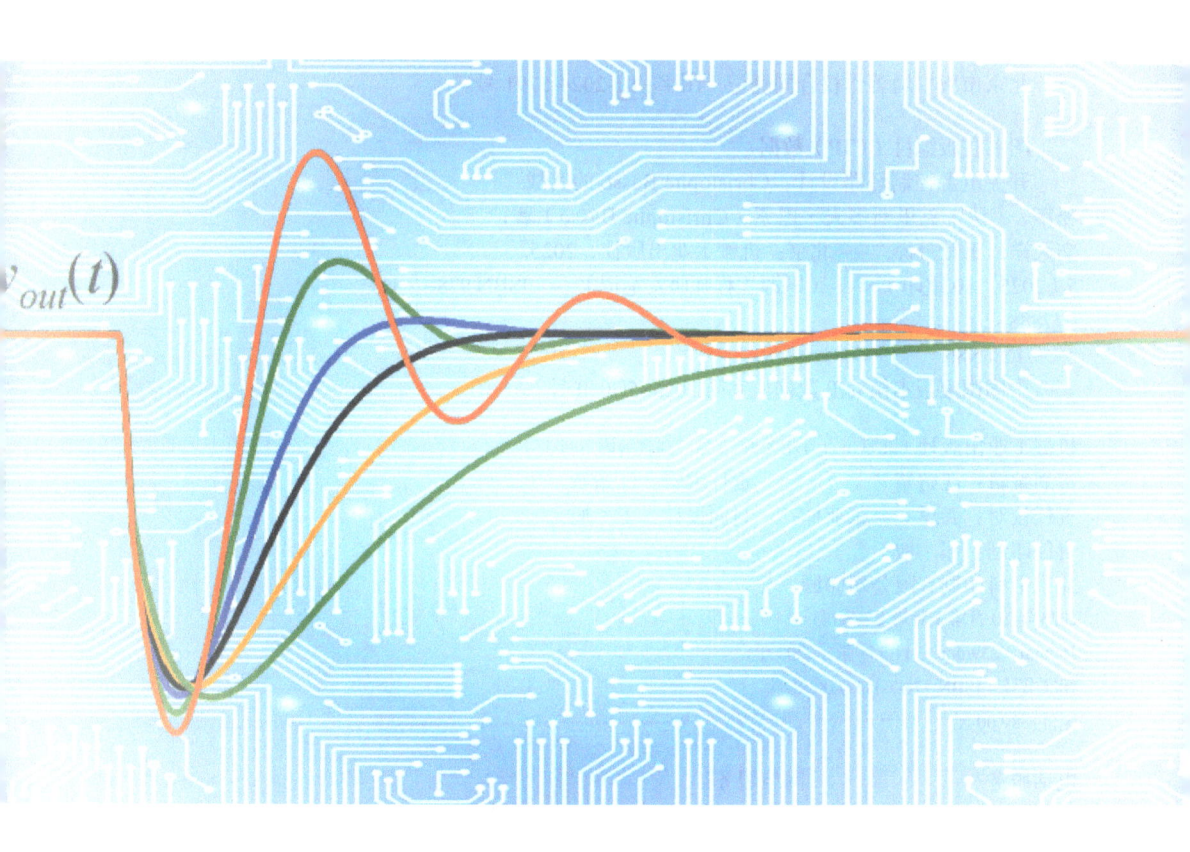

机械工业出版社
CHINA MACHINE PRESS

本书内容从理论分析到实际拓扑结构，层层推进。最开始介绍了一些理论知识，重点讨论穿越频率和相位裕量等关键参数。后续内容针对电压、电流模式控制中的降压变换器，以及升压变换器、降压—升压变换器、正激变换器、反激变换器、功率因数校正电路、各种控制方案中的 LLC 变换器、UC384X 电路的示例等，以较少的公式，给出了各种拓扑的仿真模型，以及增益补偿、相位提升等设计过程。

本书适合电源设计工程师，初步具备基本电力电子技术和开关电源技术基础的本科生或研究生阅读，也可以作为自动化、电子信息、电力电子与电力传动相关专业本科生、研究生的教学参考用书。

An Intuitive Guide to Compensating Switching Power Supplies: Apply Christophe Basso's Recipes on Loop Control

ISBN 9781960405371

Copyright © Christophe Basso 2024

Simplified Chinese Translation Copyright © 2025 by China Machine Press. This edition is authorized for sale in the Chinese mainland (excluding Hong Kong SAR, Macao SAR and Taiwan).

此版本仅限在中国大陆地区（不包括香港、澳门特别行政区及台湾地区）销售。未经出版者书面许可，不得以任何方式抄袭、复制或节录本书中的任何部分。

北京市版权局著作权合同登记　图字：01-2024-5791 号。

图书在版编目（CIP）数据

开关电源控制环路设计：Christophe Basso 的实战秘籍 /（法）克里斯多夫·巴索（Christophe Basso）著；文天祥，王牡丹译. -- 北京：机械工业出版社，2025. 5（2025. 10重印）. --（电源工程师研发笔记）. -- ISBN 978-7-111-77888-2

Ⅰ. TN86

中国国家版本馆 CIP 数据核字第 2025S5G040 号

机械工业出版社（北京市百万庄大街 22 号　邮政编码 100037）
策划编辑：江婧婧　　　　　责任编辑：江婧婧
责任校对：龚思文　张亚楠　　封面设计：王　旭
责任印制：邓　博
北京中科印刷有限公司印刷
2025 年 10 月第 1 版第 2 次印刷
169mm×239mm · 11.5 印张 · 202 千字
标准书号：ISBN 978-7-111-77888-2
定价：89.00 元

电话服务　　　　　　　　网络服务
客服电话：010-88361066　机 工 官 网：www.cmpbook.com
　　　　　010-88379833　机 工 官 博：weibo.com/cmp1952
　　　　　010-68326294　金　书　网：www.golden-book.com
封底无防伪标均为盗版　机工教育服务网：www.cmpedu.com

译者序

每次阅读 Christophe Basso 的著作，我都会被他的技术严谨性和逻辑自洽所折服。即便是一个简单的拓扑结构，他也能从多个维度（如公式推导、数值计算、仿真分析等）进行交叉验证，这种深入细致的分析方式，无论对于书籍的撰写还是工程实践，都具有极高的参考价值。令我高兴的是，作为他指定的中文版译者，我有幸最早接触到他的著作及出版信息，并与他进行频繁的讨论，整个过程中我受益良多。

开关电源（开关变换器）的环路稳定性设计是每一位电源工程师在研发过程中必须面对的挑战。目前市面上大多数开关电源设计参考书都会涉及环路设计，但许多书籍在讲解时，常常推导复杂的控制理论，并列出晦涩难懂的数学公式，使得许多电源工程师读后依然感到困惑，难以将理论与实际工程设计相结合。

本书的作者 Christophe Basso 凭借丰富的开关电源理论和工程设计经验，特别是在开关电源环路补偿方面，形成了自己独特的见解，并发展出一套完备的分析方法。在他的职业生涯中，已出版多本开关电源工程设计的畅销书。作者的几本关于开关电源环路控制的经典著作（如《开关电源控制环路设计》《线性电路传递函数快速分析技术》和《开关电源仿真与设计——基于 SPICE》）涵盖了从仿真到环路设计，再到快速分析技术等内容，深受读者欢迎，中文版销量十分可观。

本书将开关电源环路控制的理论与实际工程设计相结合，适合具有基本电力电子学基础和一定产品调试经验的电源工程师使用。通过学习本书，工程师可以避免通过试错法进行环路调试，而是能够根据运算放大器、TL431、OTA 等补偿技术，设计出稳定的开关电源。

在翻译本书的过程中，我与 Christophe Basso 本人进行了大量沟通，同时查阅了大量相关文献。正如我之前的书籍出版一样，机械工业出版社的编辑江婧婧从立项到完稿，给予了我极大的支持，并在审稿过程中提供了细致的帮助。同时，我的妻子王牡丹一直给予我全力支持，儿子夕宝也从懵懂的幼儿成长为一名懂事的小学生，他们见证了我孜孜不倦的工作，尽管偶尔会有打扰，但我始终感到幸福与充实。没有他们背后的默默付出，本书也无法顺利出版。

尽管本书经过多次审校，但由于个人能力所限，翻译过程中若有不足之处，还请读者批评指正。欢迎对书中的内容或术语翻译进行讨论，邮箱：eric.wen1984@qq.com，谢谢！

文天祥
2025 年 3 月于上海

原书前言

在我举办的教学培训研讨会中，设计开关电源的控制环路是工程师们常常遇到的一个挑战。尽管相关理论易于理解，但教科书中的示例往往缺乏实际应用的细节，且通常基于特定的控制方案。许多开关电源的稳定性设计往往依赖反复试验，随后才进行大规模生产，这样的流程无法保证产品在整个运行周期内保持稳定。不当的环路补偿可能导致启动时序不正确、电压过冲使适配器锁死、输出电压下冲使后级逻辑电路失效，甚至元器件老化产生噪声等问题。这些问题都可能导致生产线停工，甚至更严重的情况，如产品召回。

关于环路控制的文献已经相当丰富，我希望这本书能够有所不同。首先，我简要介绍了一些理论内容，重点讨论穿越频率和相位裕量等关键参数。阅读完这些内容后，你将不会再随意选择这些参数，并理解它们在环路闭合后对瞬态响应的影响。其次，了解补偿器的构建方式及有源器件如何影响设计和预期的交流响应也至关重要，例如，像TL431这样的器件，如果忽视其自身的约束条件，可能会使设计变得复杂。这本书简洁明了，直击要害，对于希望深入学习基础理论的工程师，书末的参考书籍和文章将提供更详细的信息。

最后，本书是面向设计的，大多数示例都可以在免费的 SIMPLIS ELEMENTS 演示版本中运行。所有模型均可通过我的个人主页下载，轻松运行。每个电路均配有自动计算的宏，以确定所选穿越频率和相位裕量所需的元器件值。然后，可以运行交流或瞬态仿真来检验结果。我希望你喜欢这种新的实用手册风格和节奏。如果你有任何建议或评论，请随时通过电子邮件（cbasso@orange.fr）与我联系。

祝大家环路补偿学习快乐！

Christophe Basso
2024 年 10 月

作者介绍

Christophe Basso 目前在法国 Future Electronics 担任业务拓展经理，负责为欧洲开发功率变换器的客户提供技术支持。在此之前，他曾是法国图卢兹 Onsemi 的技术研究员，领导应用团队专注于新型离线式 PWM 控制器的开发。

Christophe 发明了多种集成电路，其中 NCP120X 系列为低待机功率变换器树立了新标准。他出版了多部关于功率变换和仿真的书籍，最新著作为《大道至简：快速求解线性电路传递函数》，该书通过法拉第出版社出版，并应用快速分析电路技术（FACTs）来确定多种开关变换器的四个传递函数。

Christophe 拥有超过 25 年的电源行业经验，持有 25 项电源变换专利，并积极参与行业会议，常在《How2Power》行业杂志上发表技术文章。在 1999 年加入 Onsemi 之前，他曾在位于图卢兹的摩托罗拉半导体公司担任应用工程师。在 1997 年之前，他在位于法国格勒诺布尔市的欧洲同步辐射中心工作了 10 年。Christophe 毕业于法国蒙彼利埃大学，获得学士学位，并在法国图卢兹国立理工学院获得硕士学位，现为 IEEE 高级会员。

在业余时间，Christophe 喜欢骑山地自行车，通过这种方式寻找创作灵感。

目录

译者序
原书前言
作者介绍

第1章 介绍 ·················· 1

第2章 开环系统 ················ 2

2.1 传递函数 ················· 2
   2.1.1 模块化建模 ············ 3
   2.1.2 反馈拯救了我们 ········· 4
   2.1.3 需要增益进行调节 ········ 5
2.2 反馈的好处 ··············· 5
2.3 构建振荡器 ··············· 6
   2.3.1 时域仿真 ············· 7
   2.3.2 不稳定系统 ··········· 8
   2.3.3 远离振荡 ············ 9
   2.3.4 瞬态响应 ············ 10
2.4 选择相位裕量 ············· 11
   2.4.1 限值在哪里 ··········· 11
2.5 穿越频率与带宽 ············ 12
   2.5.1 选择正确的穿越频率值 ···· 13
2.6 生成占空比 ·············· 14
   2.6.1 PWM模块的频率响应 ····· 15
   2.6.2 典型的瞬态响应 ········ 16
2.7 如何强制实现穿越 ·········· 17
2.8 调整环路响应 ············· 18
   2.8.1 提升相位 ············ 19
2.9 极点和零点 ·············· 20

第3章 三个补偿器 ·············· 21

3.1 补偿器的交流响应 ·········· 22
3.2 采用1型补偿器进行补偿 ······ 22
   3.2.1 仿真1型补偿器 ········ 23
   3.2.2 在几秒钟内得到的结果 ···· 24

3.3 带有运算放大器（OPA）的 2 型
　　 补偿器 - Ⅰ ·················· 25
3.4 带有运算放大器（OPA）的 2 型
　　 补偿器 - Ⅱ ·················· 26
　　 3.4.1　2 型补偿器的仿真 ········ 27
　　 3.4.2　2 型补偿器的交流响应 ····· 28
3.5 带有运算放大器（OPA）的 3 型
　　 补偿器 - Ⅰ ·················· 29
3.6 带有运算放大器（OPA）的 3 型
　　 补偿器 - Ⅱ ·················· 30
　　 3.6.1　3 型补偿器 - 基于运算放大器（OPA）
　　　　　 的仿真 ················ 31
3.7 了解运算放大器（OPA）的影响 ····· 32
3.8 运算放大器（OPA）特性的影响 ···· 33
3.9 PID 模块 ······················ 34
3.10 增加一个额外的极点 ············ 35
3.11 从 PID 到 3 型补偿器 ··········· 36
3.12 运算放大器（OPA）和 PID ······· 37

第 4 章　光电耦合器和 TL431 ··········· 39

4.1 光电耦合器 ···················· 39
　　 4.1.1　移动光电耦合器的极点位置 ····· 40
　　 4.1.2　光电耦合器的仿真和 TL431 ···· 41
4.2 TL431 和 1 型补偿器 ············ 42
　　 4.2.1　TL431 和 1 型补偿器的仿真 ···· 43
　　 4.2.2　TL431 的快速和慢速通道 ······ 44
4.3 TL431 和 2 型补偿器 ············ 46
　　 4.3.1　用 TL431 设计 2 型补偿器 ····· 47
　　 4.3.2　TL431 和 2 型补偿器的仿真 ···· 48
　　 4.3.3　一种无快速通道的 2 型补偿器 ·· 49
4.4 TL431 和 3 型补偿器 ············ 50
　　 4.4.1　用 TL431 设计 3 型补偿器 ····· 51
　　 4.4.2　无快速通道的 3 型补偿器的仿真 ··· 53
4.5 运算跨导放大器（OTA）补偿 ······ 54
　　 4.5.1　利用 OTA 设计 1 型补偿器 ····· 55
　　 4.5.2　利用 OTA 设计 2 型补偿器 ····· 56

4.5.3　OTA 2 型补偿器的仿真 …………… 57
　4.6　数字补偿器 ………………………………… 59
　　　4.6.1　2 型数字补偿器的仿真 ……………… 60
　　　4.6.2　一种 3 型数字补偿器 ………………… 61
　　　4.6.3　3 型数字补偿器的仿真 ……………… 62
　　　4.6.4　构建离散时间 PID …………………… 63
　　　4.6.5　仿真数字滤波 PID …………………… 64
　4.7　稳定开关变换器 …………………………… 65
　　　4.7.1　选择何种补偿器 ……………………… 65
　　　4.7.2　可靠性 ………………………………… 66
　　　4.7.3　蒙特卡罗 ……………………………… 67
　4.8　输入滤波器的交互影响 …………………… 68
　　　4.8.1　阻抗特性 ……………………………… 69
　　　4.8.2　注意重叠 ……………………………… 69
　　　4.8.3　阻尼滤波器 …………………………… 71

第 5 章　降压变换器 ……………………………… 73

　5.1　电压模式降压变换器 ……………………… 73
　　　5.1.1　功率级和补偿 ………………………… 74
　　　5.1.2　环路增益补偿 ………………………… 75
　　　5.1.3　瞬时响应 ……………………………… 76
　　　5.1.4　为元器件分配容差 …………………… 77
　　　5.1.5　可视化结果 …………………………… 78
　　　5.1.6　同步降压变换器 ……………………… 79
　　　5.1.7　在实际电源产品中断开环路 ………… 79
　5.2　电流模式降压变换器 ……………………… 81
　　　5.2.1　功率级和补偿 ………………………… 82
　　　5.2.2　环路增益补偿 ………………………… 83
　　　5.2.3　瞬态响应 ……………………………… 84
　5.3　恒定导通时间降压变换器 ………………… 85
　　　5.3.1　功率级和补偿 ………………………… 86
　　　5.3.2　环路增益和瞬态响应 ………………… 87

第 6 章　正激变换器 ……………………………… 89

　6.1　电压模式正激变换器 ……………………… 89

  6.1.1 稳态运行 ……………………………… 90
  6.1.2 增益补偿和瞬态响应 ………………… 91
 6.2 电流模式正激变换器 ……………………… 92
  6.2.1 功率级交流响应 ……………………… 93
  6.2.2 增益补偿 ……………………………… 94
 6.3 电压模式有源箝位正激变换器 …………… 95
  6.3.1 增益补偿 ……………………………… 96

第7章 全桥变换器 ……………………… 97

 7.1 电流模式全桥变换器 ……………………… 97
  7.1.1 补偿和瞬态响应 ……………………… 98
 7.2 电压模式移相全桥变换器 ………………… 99
  7.2.1 工作点和交流响应 …………………100
  7.2.2 补偿和瞬态响应 ……………………101

第8章 升压变换器 ……………………… 102

 8.1 电压模式升压变换器 ………………………102
  8.1.1 补偿电压模式升压变换器 …………103
  8.1.2 工作点和增益补偿 …………………104
 8.2 电流模式升压变换器 ………………………105
  8.2.1 功率级交流响应 ……………………107
  8.2.2 闭环瞬态响应 ………………………108

第9章 功率因数校正电路 ……………… 110

 9.1 临界导通模式功率因数校正器 ……………110
  9.1.1 选择穿越频率 ………………………111
  9.1.2 瞬态响应 ……………………………112
 9.2 连续导通模式功率因数校正器 ……………113
  9.2.1 总谐波失真 …………………………114
  9.2.2 补偿后的连续导通模式功率因数
     校正器 ………………………………115

第10章 降压—升压变换器 ………… 117

 10.1 电压模式降压—升压变换器 ……………117

目录

　　　10.1.1　补偿后的电压模式降压—升压
　　　　　　变换器 ·············· 118
　　　10.1.2　工作点和增益补偿 ······ 120
　10.2　电流模式降压—升压变换器 ······· 121
　　　10.2.1　功率级交流响应 ········ 122
　　　10.2.2　闭环瞬态响应 ·········· 123

第 11 章　反激变换器 ············· 125

　11.1　电压模式反激变换器 ············ 125
　　　11.1.1　电压模式的功率级响应 ···· 126
　　　11.1.2　补偿后的环路增益 ······· 127
　11.2　电流模式反激变换器 ············ 129
　　　11.2.1　一阶响应 ············· 130
　　　11.2.2　设计补偿器 ············ 131
　　　11.2.3　补偿后的环路增益 ······· 132
　11.3　电流模式准谐振反激变换器 ······· 134
　　　11.3.1　一阶响应 ············· 135
　11.4　多路输出准谐振反激变换器 ······· 136
　　　11.4.1　补偿多路输出准谐振反激
　　　　　　变换器 ·············· 137
　　　11.4.2　反激多路输出加权反馈控制 ··· 138
　　　11.4.3　补偿环路和瞬态阶跃 ······ 139

第 12 章　第二级 LC 滤波器 ········· 140

第 13 章　UC384X 控制器 ··········· 142

　13.1　斜坡补偿与 UC384X 控制器 ······· 142
　13.2　基于 UC384X 的非隔离反激变换器 ··· 143
　13.3　基于 UC384X 的隔离反激变换器 ···· 144

第 14 章　单级功率因数校正电路 ····· 146

　14.1　单级功率因数校正反激变换器 ····· 146
　14.2　工作点波形 ················· 147

第 15 章 电流模式单端初级电感变换器 ········ 149

- 15.1 工作点波形 ············150
- 15.2 交流响应和瞬态阶跃响应 ············151

第 16 章 LLC 变换器 ············ 153

- 16.1 直接变频控制的 LLC 变换器 ············153
- 16.2 功率级响应 ············154
- 16.3 交流响应的高度可变性 ············156
- 16.4 闭环响应 ············157
- 16.5 Bang-Bang 电荷控制的 LLC 变换器 ···158
  - 16.5.1 功率级特性 ············159
  - 16.5.2 一个表现良好的交流响应 ······160
- 16.6 电流模式 LLC 变换器 ············161
  - 16.6.1 电流模式 LLC 变换器的仿真 ··162
  - 16.6.2 补偿电流模式 LLC 变换器 ······164

第 17 章 实践操作 ············ 166

- 17.1 基于 UC3843 的降压变换器 ············167
- 17.2 检查环路增益 ············168

关于本主题推荐阅读的几本书籍 ········ 169

参考文献 ············ 171

第 1 章
介绍

环路控制的知识范围广泛，涉及许多需要深入研究的细节。不过，成为一名优秀的工程师并不意味着你必须掌握所有内容。与汽车或飞机等多变量控制系统不同，本书所涵盖的功率变换器仅有两个或三个状态变量，这使得建模和仿真变得相对简单。此外，这些变换器通常具有固定的输出电压 V_{out} 或输出电流 I_{out}，但需要抑制输入电压 V_{in} 或输出电流等扰动。为此，需要持续检测某个变量（如 V_{out} 或 V_{out} 的一部分），并将其与固定的参考电压 V_{ref} 进行比较，以实现调节。如果两者之间存在偏差，补偿器将对控制变量进行调整。本书旨在指导如何在闭环条件下设计补偿器，以获得所需的动态性能。

许多开关变换器共有的控制变量是占空比 D。占空比 D 可以直接由误差电压产生[电压模式（VM）控制]，也可以在设定电感峰值电流后间接获得[电流模式（CM）控制]。变换器还可以采用恒定导通时间（COT）或恒定关断时间（FOT）控制，或通过变频控制改变开关频率 F_{SW}。在所有这些情况下，对于给定的偏置点，无论变换器采用 VM、CM 还是 COT，占空比 D 都是相同的。例如，假设一个输入为 12V、输出为 5V 的 VM 降压（Buck）变换器，忽略欧姆电压降，此时占空比为 5/12，即 41.7%。如果将相同偏置点的控制方案更改为 CM 或 FOT，占空比不会改变。占空比 D 的建立方式直接影响了变换器的动力学行为。

在 LLC 类谐振变换器中，误差电压既可以直接控制开关频率，也可以设定谐振峰值电流，从而间接控制开关频率。在相同的工作点下，开关频率保持不变，但功率级的动态响应会因控制方案的不同而显著变化。

因此，在稳定变换器时，了解所期望的动态响应与补偿策略之间的关联至关重要。这一切都从控制到输出的传递函数开始：如果控制变量 D 受到正弦激励（例如从 10Hz 到 100kHz）的交流调制，那么该信号在电路中是如何传播的，并在输出端 V_{out} 如何产生响应？$V_{out}(s)/D(s)$ 就是我们研究补偿网络所需的传递函数。

第 2 章
开环系统

开环系统根据两个信号之间的特定关系,将控制信号(激励)转换为相应的动作(响应)。在这种情况下,传递函数被定义为 H。在图 2-1 所示的电源中,控制输入 u 被设置为独立于输出 y。

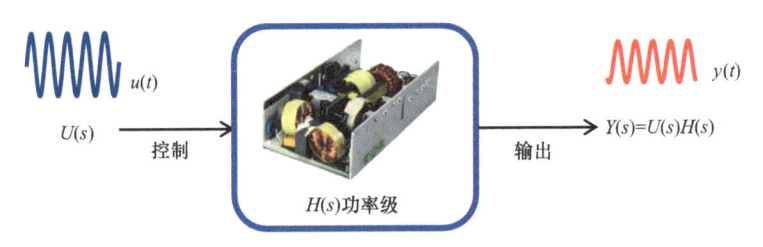

图 2-1 一个简单的控制系统

传递函数是一种数学关系,用于在拉普拉斯域中描述激励在功率级传播时所经历的幅值和相位变化。功率级是指升压(Boost)变换器或降压(Buck)变换器的功率转换级。例如,如果在输入端注入 1kHz 的正弦波形,输出端观察到的信号幅值和相位将是怎样的?这种控制到输出传递函数是所有环路补偿分析的基础,因此在考虑稳定的策略之前,必须首先确定它。那么,如何确定这个传递函数呢?

2.1 传递函数

■ **理论分析与建模**:首先,使用大信号模型来描述变换器的平均行为。接着,将这些模型线性化,得到一个小信号电路,从中提取传递函数。我个人非常喜欢由 Vatché Vorpérian 博士在 1990 年 [1,2] 提出的 PWM 开关模型。在我看来,对于本书中研究的双开关变换器,这个模型展现出了惊人的简便性和易实现性,成功取代了状态空间平均法(SSA)。为什么表达式比图形更重要?因为表达式的分子和分母能够通过突出极点和零点的位置,揭示电路的交流行为。这些组成部分影响了响应特性,并且会随着元器件值及其杂散寄生参数 [如电容的等效串联电阻（ESR）]的变化而变化。因此，了解哪些因素会导致变化，对于消除这些可变性至关重要。

- **交流仿真**：可以使用专用的平均模型构建电路，比如前面提到的PWM开关。平均模型仿真非常快速，因为它们不考虑开关器件，从而能够有效获得瞬态响应或控制到输出的传递函数。

- **瞬态仿真**：一些变换器，例如LLC类谐振变换器，不能仅通过平均电路建模，因为开关频率分量及其谐波均传递能量。因此，不能像在平均模型中那样忽略它们而进行分析。分段线性（PWL）仿真器，如SIMPLIS® 或PSIM®，非常适合从开关电路中提取交流小信号响应。经过直流工作点验证后，这些仿真器能在几秒钟内获得所需的传递函数。虽然LTspice® 也提供了从开关电路提取交流响应的功能，但在我看来，它不如SIMPLIS® 方便，因为后者是专门为这种方法设计的。

- **构建原型样机**：如果无法使用仿真软件，你可以利用实验工作台上的样机进行测量，并使用频率响应分析仪（FRA）提取控制到输出的伯德图。现在市场上有很多价格实惠的仪器可供选择，测量环路以验证补偿策略是非常必要的。然而，构建原型样机需要时间，并且元器件可能无法立即获得，从而进一步推迟实验。因此，最好先用计算机仿真进行初步分析，然后在实验室验证结果。

我建议结合使用以下方法：理论分析建模、仿真，以及最后的实验工作台测量。如果在仿真设置中准确提取并反映了寄生参数，那么仿真结果很可能与实际测量结果相符。这个最终步骤是验证最初方法是否正确的必要环节。

2.1.1 模块化建模

我们通过一个简化的框图来观察开关变换器在开环工作条件下的表现。在图2-2中，可以看到参考电压是一个稳定而精确的直流源，用于驱动功率级，其输出电压大小假定为V_{out}，并受到输入电源电压V_{in}和输出电流I_{out}的影响。此外，我们还可以根据实际工作条件添加其他变量，例如温度或压力。这些所有的影响因素都被建模为扰动，进而影响输出电压的稳定性。

$$V_{out}(s) = V_{ref}(s)H(s) - I_{out}(s)Z_{out,OL}(s) + V_{in}(s)A_{s,OL}(s) \quad (2-1)$$

在这个开环表达式中（注意下标"OL"），我们可以清楚地看到输出阻抗的存在。负载电流会在输出阻抗上产生正比的压降，从而影响到输出电压。同样，如果输入电源电压发生变化，功率级会抑制这些扰动，因此输出电压V_{out}始终保持不受影响。这种现象被称为音频灵敏度或电源抑制比（PSRR）。需要注意的是，所有这些讨论都假设系统是线性的，表达式中涉及的项都是小信号的。

$$V_{out}(s) = \underbrace{V_{ref}(s)H(s)}_{\text{功率级}} - \underbrace{I_{out}(s)Z_{out,OL}}_{\text{开环输出阻抗贡献分量}} + \underbrace{V_{in}(s)A_{s,OL}(s)}_{\text{开环输入电压贡献分量}}$$

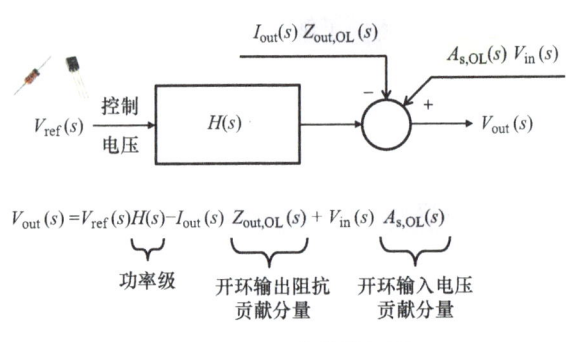

图 2-2 开环变换器框图

2.1.2 反馈拯救了我们

为了构建一个稳定且精确的系统，我们需要想办法来抵消或限制这些扰动的影响。一种常见的方法是建立一个控制系统。在这种方案中，被调节变量（例如输出电压 V_{out} 或输出电流 I_{out}）的一部分会持续被监测，并与参考电压 V_{ref} 进行比较。两者之间的任何偏差都会产生一个误差信号 ε（希腊字母"Epsilon"），该信号促使控制系统采取措施，以最小化偏差。误差电压通常通过补偿器来驱动功率级，因此，控制变量 V_{ref} 现在受到来自被调节变量反馈的影响。一个典型的闭环控制系统如图 2-3 所示。

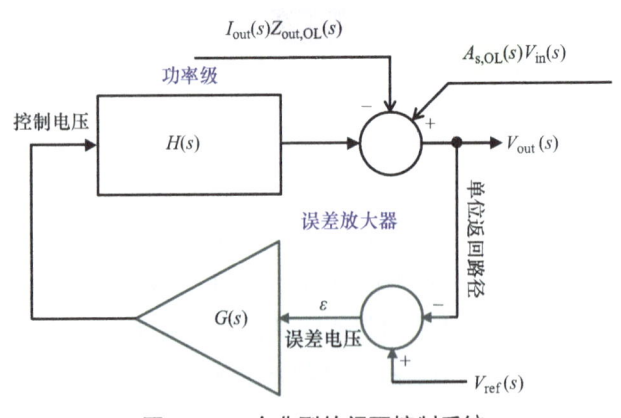

图 2-3 一个典型的闭环控制系统

有了这个新的电路，我们可以写出确定输出电压的闭环表达式如式（2-2）所示：

$$V_{out}(s) = \underbrace{V_{ref}(s)\frac{T(s)}{1+T(s)}}_{\text{理论输出}} - \underbrace{I_{out}\frac{Z_{out,OL}(s)}{1+T(s)}}_{\text{闭环输出阻抗}} + \underbrace{V_{in}(s)\frac{A_{s,OL}(s)}{1+T(s)}}_{\text{闭环输入抑制比}} \quad (2\text{-}2)$$

2.1.3 需要增益进行调节

在闭环表达式中，项 $T(s)$ 表示环路增益，它是通过将功率级传递函数 $H(s)$ 与 $G(s)$ 相乘而获得的，即 $T(s) = H(s)G(s)$。在 $G(s)$ 中，增益、衰减、极点和零点的组合会形成环路增益 $T(s)$ 的幅值，使其在选定频率 f_c 时穿越 0dB 轴。在这个穿越频率下，环路增益幅值为单位增益（1dB 或 0dB）。在此频率之前，控制系统具有增益，并积极执行调节功能，例如抑制该频率范围内发生的扰动。然而，在频率 f_c 之后，环路不再有增益，系统进入交流开环状态。请记住这句格言："没有增益，就没有反馈！"如果在高于 f_c 的频率下发生扰动，系统将继续调节直流值，但将无法有效地抑制干扰，就像它的交流反馈消失一样。图 2-4 展示了这一原理，并突出显示了环路增益降至 1 之前和之后的区域。

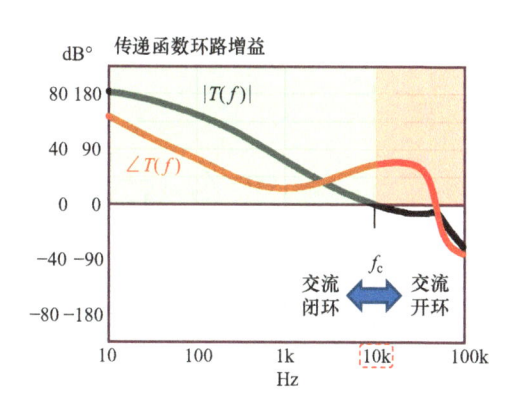

图 2-4 交流开环和闭环响应

在穿越频率之前，环路具有较高的增益，这意味着它对输入扰动具有强大的抑制能力，例如能够有效抑制全波整流后的 100Hz 工频纹波。

然而，这是否意味着我们总是要将穿越频率 f_c 推向其最大理论值 $F_{sw}/2$ 呢？答案是否定的。如果穿越频率过高，电路会变得高度敏感，可能对环境噪声反应过度，从而导致系统不稳定。因此，选择适当的穿越频率 f_c 是非常重要的，需根据具体应用进行合理选择。

2.2 反馈的好处

闭环系统提供了一系列显著的好处，式（2-3）为更新后的表达式，其中下标 "CL" 表示闭环项：

$$V_{out}(s) = V_{ref}(s)\frac{T(s)}{1+T(s)} - I_{out}(s)Z_{out,CL}(s) + V_{in}(s)A_{s,CL}(s) \quad (2\text{-}3)$$

其中，每一项均受到敏感度函数的影响：

$$S(s) = \frac{T(s)}{1+T(s)}$$

如果我们在静态条件下重写这个方程，对于固定的输出电流和输入电压，它们的小信号分量为零，即 $\hat{i}_{out}=0$ 和 $\hat{v}_{in}=0$，我们可以写出

$$V_{out}(s) = V_{ref}(s)\frac{T(s)}{1+T(s)} \quad \xrightarrow{T_0 \to \infty} \quad \begin{aligned}\varepsilon &\to 0 \\ V_{out}(s) &\approx V_{ref}(s)\end{aligned} \quad \text{无静态误差} \quad (2\text{-}4)$$

如果使用一个具有高开环增益的运算放大器（OPA）来闭合环路，理论上我们可以观察到直流静态误差为零。同时，扰动与环路增益幅值的比例也会随之减小。

$$Z_{out,CL}(s) = Z_{out,OL}\frac{1}{1+T(s)} \quad \xrightarrow{T_0 \to \infty} \quad R_{0,CL} \to 0\,\Omega \quad \begin{aligned}\text{输出}\\\text{无跌落}\end{aligned}$$

$$A_{s,CL}(s) = A_{s,OL}\frac{1}{1+T(s)} \quad \xrightarrow{T_0 \to \infty} \quad A_{s,CL} \to 0 \quad \begin{aligned}\text{输入侧}\\\text{无限抑制}\end{aligned} \quad (2\text{-}5)$$

现在我们意识到，当 $T(s)$ 的幅值下降时，灵敏度函数接近 1（单位大小），这会削弱反馈作用。前面的图 2-4 说明了灵敏度函数的影响，系统在 f_c 之外以交流开环方式运行。作为一个实际的例子，假设交流整流后，接一个 AC—DC 变换器，整流后的电压上面包含着大量的 100Hz 工频纹波。如果无法放置足够的母线电容，就必须确保环路在 200Hz 以下能提供足够的增益，否则 V_{out} 中也会出现纹波。

2.3 构建振荡器

穿越频率是在闭合环路时需要考虑的一个关键参数，而稳定性裕量则是另一个重要方面。让我们来分析图 2-5 所示的闭环系统，其中补偿器位于反馈路径中。

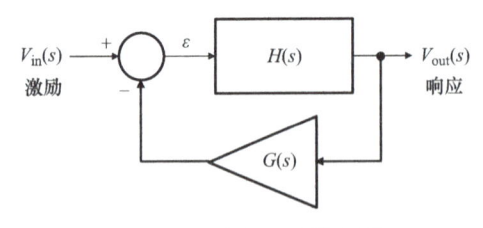

图 2-5 一个闭环系统框图

假设我们想要构建一个振荡器，当能量被输入到系统中（例如在开机时或通过激励源 V_{in} 中的噪声），在激励消失后，振荡会出现并保持在恒定的幅值。那么，什么样的电路条件可以确保这种振荡得以维持呢？

重列 V_{in} 到 V_{out} 的闭环传递函数方程：

$$\frac{V_{out}(s)}{V_{in}(s)} = \frac{H(s)}{1+H(s)G(s)} = \frac{H(s)}{1+T(s)} \qquad (2\text{-}6)$$

当激励消失时，振荡需要维持，则有

$$V_{out}(s) = \lim_{V_{in}(s) \to 0}\left[\frac{H(s)}{1+H(s)G(s)}V_{in}(s)\right] \qquad (2\text{-}7)$$

维持振荡，其商必须接近无穷大，这意味着分母趋于零。

当 $T(s)$ 的幅值为 1 并且 V_{out} 在其控制输入处以同相返回时，即能获得振荡。这就是巴克豪森（Barkhausen）准则：

$$1+G(s)H(s)=0 \longrightarrow \begin{matrix}|G(s)H(s)|=1\\ \angle G(s)H(s)=-180°\end{matrix} \longrightarrow \frac{\text{奈奎斯特}}{-1,\text{j}0} \qquad (2\text{-}8)$$

2.3.1 时域仿真

为了说明这一理论，图 2-6 给出的 SPICE 电路示例是一个相移振荡器。每个 RC 网络提供一个相移，并在幅值和相位上影响反馈路径。该环路的增益通过电阻 R_f 进行调整。我们的目标是绘制在不同 R_f 条件下得到的开环传递函数 V_{out}/R_{in}，并观察电路在激励下的时域响应。

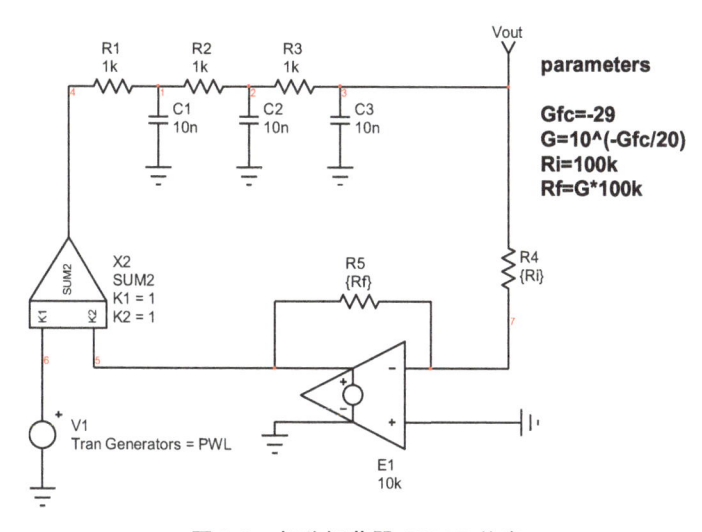

图 2-6 相移振荡器 SPICE 仿真

在这个例子中，施加了激励信号 V_1，然后该信号消失。

在第一次尝试中，环路增益在 31kHz 处穿过 0dB 轴，但此时环路的相位滞后小于 180°。相移振荡器的交流响应（第一步）如图 2-7 所示。

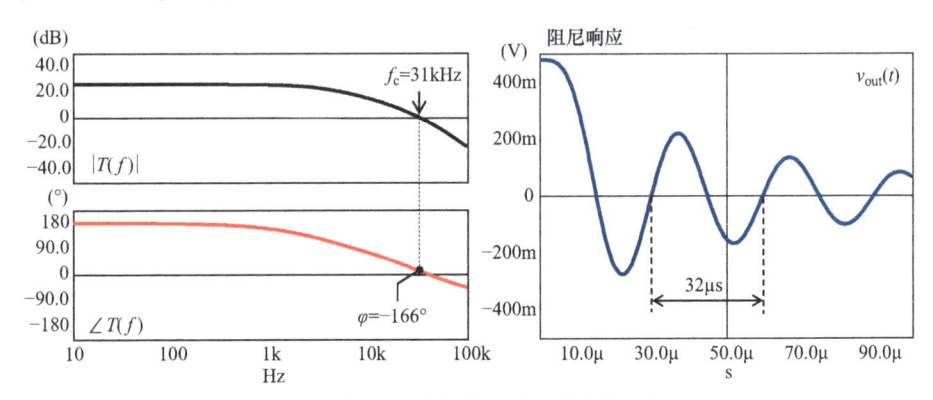

图 2-7 相移振荡器的交流响应（第一步）

时域响应是振荡且被阻尼的，这表明 $T(s)$ 的分母具有负根：极点稳定地位于左半平面。这些极点被称为左半平面极点（LHPP）。

2.3.2 不稳定系统

在接下来的实验中，我计划提高环路增益，以确保当环路相位达到 −190° 时，穿越频率将出现在 50kHz。相移振荡器的交流响应（第二步）如图 2-8 所示。

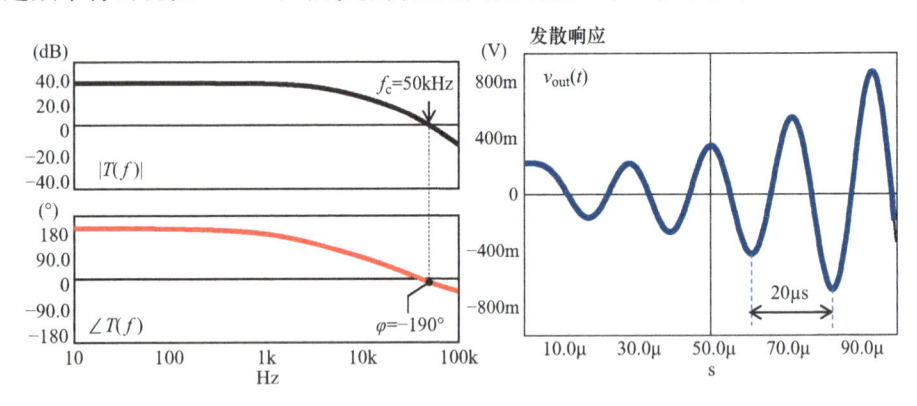

图 2-8 相移振荡器的交流响应（第二步）

时域波形呈发散趋势，导致系统不稳定。此时振荡幅值会不断增大，直到运算放大器输出进入饱和状态。如果分析该情况下开环增益的分母，可以发现其根为正数，这对应于不稳定的极点，也就是所谓的右半平面极点（RHPP）。

在第三个也是最后一个实验中，通过调整 R_f，使环路相位滞后为 180° 时，精确地在该频率点上穿越。相移振荡器的交流响应（第三步）如图 2-9 所示。

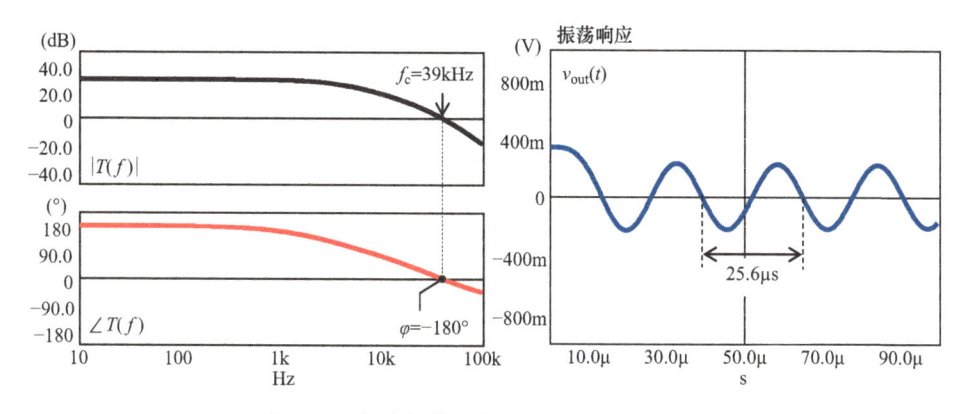

图 2-9 相移振荡器的交流响应（第三步）

在最后一步中，振荡持续存在：极点是虚数且为共轭复数。只要增益幅值为0dB，振荡就会维持不变，不会衰减也不会增长。

2.3.3 远离振荡

作为电源设计者，我们的目标不是设计得到一个振荡器，而是确保变换器具有稳定、无振荡的瞬态响应。从之前的实验可以看到，振荡只有在满足巴克豪森（Barkhausen）准则时才会产生并自我维持：当激励在注入点以相同的幅值和相位返回时，就会出现振荡条件。在环路增益的伯德图上，我们重点关注幅值为1dB或0dB的点。此时，我们需要测量环路的相位偏移。相对于 $-360°$ 或 $0°$ 的相位差距就是相位裕量（PM 或 φ_m）。图 2-10 展示了电压模式降压（Buck）变换器在补偿后的环路增益，直观说明了这一概念。

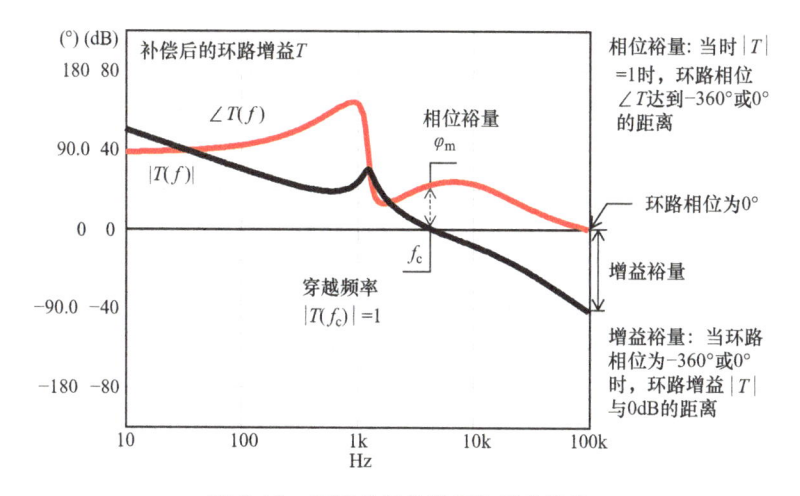

图 2-10 环路的相位裕量和增益裕量

如果上述增益曲线由于元器件的容差或温度变化而上移，并且在环路相位为-360°或0°时达到新的单位增益（0dB），系统将进入振荡并变得不稳定。这种安全裕量被称为增益裕量（GM）。对于变化较小的系统，10dB到15dB的增益裕量是比较好的。如果系统的增益曲线容易受到较大幅度的变化影响，则需要增加这一裕量以确保稳定性。

2.3.4 瞬态响应

从相移振荡器的时域响应中可以清楚地看到，系统在闭环条件下工作时，开环增益的相位裕量对系统的阶跃响应有着怎样的影响。为了更直观地说明这一关键点，对一个变换器进行了仿真。该变换器的穿越频率固定在5kHz，但其补偿器根据不同的相位裕量进行了定制调整。在仿真中，在输出端施加了阶跃负载，并记录了系统的瞬态响应，以展示相位裕量对动态性能的具体影响，相位裕量和动态性能的关系如图2-11所示。

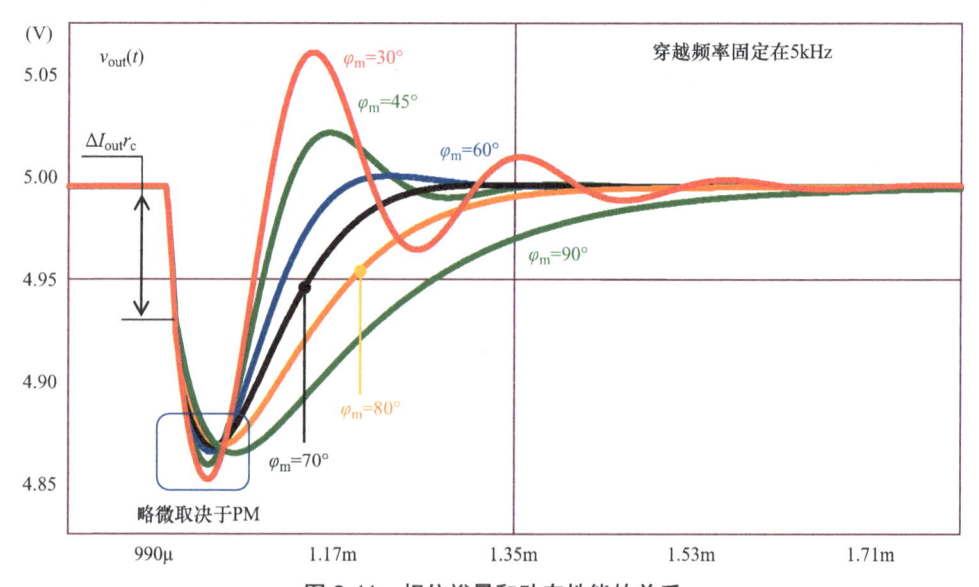

图2-11 相位裕量和动态性能的关系

阶跃响应与小信号输出阻抗 Z_{out} 有关，它由输出电容的等效串联电阻（ESR）r_c 和有效输出电容构成（在此忽略了寄生电感）。相位裕量较大的情况下（接近90°），虽然没有过冲，但恢复时间较长。当相位裕量减小时，恢复时间缩短，然而响应变得更加振荡。相位裕量为45°时，系统快速恢复，但伴随一定的过冲。当相位裕量降至30°时，过冲更加明显，甚至可能对后级元器件造成影响，或触发过电压保护（OVP）电路。

2.4 选择相位裕量

一种有效的描述方法是将闭环控制系统视为一个简化的二阶电路，受谐振频率 ω_0 和品质因数 Q_c 的影响。通过观察穿越频率附近的环路增益，并排除其他影响因素（如高阶系统中的零点或极点），可以将闭环品质因数 Q_c 与开环相位裕量 φ_m 联系起来。这个思路的目的是使相位裕量的选择不再是随意的，而是能够与系统在闭环状态下期望的行为相对应。品质因数与相位裕量的关系如图 2-12 所示。

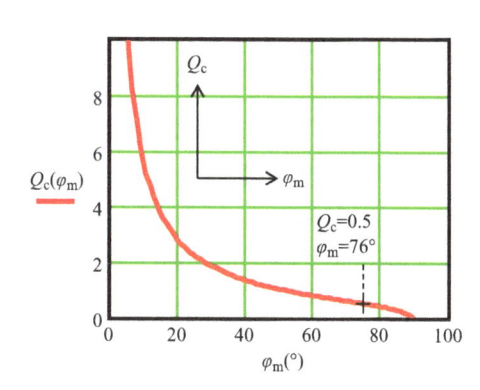

$$Q_c = \frac{\sqrt{\cos(\varphi_m)}}{\sin(\varphi_m)}$$

Q_c 为闭环品质因数、φ_m 为开环相位裕量

- 高 Q_c，系统响应快，但振荡更多。
- 低 Q_c，系统响应慢，但振荡被阻尼。

图 2-12 品质因数与相位裕量的关系

根据这张图，二阶电路的两个极点是实数且相同，相位裕量为 76°，系统表现出快速恢复且没有振荡，这与学术界常提到的 45° 有很大不同。那么，我们应该选择什么样的相位裕量呢？这个问题并没有直接的答案，而是需要根据所期望的瞬态响应进行调整：

■ 如果重点关注过冲而不太考虑恢复时间，可以选择较大的相位裕量，例如 PM > 70°，甚至在航空航天项目中选择 90°。

■ 如果更关注恢复时间，但能够容忍一定的小过冲，可以将相位裕量降低到 50°~60°，并确保在最坏情况下永远不接近 30°。请记住，在产品生产过程中，环路相位会有所变化，这也与变换器的使用年限相关。因此，确保裕量是一个重要的考量因素。

2.4.1 限值在哪里

当你阅读关于控制系统的文献时，作者常常提到利用 −180° 渐近线来评估相位裕量。然而，在不同的文献中，还有些采用 −360° 或 0° 作为基准。谁是正确的呢？实际上，这取决于你在何处断开环路，这三个值是等价的。

在闭环系统中，相位裕量是指从 −180° 到实际环路相位之间的距离，因此无

论是从 –180°、–360° 还是 0° 来计算，相位裕量的本质是一致的。关键在于理解相位裕量的定义及其在不同参考点之间的转换。"断开"环路如图 2-13 所示。

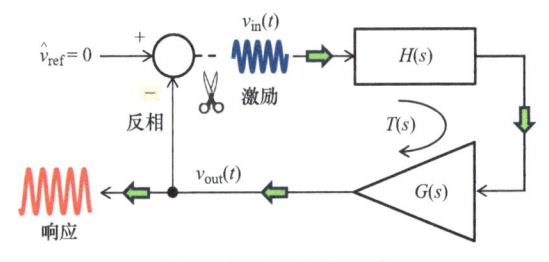

图 2-13 "断开"环路

在上述电路中，我们观察到响应是在负号之前，因此控制系统固有的 –180° 相移在分析中被排除。因此，评估环路相位 ∠T 的限值是 –180°，因为反相操作会增加另一个 –180°。这两者相加得到 –360° 或 0°。

而在实验室工作台上，操作方式则有所不同。在这种情况下，我们使用注入变压器来断开环路，如图 2-14 所示，并考虑整个反馈路径，这自然包括了反相级。这样一来，我们能够更全面地分析系统的相位裕量及其对控制性能的影响。

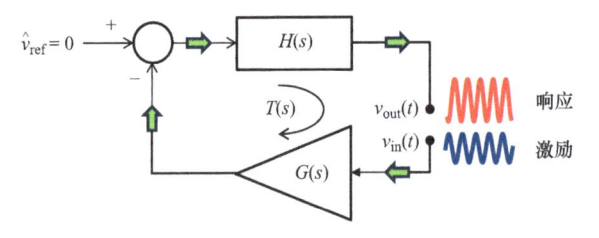

图 2-14 实验台上的激励信号注入

在这个设置中，我们希望确保注入的激励信号在环路增益 $|T|$ 等于 1 的频率时不会同相返回。因此，在使用频率响应分析仪（FRA）进行测量时，需要考虑的限值是 –360° 或 0°。这样可以避免系统在该频率下出现不稳定的振荡情况，从而确保反馈控制系统的稳定性。

2.5 穿越频率与带宽

选择穿越频率不能仅仅基于开关频率进行任意设定。假设我们有一个简单的开环降压变换器，在连续导通模式（CCM）下以固定的占空比运行。当负载发生阶跃变化时，输出电压 V_{out} 将表现为阻尼振荡，其振荡频率为 f_0，即 LC 滤波器的谐振频率。为了消除这些不希望出现的振荡，一旦变换器切换到闭环模式，就必须调整补偿器 G 以抑制这一行为。因此，系统必须在 f_0 处表现出足够高的环路增益，以抑制振荡并提供稳定的响应。我们知道，控制系统需要增益来正常工作，而在这种特殊情况下，穿越频率 f_c 必须选择至少为 3～5 倍的 f_0。在这个频段，系统需要增益来降低变换器的输出阻抗，从而确保稳定性和良好的动态性能。

对于在连续导通模式（CCM）下运行的升压（Boost）、降压—升压（Buck—Boost）和反激（Fly—back）变换器，其谐振频率 f_0 会随着占空比 D 的变化而变化，这使得选择变得稍显复杂。此外，右半平面零点（RHPZ）会显著影响功率级的相位。因此，必须显著减缓环路反应时间，确保穿越频率低于最低 RHPZ 位置的 20%（该位置取决于输入电压 V_{in} 和输出电流 I_{out}）。RHPZ 为这些变换器选择穿越频率设置了上限。若想增加 RHPZ 值，可以选择较小的电感，但会使变换器对输入变化更加敏感。当进入不连续导通模式（DCM）时，RHPZ 会被推向更高的频率，从而减小其对提升 f_c 的限制。

在电流模式控制中，LC 滤波器的峰值特性消失，但会出现位于 $F_{SW}/2$ 的次谐波极点。对于降压变换器而言，穿越频率 f_c 的理论上限是开关频率的一半。不过，除非必须满足非常严格的瞬态响应要求并尽量减少输出电容，否则不建议选择如此宽的带宽。我建议根据瞬态规范要求选择合适的 f_c，而不必过高。对于升压变换器和降压—升压变换器，遗憾的是，RHPZ 在电流模式控制下仍然处于相似的位置，依然限制着穿越频率的上限，就像在电压模式中一样。

2.5.1 选择正确的穿越频率值

在上述讨论中，我已经解释了理解选择穿越频率限制的重要性。考虑到控制环路中的谐振或右半平面零点（RHPZ）的存在，表 2-1 提供了一些关于在电压模式（VM）或电流模式（CM）控制下，为三种基本开关电路定位穿越频率的指导原则。

表 2-1　不同拓扑穿越频率的选择

拓扑	电压模式（VM）	电流模式（CM）
Buck	$3f_0 < f_c < \dfrac{F_{sw}}{2}$ *	$f_c < \dfrac{F_{sw}}{2}$ *
Boost	$3f_0 < f_c < 0.2 f_{RHPZ}$	$f_c < 0.2 f_{RHPZ}$
Buck—Boost	$3f_0 < f_c < 0.2 f_{RHPZ}$	$f_c < 0.2 f_{RHPZ}$

注："*" 表示 CCM 的理论上限值。

控制系统通过最小化功率级的输出阻抗来抵消输出电流的扰动。可以证明，输出电流跃变引起的电压下冲 ΔV_{out} 可以近似表示为[3]

$$\Delta V_{out} \approx \frac{\Delta I_{out}}{2\pi f_c C_{out}} \quad \text{得到} f_c \quad f_c = \frac{\Delta I_{out}}{\Delta V_{out}} \frac{1}{2\pi C_{out}} \quad (2\text{-}9)$$

当输出电容的等效串联电阻（ESR）r_c 相比于穿越频率 f_c 下的输出电容阻抗 Z_{Cout} 可忽略不计时，这个近似公式是有效的，在穿越频率 f_c 处，$r_c \ll Z_{Cout}$。当然，这只是一个简化公式，其目的是展示瞬态输出偏差与穿越频率 f_c 之间的关系，而非精确预测电压下冲。因此，我建议根据纹波规范、有效值电流、标称电压等因素来确定输出电容，然后选择一个与瞬态响应要求相匹配的穿越频率。这样，就可以拥有选择相位裕量和穿越频率的工具，无须猜测！

2.6 生成占空比

在简化的示意图 2-15 中，功率级被标记为 $H(s)$，这个传递函数表示从激励输入（例如控制器的反馈引脚）到 Buck 或 Fly—back 变换器输出电压的控制到输出交流响应。实际上，补偿器提供的误差信号需要转换为占空比 D，而占空比 D 是开关级的控制变量。为此，我们构建了一个脉宽调制（PWM）模块。

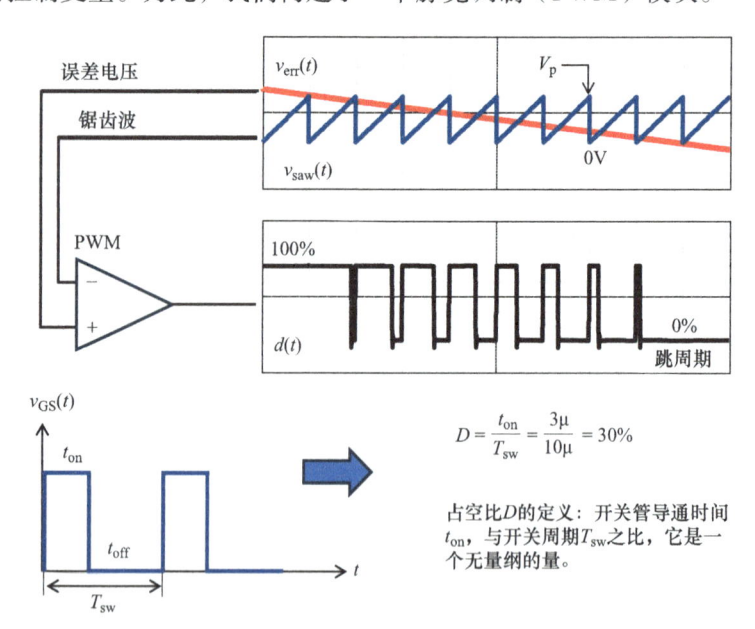

$$D = \frac{t_{on}}{T_{sw}} = \frac{3\mu}{10\mu} = 30\%$$

占空比 D 的定义：开关管导通时间 t_{on} 与开关周期 T_{sw} 之比，它是一个无量纲的量。

图 2-15 PWM 模块原理

PWM 模块由一个快速比较器构成，该比较器接收一个具有特定频率和峰值 V_p 的斜坡信号。通过将直流误差信号 V_{err} 与该斜坡进行比较，产生的开关动作的持续时间可以从开关周期的 0 到 100% 不等，形成一个离散的占空比 D，该值会在每个周期中更新。

2.6.1 PWM 模块的频率响应

使用比较器和锯齿波发生器构建的电路被称为自然采样调制器。它处理一个连续时间信号，即误差电压 $v_{err}(t)$。而所谓的均匀采样调制器则接收一个离散时间信号 $V_{err}[k]$，通常出现在数字控制环路中。下面展示了一个典型的模拟调制器如图 2-16 所示，PWM 模块的交流响应如图 2-17 所示。

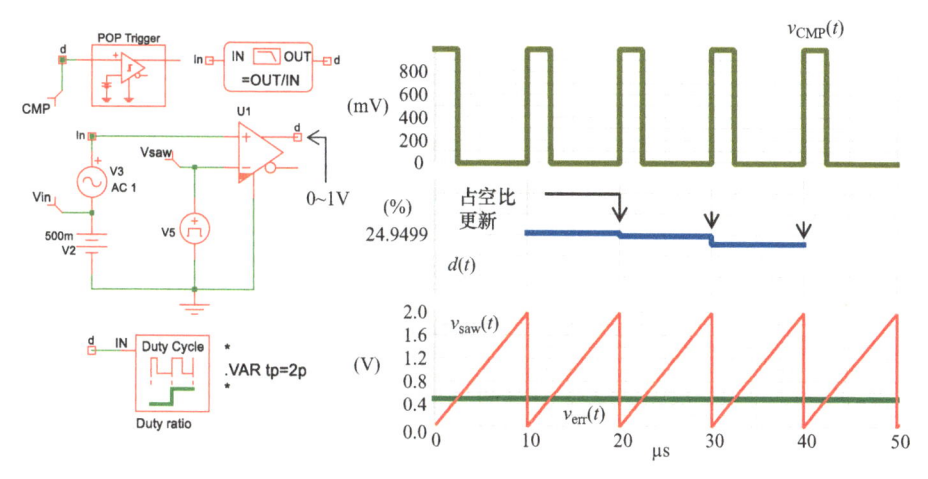

图 2-16 PWM 模块的 SIMPLIS® 建模

如果比较器的传播延时理论上为零，则相位响应在整个频率范围内是平坦的。然而，考虑到传播时间后，延时将成为该调制器传递函数的一部分。当提高穿越频率时，必须将这个延时纳入考虑，因为它会导致相位的衰减。

$$|G_{PWM}| = \frac{1}{V_p} = \frac{1}{2} = 0.5 \text{ 或 } -6\text{dB}$$

对于无传播延时，调制器的幅度和相位由下式给出：

$$|G_{PWM}| = \frac{1}{V_p} \quad \angle G_{PWM} = 0°$$

如果存在传播延时 t_p，则变为

$$G_{PWM}(s) = \frac{1}{V_p} e^{-st_p}$$

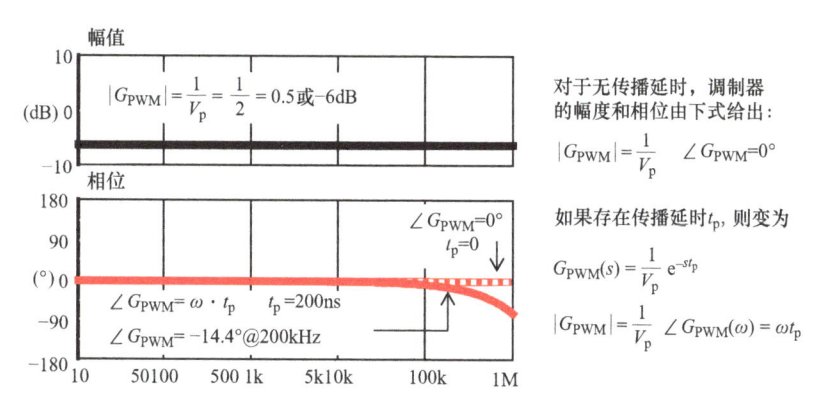

$$|G_{PWM}| = \frac{1}{V_p} \quad \angle G_{PWM}(\omega) = \omega t_p$$

$\angle G_{PWM} = 0°$, $t_p = 0$

$\angle G_{PWM} = \omega \cdot t_p$, $t_p = 200\text{ns}$

$\angle G_{PWM} = -14.4° @ 200\text{kHz}$

图 2-17 PWM 模块的交流响应

2.6.2 典型的瞬态响应

为了更好地理解控制系统的响应，我以一个由 12V 直流输入供电的 5V 电压模式降压（VM Buck）变换器为例。该变换器的穿越频率约为 7kHz，相位裕量为 54°，输出电容为 330μF。在施加输出阶跃负载时，观察到的响应如图 2-18 所示。

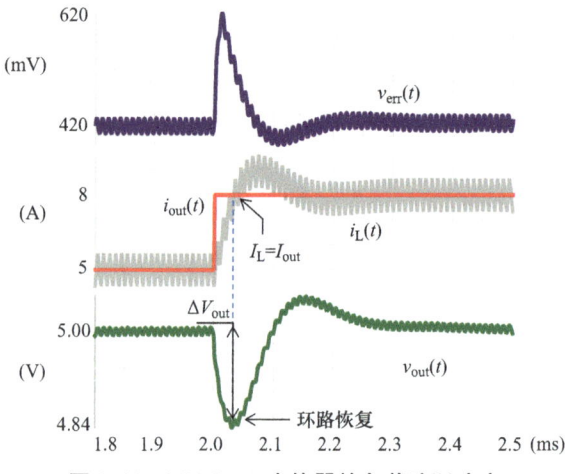

图 2-18 VM Buck 变换器的负载阶跃响应

- 输出电流在 1μs 内从 5A 变为 8A。
- 输出电压因 $r_c \Delta I_{out}$ 而减少，并持续下降（$r_c = 10\text{m}\Omega$）。
- 误差电压上升，迫使电感中的电流逐周期增加。
- 当电感电流等于输出电流时，闭环系统恢复。

$$\Delta V_{out} \approx \frac{3}{2\pi \times 7\text{k} \times 330\mu} \approx 207\text{mV} \tag{2-10}$$

如果保持相位裕量不变的情况下探索不同的穿越频率，瞬态响应会发生变化，如图 2-19 所示。

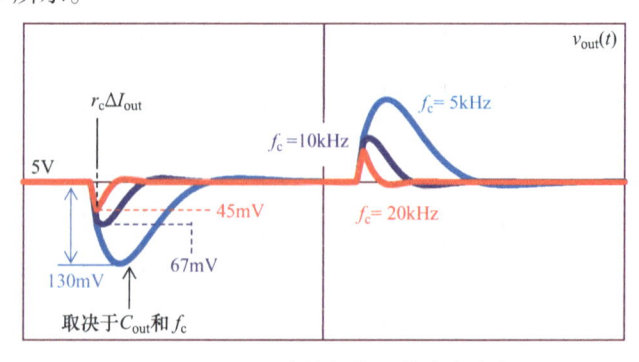

图 2-19 不同穿越频率下的动态响应

- 随着穿越频率 f_c 的增加，电容对输出响应的贡献逐渐减小。
- 到某个临界点时，输出电压的下降由等效串联电阻 r_c 所限制，此时就没有必要进一步提高 f_c 了。

2.7 如何强制实现穿越

如果选择了 10kHz 的穿越频率，并希望据此调整环路响应。首先，需要了解控制到输出的传递函数。假设其伯德图如图 2-20 所示。

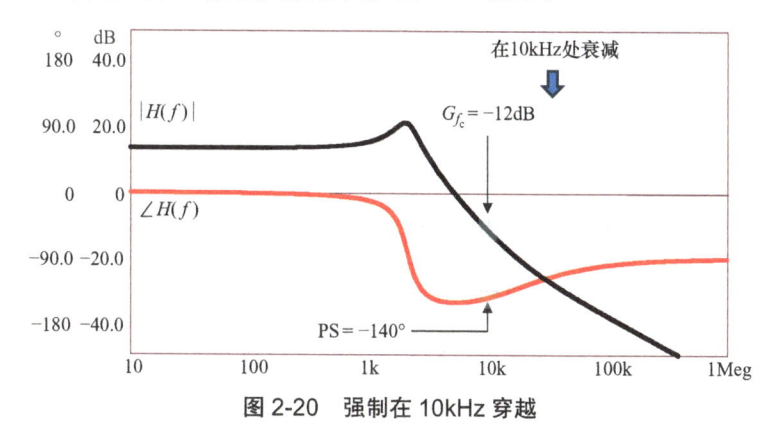

图 2-20 强制在 10kHz 穿越

查看伯德图，并提取 10kHz 穿越频率处的功率级增益 G_{f_c}，结果为 $G_{f_c}=-12$dB，PS=−140°。为了将环路增益在 10kHz 时调整为 0dB，我们只需将曲线向上移动 12dB。增益提升过程如图 2-21 所示。

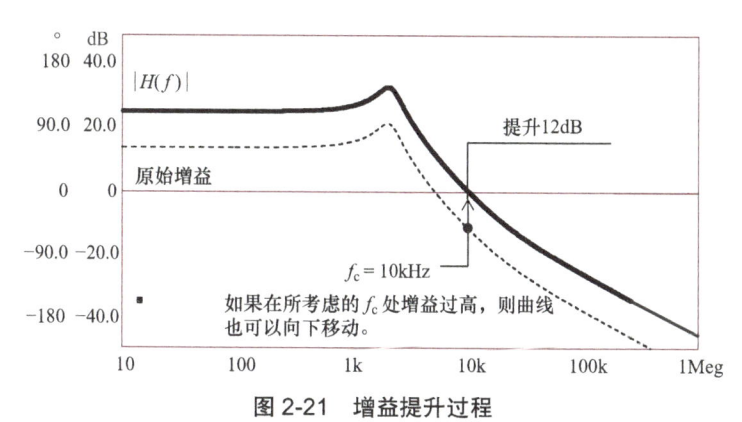

图 2-21 增益提升过程

补偿器 G（即一个有源滤波器）在 10kHz 时将增益提升 12dB：在 f_c=10kHz 时，环路增益满足 $|T(f_c)|_{dB} = |H(f_c)|_{dB} + |G(f_c)|_{dB} = 0$dB。

2.8 调整环路响应

我们现在需要建立一定的相位裕量，以保证环路安全地闭合。使用反相结构的运算放大器可以提供所需的增益或衰减，但会导致180°的相位滞后，如图2-22所示。

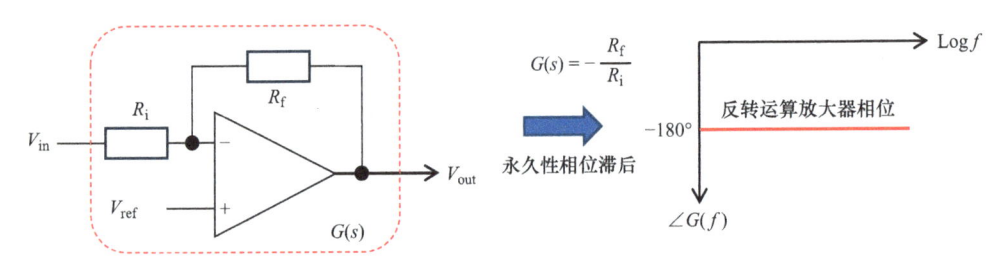

图 2-22　反相结构运算放大器的交流响应

如果我们希望在直流情况下获得高增益，以降低输出的静态误差，就需要在原点引入一个极点，这可以通过用电容替代 R_f 来实现。在这种情况下，当 $s=0$ 时，增益 G 等于开环增益 A_{OL}。交流分析表明，这个积分器会引入额外的 90° 相位滞后，使得总相位滞后达到 −270° 或 90°（两者实际上是相同的相角），如图 2-23 所示。

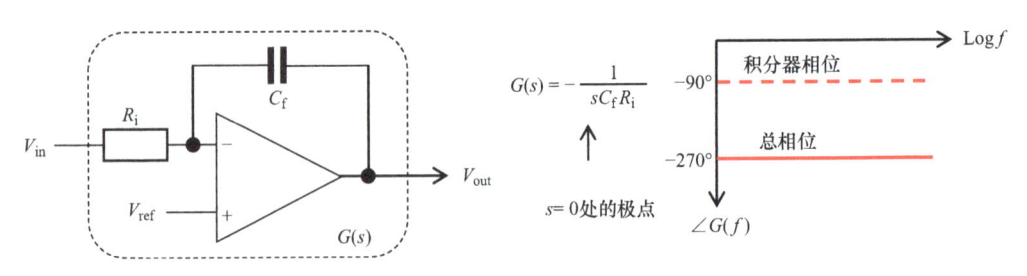

图 2-23　积分器的交流响应

当补偿器传递函数 $G(s)$ 与功率级的交流响应 $H(s)$ 结合时，它们共同构成环路增益 $T(s)$，如图2-24所示。

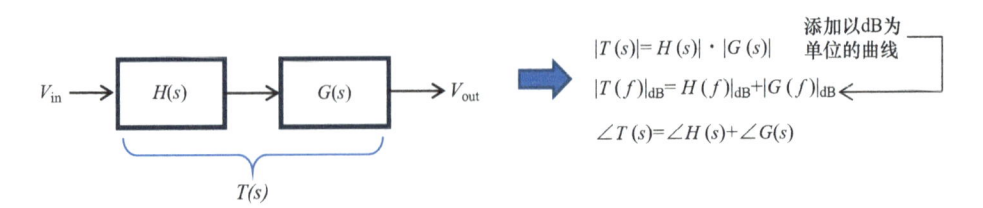

$$|T(s)| = H(s) \cdot |G(s)|$$
$$|T(f)|_{dB} = H(f)|_{dB} + |G(f)|_{dB}$$
$$\angle T(s) = \angle H(s) + \angle G(s)$$

图 2-24　环路增益构成

如果积分器是我们补偿策略的一部分，那么向功率级现有的相位滞后增加 270° 会使环路相位接近 −360° 的极限。因此，需要在穿越频率附近调整补偿器的相位响应，以确保建立足够的相位裕量。

2.8.1 提升相位

为了说明调整环路相位的必要性，假设将前面的功率级与反相积分器级联。由于 H 和 G 的相位会相加，因此构建环路增益的相位变得很简单，如图 2-25 所示。

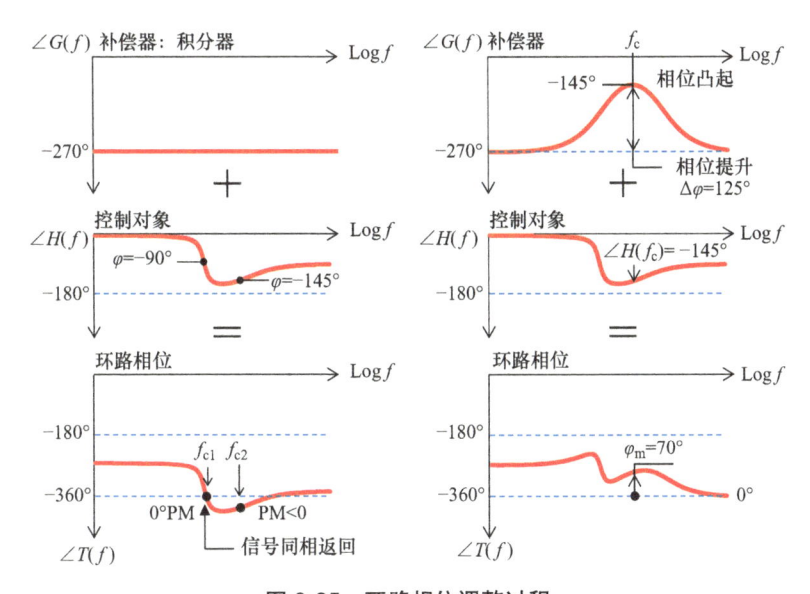

图 2-25 环路相位调整过程

从图 2-25 左侧图中，可以看到将积分器与功率级结合时，频率 f_{c1} 处的相位裕量为 0°，而频率 f_{c2} 处甚至为负值。放置补偿器中的极点和零点的目的是为了调整环路的相位响应，使其在穿越频率附近形成一个向上的提升（凸起），避免出现 270° 的相位滞后。图 2-25 右侧图中的提升（凸起）称为相位增益，通常设计为在穿越频率处达到峰值。这个增益的大小是经过计算的，以确保满足设计所期望的开环相位裕量目标，例如这里示例中的 70°。

$$\angle H(f_c) - 270° + \text{boost} = -360° + \varphi_m \implies \text{boost} = \varphi_m - \angle H(f_c) - 90° \quad (2\text{-}11)$$

2.9 极点和零点

假设有一个一阶传递函数，它结合了一个极点 ω_p 和一个零点 ω_z：

$$G(s) = \frac{1+\dfrac{s}{\omega_z}}{1+\dfrac{s}{\omega_p}} \implies \angle G(f_c) = \underbrace{\arctan\left(\frac{f_c}{f_z}\right)}_{\text{零点相位}} - \underbrace{\arctan\left(\frac{f_c}{f_p}\right)}_{\text{极点相位}} \implies \underbrace{f_c = \sqrt{f_p f_z}}_{\text{相位最大值位于}} \quad (2\text{-}12)$$

(0 到 90°) + (0 到 -90°)

总的相位变化：从 0 到 90°

考虑到零点和极点分别对相位的提升和滞后，结合这两者可以在穿越频率处实现相位提升，并将其调整到所需的精确值，如图 2-26 所示。

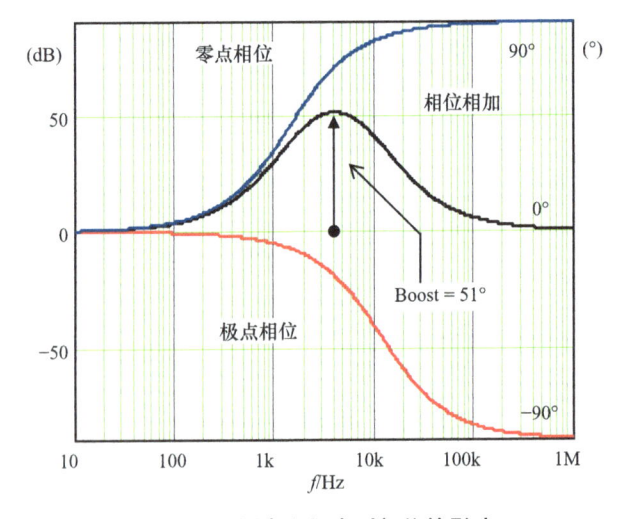

图 2-26 零点和极点对相位的影响

- 零点首先出现，将相位提升至 90°。
- 随后，极点发挥作用，将相位降至 0°。
- $f_z = 1.4\text{kHz}$，$f_p = 11.3\text{kHz}$，$f_c = 4\text{kHz}$。

补偿技术使用零 - 极点对来调整两者之间的相位提升。由于零点位于极点之前，两者之间的距离能够在 0° ~ 90° 微调相位提升。如果再增加一对零 - 极点，那么理论上可以将相位提升调整到 0° ~ 180°。这样说是因为所选的有源放大器（如运算放大器或 TL431）会带来其自身的交流响应，从而限制了可以获得的提升。k 因子采用了这种零 - 极点对的方法。

第 3 章
三个补偿器

我们已经看到，放置零点和极点是一种调整补偿器 G 频率响应的有效方法。这种方法不仅能够强制设定特定的穿越频率，还能局部提升相位响应，以确保足够的相位裕量。由于在直流（DC）时高增益是减少静态误差的重要特性，因此三种补偿器类型都会包含一个位于原点的极点，即积分器，并辅以一个或两个零-极点对三种类型补偿器及其传递函数如图 3-1 和图 3-2 所示。这三种组合类型如下：

1 型补偿器：纯积分器，不提供相位提升，仅用于设定增益或衰减。

2 型补偿器：积分器加一个零-极点对，相位提升可达 90°。

3 型补偿器：积分器加一个双零-极点对，相位提升可达 180°。

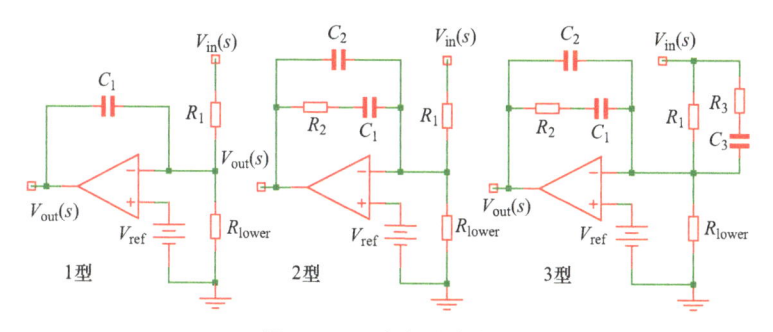

图 3-1 三种类型补偿器

$$G(s) = -\frac{1}{\frac{s}{\omega_{po}}} \quad \omega_{po} = \frac{1}{R_1 C_1} \qquad G(s) = -G_0 \frac{1+\frac{\omega_z}{s}}{1+\frac{s}{\omega_p}} \qquad G(s) = -G_0 \frac{\left(1+\frac{\omega_{z_1}}{s}\right)\left(1+\frac{s}{\omega_{z_2}}\right)}{\left(1+\frac{s}{\omega_{p_1}}\right)\left(1+\frac{s}{\omega_{p_2}}\right)}$$

- 如果 C_2 远小于 C_1，极点零点可以简化。
- R_1 和 R_{lower} 设定直流输出。
- 因为(-)引脚虚地，R_{lower} 在交流分析中不起作用。

$$G_0 = \frac{R_2}{R_1}\frac{C_1}{C_1+C_2} \approx \frac{R_2}{R_1} \qquad G_0 = \frac{R_2}{R_1}\frac{C_1}{C_1+C_2} \approx \frac{R_2}{R_1} \quad \text{若} C_2 \ll C_1 \\ R_3 \ll R_1$$

$$\omega_z = \frac{1}{R_2 C_1} \quad \text{若} C_2 \ll C_1 \qquad \omega_{z_1} = \frac{1}{R_2 C_1} \quad \omega_{z_2} = \frac{1}{(R_1+R_3)C_3} \approx \frac{1}{R_1 C_3}$$

$$\omega_p = \frac{1}{R_2 \frac{C_1 C_2}{C_1+C_2}} \approx \frac{1}{R_2 C_2} \qquad \omega_{p_1} = \frac{1}{R_2 \frac{C_1 C_2}{C_1+C_2}} \approx \frac{1}{R_2 C_2} \quad \omega_{p_2} = \frac{1}{R_3 C_3}$$

图 3-2 三种类型补偿器的传递函数

3.1 补偿器的交流响应

我已绘制出这三种补偿器的小信号响应，如图 3-3 所示。请注意，这些传递函数是在考虑理想运算放大器的情况下得出的，即放大器具有无限的开环增益 A_{OL} 且没有内部极点。在实际项目中，特别是当你希望提高穿越频率 f_c 时，必须确保运算放大器不会通过施加自身的渐近线来扭曲预期的频率响应。我建议先设计元器件并在理想电路下进行响应仿真，一旦确认变换器稳定，再将非理想模型插入以确认参数没有显著变化。

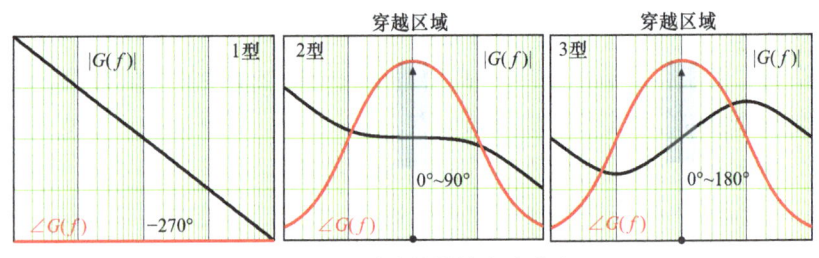

图 3-3 三种补偿器的交流响应

- 补偿器的类型 1、2 和 3 是由 Dean Venable 在 1983 年发表的论文《k 因子：稳定性分析与综合的新数学工具》中提出的[8]。
- 值得注意的是，如果移除电容 C_2，2 型将变为 2a 型，即 PI 补偿器。如果在带滤波的 PID 控制器中增加一个额外的极点，则会得到 3 型补偿器。

3.2 采用 1 型补偿器进行补偿

积分器不会提升相位，而是允许在选定的穿越频率 f_c 上建立增益或衰减。在这个例子中，该高压变换器的功率级在 10Hz 的选定频率处存在 20dB 的增益不足 G_{f_c}。那么，我们应该将 0dB 的穿越极点 ω_{po} 放在哪里，以确保在 10Hz 时积分器的增益达到 20dB？利用 1 型补偿器进行补偿的情况如图 3-4 所示。

$$G_{f_c} = -20\text{dB} \text{ 在 } f_c = 10\text{Hz 时} \rightarrow G = 10^{-\frac{G_{f_c}}{20}} = 10^{-\frac{-20}{20}} = 10$$

从功率级伯德图中读取的值 ｜ 目标穿越频率 ｜ 补偿器增益 $|T(f_c)|=1$

$$G(s) = \frac{1}{\frac{s}{\omega_{po}}} \Rightarrow |G(f_c)| = \frac{f_{po}}{f_c} \Rightarrow f_{po} = G \cdot f_c = 10 \times 10 = 100\text{Hz}$$

(3-1)

V_{out} = 400V　　调节电压

I_{bias} = 250μA　　分压电阻偏置电流

V_{ref} = 2.5V　　参考电压

$R_{lower} = \dfrac{V_{ref}}{I_{bias}} = 10\text{k}\Omega$

$R_1 = \dfrac{V_{out} - V_{ref}}{I_{bias}} = \dfrac{400 - 2.5}{250\mu} = 1.59\text{M}\Omega$

$\omega_{po} = \dfrac{1}{R_1 C_1} \rightarrow C_1 = \dfrac{1}{2\pi f_{po} R_1} = \dfrac{1}{6.28 \times 100 \times 1.59\text{Meg}} = 1\text{nF}$

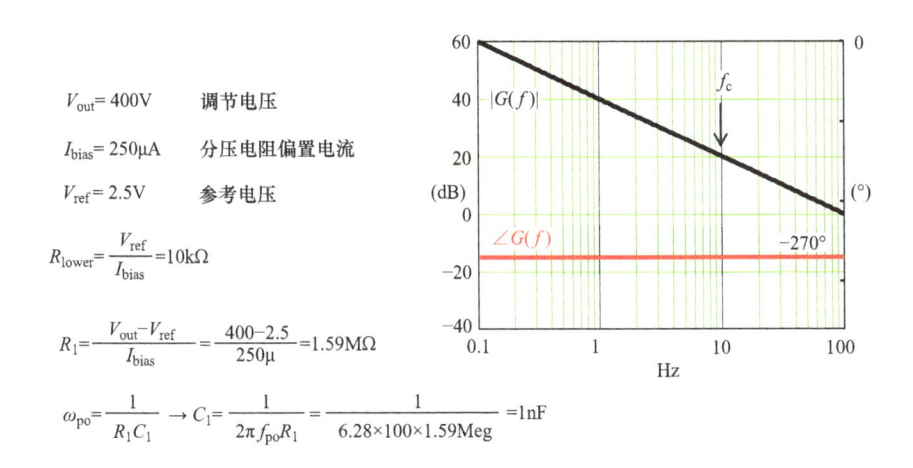

图 3-4　利用 1 型补偿器进行补偿

在确定了电阻分压器之后，考虑到稳压输出 V_{out} 和分压器允许的功率损耗，可以计算出电容 C_1 的值，以实现 10Hz 时的 20dB 增益。电容值为 1nF，曲线验证了计算结果的正确性。

3.2.1　仿真 1 型补偿器

仿真是环路稳定性分析的重要方法。首先，它可以立即检查所选元器件的值在频率响应方面是否符合设计目标。其次，一旦模型通过实验工作台测量得到验证，仿真还可以使用蒙特卡罗或最坏情况分析来验证环路的鲁棒性。这样能够增强信心，确保产品在使用时间增加、生产数量增多或温度变化时，寄生参数的影响是可控的。

下面的模板采用了通用运算放大器的 1 型补偿器，如图 3-5 所示，一旦交流响应满足要求，就可以用实际采用的放大器型号进行替换。在运行这种高直流增益电路时，保持运算放大器输出在线性范围内而不发生饱和（高于 0V 但远离 V_{cc}）是非常重要的。L_{OL}/C_{OL} 无源器件的作用是在直流偏置工作点仿真期间通过 E_1 在 R_1 上施加足够的电压（本例中为 400V），并通过 V_2 将运算放大器输出保持在 2～3V 的电压范围内。

我在 SIMPLIS® 中构建的模板使用了专门的宏来自动计算元器件的值。只需输入设计参数，例如在 10Hz 时为这种 1 型补偿器所读取的功率级增益（无须考虑相位裕量目标），系统就会自动计算出元器件的值。

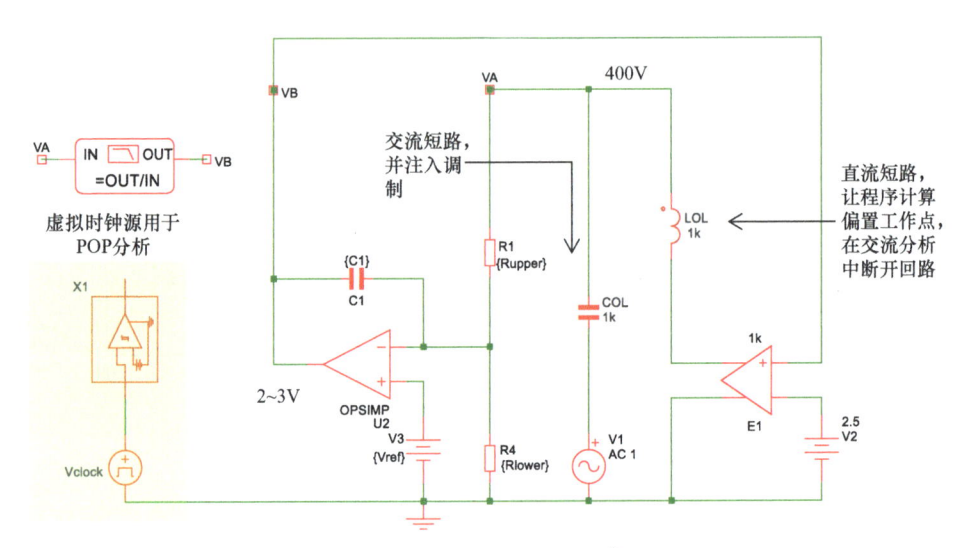

图 3-5　1 型补偿器 SIMPLIS® 仿真

3.2.2　在几秒钟内得到的结果

宏自动化模板是求解器或 Excel 的一个不错的替代方案，因为它不仅能计算元器件的值，还能立即以分贝（dB）和度（°）显示结果。宏的结构如图 3-6 所示。

```
*
.VAR Gfc=-20 * magnitude at crossover *
*
* Enter Design Goals Information Here *
*
.VAR fc=10 * targeted crossover *
*
* Enter the Values for Vout and Bridge Bias Current *
*
.VAR Vout=400
.VAR Ibias=250μ
.VAR Vref=2.5
.VAR Rlower=Vref/Ibias
.VAR Rupper=(Vout-Vref)/Ibias
*
* Do not edit the below lines *
.VAR G=10^(-Gfc/20)
.VAR fpo=G*fc
.VAR C1=1/(2*pi*fpo*Rupper)
```

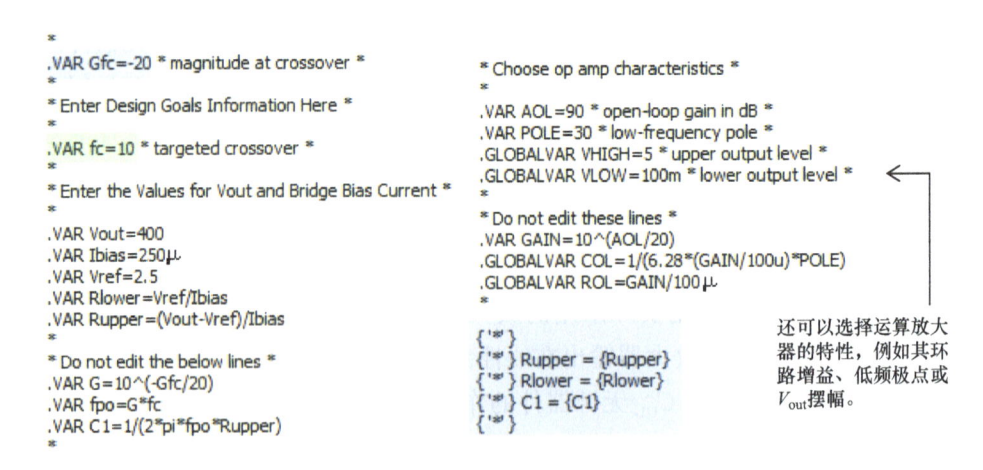

```
* Choose op amp characteristics *
*
.VAR AOL=90 * open-loop gain in dB *
.VAR POLE=30 * low-frequency pole *
.GLOBALVAR VHIGH=5 * upper output level *
.GLOBALVAR VLOW=100m * lower output level *
*
* Do not edit these lines *
.VAR GAIN=10^(AOL/20)
.GLOBALVAR COL=1/(6.28*(GAIN/100u)*POLE)
.GLOBALVAR ROL=GAIN/100μ
*
{ '* }
{ '* } Rupper = {Rupper}
{ '* } Rlower = {Rlower}
{ '* } C1 = {C1}
{ '* }
```

还可以选择运算放大器的特性，例如其环路增益、低频极点或 V_{out} 摆幅。

图 3-6　宏自动计算模板

输入从功率级伯德图中提取的数据，包括目标穿越频率 f_c。然后，基于设定的输出 V_{out} 和偏置电流，计算出电阻分压器的值。最后，元器件值被传递到仿真引擎，将在几秒钟内获得仿真结果如图 3-7 所示。

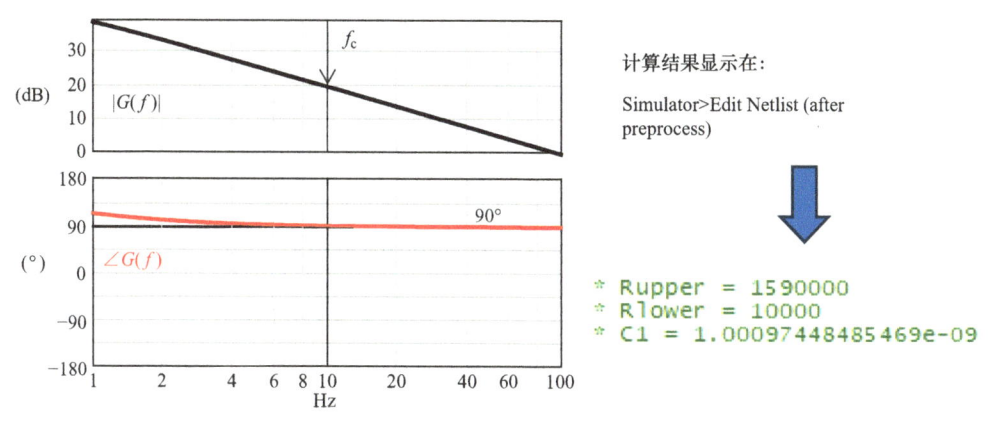

图 3-7 宏自动计算结果

相位为 90°（这与 –270° 是相同的相角），在 10Hz 时增益为 20dB，符合预期。元器件的值与我们之前计算的结果一致。

3.3 带有运算放大器（OPA）的 2 型补偿器 – I

在这个例子中，我们需要在穿越频率为 1kHz 时对相位进行提升。从功率级传递函数 H 中提取的信息如下：G_{f_c}=H|(1kHz)|=–6.8dB 和 ∠H(1kHz)=–66°。首先，确定 70° 相位裕量目标所需的相位提升量：

$$\text{boost} = \varphi_m - \angle H(f_c) - 90° = 70° - (-66°) - 90° = 46° \tag{3-2}$$

我们放置一个零 - 极点对将相位提高 46°，但同时在 f_c 处带来的增益为

$$|G(f_c)| = 10^{-\frac{G_{f_c}}{20}} = 10^{-\frac{6.8}{20}} \approx 2.19 \tag{3-3}$$

2 型补偿器的幅值和相位如下：

$$G(s) = -G_0 \frac{1 + \frac{\omega_z}{s}}{1 + \frac{s}{\omega_p}} \begin{cases} |G(f_c)| = G_0 \dfrac{\sqrt{1 + \left(\dfrac{f_z}{f_c}\right)^2}}{\sqrt{1 + \left(\dfrac{f_c}{f_p}\right)^2}} & f_c \text{ 处幅值} \\ \angle G(f_c) = \pi - \tan^{-1}\left(\dfrac{f_z}{f_c}\right) - \tan^{-1}\left(\dfrac{f_c}{f_p}\right) & f_c \text{ 处相位} \end{cases} \tag{3-4}$$

现在可以手动放置零-极点对：

$$f_p = [\tan(\text{boost}) + \sqrt{\tan^2(\text{boost}) + 1}]f_c \approx 2.48\text{kHz}$$
$$f_z = \frac{f_c^2}{f_p} = 404\text{Hz} \tag{3-5}$$

或者可以使用 k 因子，这在 2 型补偿器设计中效果很好：

$$k = \tan\left(\frac{\text{boost}}{2} + \frac{\pi}{4}\right) = 2.48 \begin{cases} f_p = k \cdot f_c \approx 2.48\text{kHz} \\ f_z = \frac{f_c}{k} = 404\text{Hz} \end{cases} \tag{3-6}$$

- k 因子将极点和零点的位置与穿越频率 f_c 关联起来。
- 如果需要更大的灵活性，可以选择手动放置。

3.4 带有运算放大器（OPA）的 2 型补偿器 – II

现在我们已经确定了极点和零点的位置，可以使用手动放置或 k 因子法来确定元器件的值。在这些表达式中，$R_1 = 2.5\text{k}\Omega$ 是分压器的上拉电阻。两种方法对比如图 3-8 所示。

手动放置

$$R_2 = \frac{R_1 f_p G_0}{f_p - f_z} \sqrt{\frac{1 + \left(\frac{f_c}{f_p}\right)^2}{1 + \left(\frac{f_z}{f_c}\right)^2}} = 6.53639\text{k}\Omega$$

$$C_1 = \frac{1}{2\pi R_2 f_z} = 60.26608\text{nF}$$

$$C_2 = \frac{C_1}{2\pi f_p C_1 R_2 - 1} = 11.75681\text{nF}$$

k 因子法

$$C_{2a} = \frac{1}{2\pi f_c G_0 k_1 R_1} = 11.75681\text{nF}$$

$$C_{1a} = C_{2a}(k_1^2 - 1) = 60.26608\text{nF}$$

$$R_{2a} = \frac{k_1}{2\pi f_c C_{1a}} = 6.53639\text{k}\Omega$$

图 3-8 两种方法对比

一旦计算出元器件的值，就可以使用 Mathcad 绘制响应图如图 3-9 所示，并验证在穿越频率 f_c 时的幅度和相位。

在 1kHz 时，增益为 6.8dB，相位提升接近 50°，符合预期。我们可以放心使用这个补偿器。

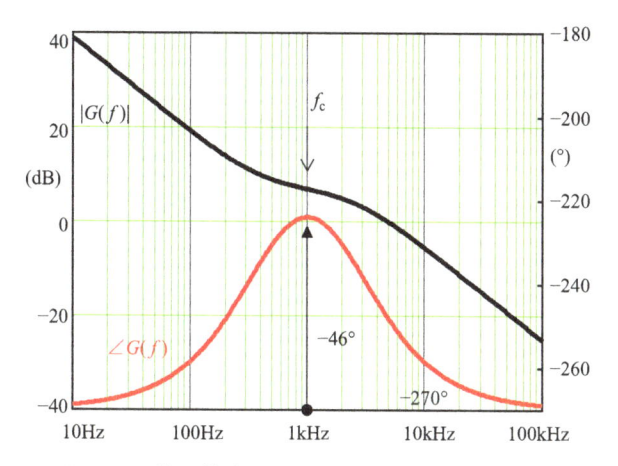

图 3-9 带运算放大器的 2 型补偿器的交流响应

3.4.1 2 型补偿器的仿真

构建一个类 2 型补偿器的模板，如图 3-10 所示。可以识别出自动偏置电路，它确保在节点 V_A（变换器的输出）上提供稳定的 5V 电压。左侧的时钟源是为了"欺骗"SIMPLIS®，让它认为这是一个开关电路。作为一个时域仿真器，该程序需要开关事件来首先确定周期性工作点（POP），然后进行交流分析。宏自动化计算结果如图 3-11 所示。

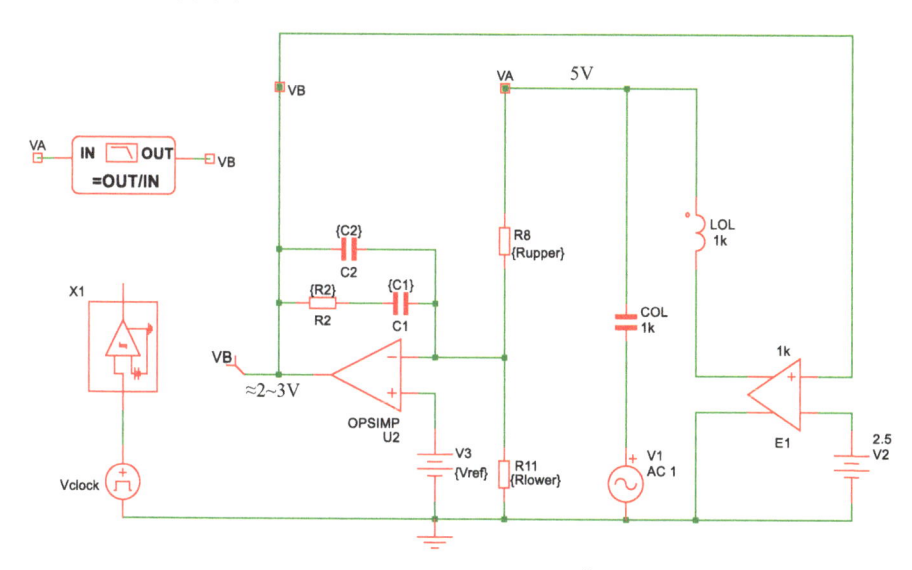

图 3-10 2 型补偿器 SIMPLIS® 仿真

```
.VAR Gfc=-6.8 * magnitude at crossover *
.VAR PS=-66 * phase lag at crossover *
*
* Enter Design Goals Information Here *
*
.VAR fc=1k * targetted crossover *
.VAR PM=70 * choose phase margin at crossover *
*
* Enter the Values for Vout and Bridge Bias Current *
*
.VAR Vout=5
.VAR Ibias=1m
.VAR Vref=2.5
.VAR Rlower=Vref/Ibias
.VAR Rupper=(Vout-Vref)/Ibias
*
* Do not edit the below lines *
.VAR boost=PM-PS-90
.VAR G=10^(-Gfc/20)
.VAR fp=(tan(boost*pi/180)+sqrt((tan(boost*pi/180))^2+1))*fc
.VAR fz=fc^2/fp
.VAR a=sqrt((fc^2/fp^2)+1)
.VAR b=sqrt((fz^2/fc^2)+1)
.VAR R2=((a/b)*G*Rupper*fp)/(fp-fz)
.VAR C1=1/(2*pi*R2*fz)
.VAR C2=C1/(C1*R2*2*pi*fp-1)
*
```

该宏比1型的宏复杂一些，因为现在需要设定70°的相位裕量目标。电阻分压器的值根据所需的5V输出和2.5V的电压参考来确定。接着放置零-极点对，并计算出元器件的值：

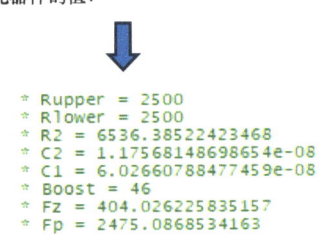

```
* Rupper = 2500
* Rlower = 2500
* R2     = 6536.38522423468
* C2     = 1.17568148698654e-08
* C1     = 6.02660788477459e-08
* Boost  = 46
* Fz     = 404.026225835157
* Fp     = 2475.0868534163
```

图 3-11　宏自动化计算结果

3.4.2　2 型补偿器的交流响应

图 3-12 所示是仿真得到的交流响应，确认了在 1kHz 处出现的相位提升，符合预期。

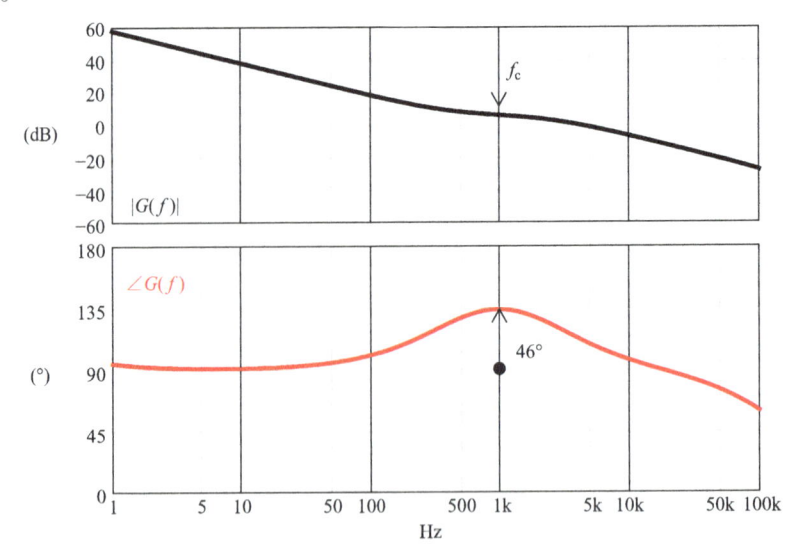

图 3-12　2 型补偿器的交流响应

如果将穿越频率推得更高，可能需要检查运算放大器增益带宽积（GBW）对整体响应的影响。图 3-13 所示的通用电路易于修改，以获得所需的开环增益与频率曲线。

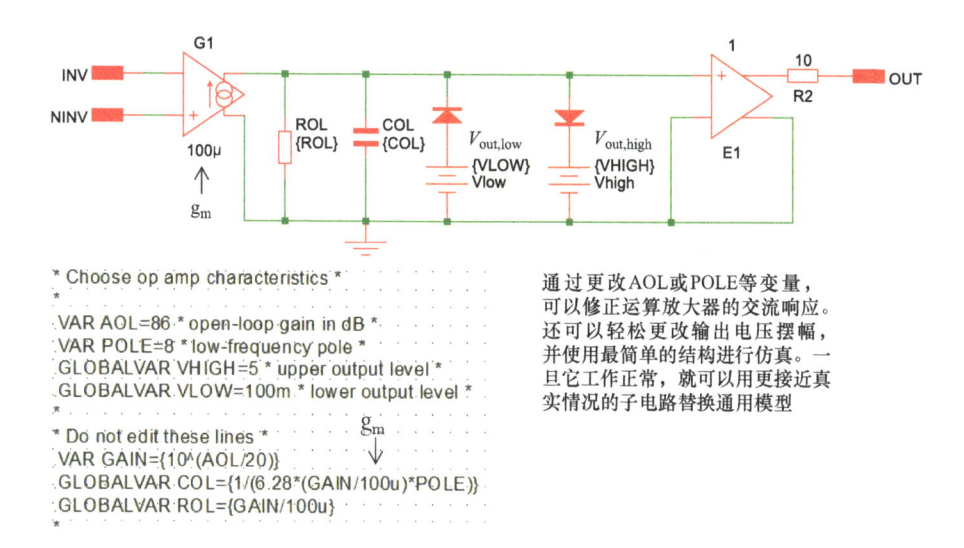

图 3-13 运算放大器通用仿真模型

3.5 带有运算放大器（OPA）的 3 型补偿器 - I

现在，我们需要提供超过 90° 的相位提升，以稳定像电压模式控制的连续导通模式（CCM）降压变换器这样的二阶系统。为此，与 2 型补偿器不同，我们不再仅在原点处放置一个极点和一个零 - 极点对，而是增加另一个零 - 极点对。

在 3 型补偿器的 k 因子法中，零点和极点是重合的，这样得到的补偿策略在结果上往往令人质疑，有时会导致条件稳定性。因此，我开发了一种手动放置极点和零点的方法。

假设在这个例子中，我们的目标是 10kHz 的穿越频率。在这一频率下，功率级的增益为 -20dB，而相位为 -135°。我们希望获得 70° 的相位裕量。根据补偿策略，我计划在 1kHz 处放置一个零点，在 3kHz 处放置另一个零点。接着，我会在开关频率的一半（$F_{SW}/2=50$kHz）处放置一个极点，以建立良好的增益裕量。现在，关键是放置第二个极点，以满足增益和相位裕量的目标。

我从所需的相位提升量开始：

$$\text{boost} = \varphi_m - \angle H(f_c) - 90° = 70° - (-135°) - 90° = 115° \quad (3\text{-}7)$$

我们希望在 10kHz 时的增益能够补偿 20dB 的衰减，因此：

$$|G(f_c)| = 10^{-\frac{G_{f_c}}{20}} = 10^{-\frac{-20}{20}} = 10 \quad (3\text{-}8)$$

3 型补偿器的增益和相位如下所示：

$$G(s) = -G_0 \frac{\left(1+\dfrac{\omega_{z_1}}{s}\right)\left(1+\dfrac{s}{\omega_{z_2}}\right)}{\left(1+\dfrac{s}{\omega_{p_1}}\right)\left(1+\dfrac{s}{\omega_{p_2}}\right)} \begin{cases} |G(f_c)| = G_0 \dfrac{\sqrt{1+\left(\dfrac{f_{z_1}}{f_c}\right)^2}\sqrt{1+\left(\dfrac{f_c}{f_{z_2}}\right)^2}}{\sqrt{1+\left(\dfrac{f_c}{f_{p_1}}\right)^2}\sqrt{1+\left(\dfrac{f_c}{f_{p_2}}\right)^2}} & f_c \text{ 处幅值} \\ \angle G(f_c) = \pi - \tan^{-1}\left(\dfrac{f_{z_1}}{f_c}\right) + \tan^{-1}\left(\dfrac{f_c}{f_{z_2}}\right) - \tan^{-1}\left(\dfrac{f_c}{f_{p_1}}\right) - \tan^{-1}\left(\dfrac{f_c}{f_{p_2}}\right) & f_c \text{ 处相位} \end{cases} \quad （3-9）$$

（增益、反相零点标注于公式左侧）

3.6 带有运算放大器（OPA）的 3 型补偿器 – II

考虑到两个零点和一个高频极点的位置已经确定，如何定位第二个极点以调整相位裕量？这个极点通常用于补偿输出电容带来的等效串联电阻（ESR）零点，但我更喜欢精确地定义它：

$$f_{z_1} = 1\text{kHz} \qquad f_{z_2} = 3\text{kHz} \qquad f_{p_2} = 50\text{kHz}$$

$$f_{p_1} = \frac{f_c}{\tan\left(\arctan\left(\dfrac{f_c}{f_{z_1}}\right) + \arctan\left(\dfrac{f_c}{f_{z_2}}\right) - \arctan\left(\dfrac{f_c}{f_{p_2}}\right) - \text{boost}\right)} = 16.4599\text{kHz} \quad （3-10）$$

有了这两个零 - 极点对和重新调整后的幅值表达式，我可以提取出电阻 R_2 的值。

$$R_2 = \frac{G_1 R_1 f_{p_1}}{f_{p_1} - f_{z_1}} \frac{\sqrt{1+\left(\dfrac{f_c}{f_{p_1}}\right)^2}\cdot\sqrt{1+\left(\dfrac{f_c}{f_{p_2}}\right)^2}}{\sqrt{1+\left(\dfrac{f_{z_1}}{f_c}\right)^2}\cdot\sqrt{1+\left(\dfrac{f_c}{f_{z_2}}\right)^2}} = 138\text{k}\Omega \implies \begin{array}{l} C_1 = \dfrac{1}{2\pi R_2 f_{z_1}} = 1.2\text{nF} \\[6pt] C_2 = \dfrac{C_1}{2\pi f_{p_1} C_1 R_2 - 1} = 74.6\text{pF} \\[6pt] C_3 = \dfrac{f_{p_2} - f_{z_2}}{2\pi R_1 f_{p_2} f_{z_2}} = 1.3\text{nF} \end{array} \quad （3-11）$$

自然地得到了 R_3：

$$R_3 = \frac{R_1 f_{z_2}}{f_{p_2} - f_{z_2}} = 2.4\text{k}\Omega \quad （3-12）$$

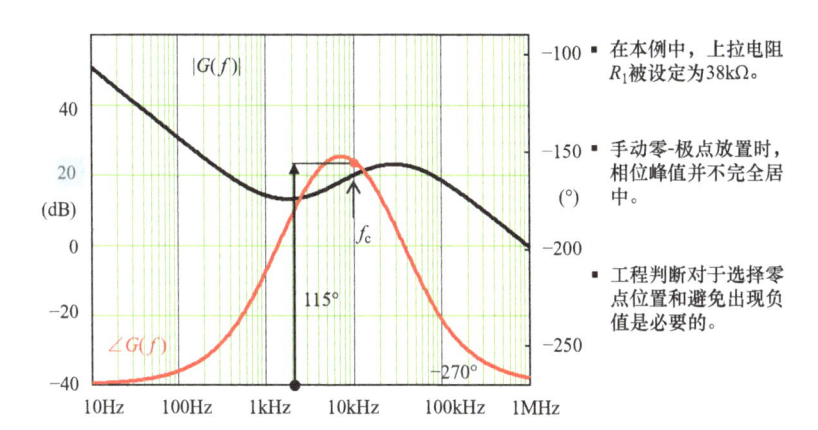

带运算放大器的 3 型补偿器的交流响应如图 3-14 所示。

图 3-14 带运算放大器的 3 型补偿器的交流响应

3.6.1 3 型补偿器 - 基于运算放大器（OPA）的仿真

图 3-15 展示了一个 3 型补偿器的模板，它可以在 SIMPLIS® 上运行。此外，这个模板也可以轻松移植到 SIMetrix® 或其他 SPICE 仿真器上，如 LTspice®。

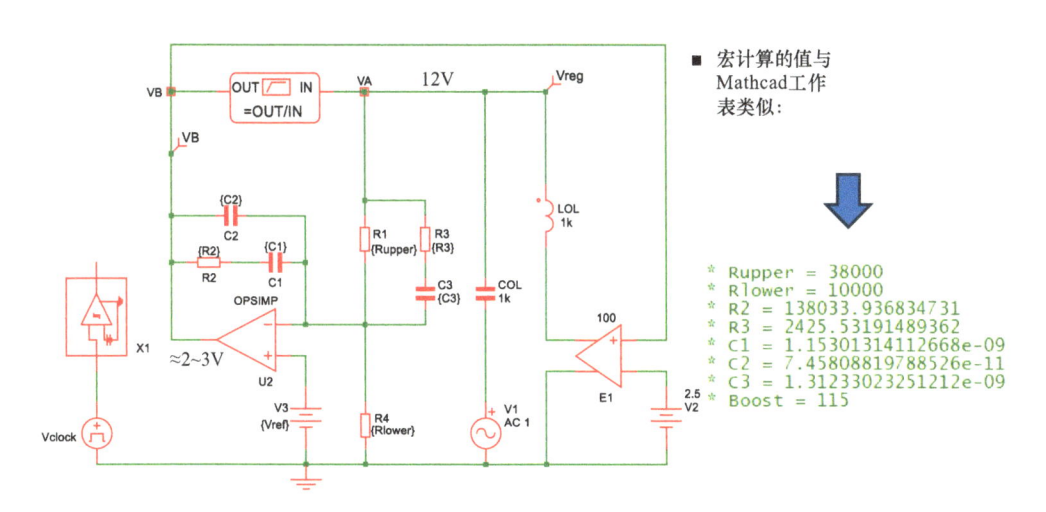

图 3-15 带运算放大器的 3 型补偿器的 SIMPLIS® 仿真

如图 3-16 所示的仿真结果验证了我们的计算，显示相位提升被限制在 100°，这是由于运算放大器具有一个 30Hz 的低频极点。

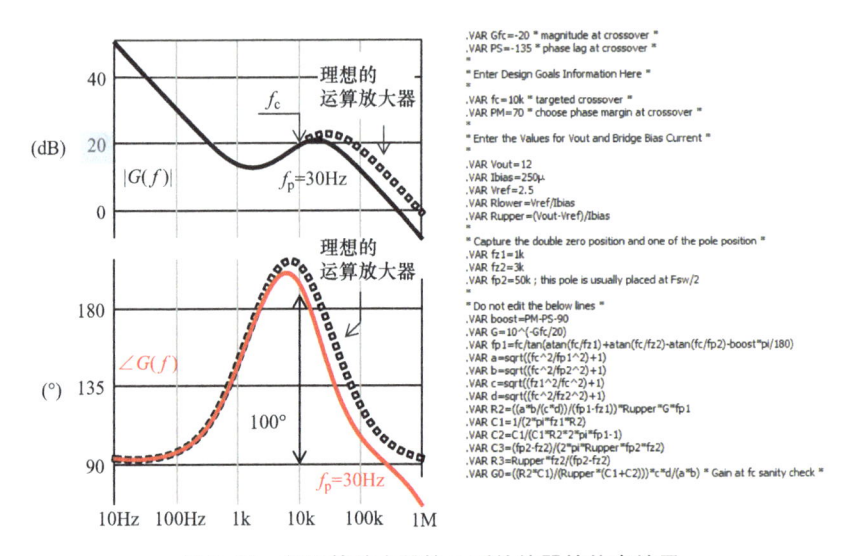

图 3-16 带运算放大器的 3 型补偿器的仿真结果

3.7 了解运算放大器（OPA）的影响

在大多数分析中，运算放大器的响应通常被认为是完美的，这使得传递函数的推导变得简单。当处理较低到中等的穿越频率时，例如 PFC 级的几十 Hz 或几千 Hz 的穿越频率，这一假设是有效的。然而，当开始将穿越频率推高至 10kHz 以上，并需要显著提升增益和相位时，就需要确保运算放大器自身的响应不会对期望的补偿器响应产生负面影响。如果是这样，那么应该选择增益带宽积更大的且响应更快类型的运算放大器。图 3-17 所示是一个经典的 2 型补偿器，其中包含了运算放大器的开环增益 A_{OL}。

$$G(s) = \frac{V_{FB}(s)}{V_{out}(s)} = G_0 \frac{1+\frac{s}{\omega_z}}{\left(1+\frac{s}{\omega_{p_1}}\right)\left(1+\frac{s}{\omega_{p_2}}\right)}$$

$$\omega_{p_1} = \frac{1}{(1+A_{OL})\left[(R_{lower}\|R_1)(C_1+C_2)+\frac{R_2C_1}{1+A_{OL}}\right]}$$

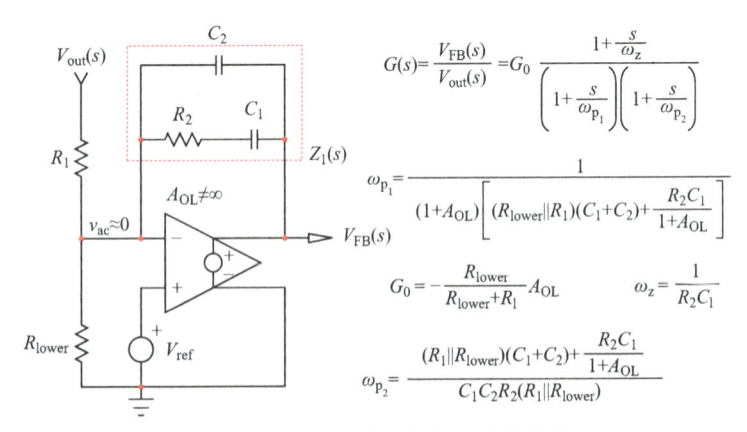

$$G_0 = -\frac{R_{lower}}{R_{lower}+R_1}A_{OL} \qquad \omega_z = \frac{1}{R_2C_1}$$

$$\omega_{p_2} = \frac{(R_1\|R_{lower})(C_1+C_2)+\frac{R_2C_1}{1+A_{OL}}}{C_1C_2R_2(R_1\|R_{lower})}$$

图 3-17 带运算放大器的 2 型补偿器

从图中的方程可以看出，当 $s=0$ 时，运算放大器的开环增益 A_{OL} 和电阻分压器限制了直流增益，这可能影响闭环静态误差。虽然在交流情况下，由于运算放大器的局部反馈，下拉电阻 R_{lower} 并未发挥作用：Z_1 在（-）引脚处形成了虚地，且在 R_{lower} 上的交流电压约为 0V。但在 $s=0$ 时，这种局部反馈消失，虚地不再有效，此时 R_{lower} 将包含在增益定义中。如果开始考虑内部补偿运算放大器中存在的低频极点和高频极点，相关表达式会变得更加复杂。一旦绘制了 2 型或 3 型的响应图，将运算放大器自身的交流响应叠加在幅度图上，确保在提升区域没有重叠。如果两条曲线在该区域相交，说明运算放大器将施加自身的响应，此时需要选择一个更合适的运算放大器。

3.8 运算放大器（OPA）特性的影响

当补偿器需要满足以下目标：穿越频率 f_c=10kHz，该频率处有 20dB 补偿增益，且相位提升必须达到 65°，图 3-18 为理想运算放大器和 50dB 开环增益运算放大器（例如 TL431）的结果对比。

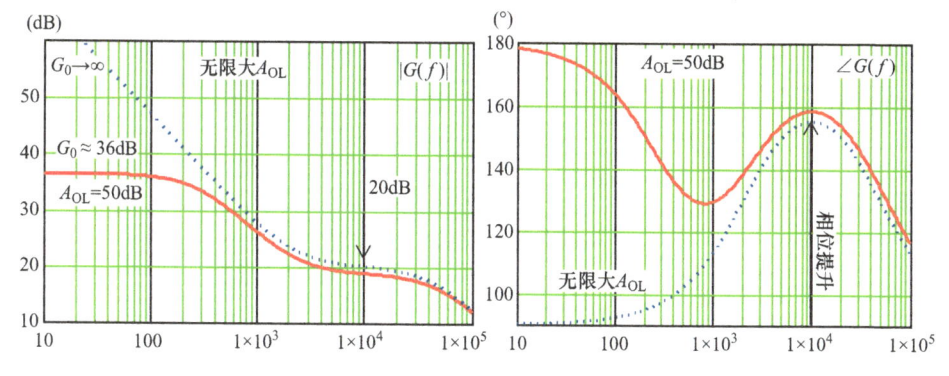

图 3-18 理想与实际运算放大器的自身响应

计算得出 R_1 和 R_{lower} 的值，以实现 12V 输出和 2.5V 参考电压。穿越频率处的增益和相位提升的偏差可以忽略不计。然而，在 120Hz 频率下，50dB 开环增益的增益为 35dB，而在理想情况下为 45dB。最终，对于有限开环增益，准静态增益仅为 36.4dB（约 66），而在完美运算放大器下则是无限的。这些数值的影响是什么？在两倍电源频率处缺乏增益会影响控制系统抑制整流纹波的能力，尤其是在 VM 控制中，输出变量可能会受到这种纹波的污染。此外，如果控制对象增益较低，受控变量可能会出现显著的静态误差。如果选择一个开环增益更高的运算放大器，例如 80dB，这些差异将会消失，两个曲线将非常接近。请注意所选运算放大器数据表中指定的开环增益值，确保最低保证值不会与补偿器响应相冲突。这一说法同样适用于没有虚地的 OTA 设计（电阻分压器在整体响应中发挥作用）。跨导值 g_m 自然出现在补偿器的传递函数中，因此需要仔细检查其可变性。

3.9 PID 模块

PID 补偿器（见图 3-19）结合了以下三种功能：

- 比例 P（Proportional）：根据观察到的偏差调整误差信号的幅度。如果偏差较小，输出的驱动电压会降低；反之，若调节值与目标值显著偏离，纠正作用将更强。这一功能由增益项 k_p 表示。

- 积分 I（Integral）：这是一个具有原点和极点的积分器，带有时间常数，通常用 k_i 表示。它会随时间累积误差，并不断调整控制输入，直到设定值与目标值之间的偏差消除。理论上，在直流（s=0）时的无限增益受到运算放大器开环增益 A_{OL} 的物理限制。

- 微分 D（Derivative）：这一部分由 k_d 调整，根据观察到的变化的斜率做出反应。当偏差变化缓慢时，不需要急于反应，平稳地调整就足够了。而当偏差变化较快时，则需要更迅速的反应。需要注意的是，k_d 在稳态下并不起作用，因为常数值的微分为零。

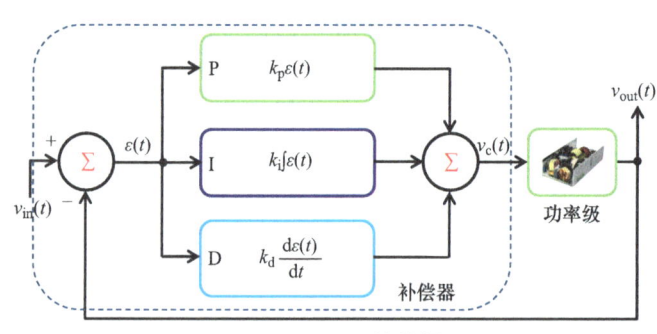

图 3-19 PID 补偿器

响应 V_c 和激励 ε 相关联的传递函数是三部分之和：

$$G_{PID}(s) = \frac{V_c(s)}{\varepsilon(s)} = k_p + \frac{k_i}{s} + sk_d = k_p\left(1 + \frac{1}{s\tau_i} + s\tau_d\right) \quad (3\text{-}13)$$

其中：

$$\tau_i = \frac{k_p}{k_i} \quad \tau_d = \frac{k_d}{k_p}$$

3.10 增加一个额外的极点

如果重新书写 PID 模块的传递函数，将会发现其增益随频率增加而不断升高。实际上，拉普拉斯域的表达式揭示了一个位于原点的极点（积分器）和两个零点。

$$G_{PID}(s) = G_0 \left(1 + \frac{\omega_{z_1}}{s}\right)\left(1 + \frac{s}{\omega_{z_2}}\right) \tag{3-14}$$

$$\omega_{z_1} = \frac{k_p}{k_d} - \frac{k_p + \sqrt{k_p^2 - 4k_d k_i}}{2k_d} \tag{3-15}$$

$$\omega_{z_2} = \frac{k_p + \sqrt{k_p^2 - 4k_d k_i}}{2k_d} \tag{3-16}$$

$$G_0 = \frac{k_i}{\omega_{z_1}} \tag{3-17}$$

上面表达式所表示的 PID 补偿器的响应曲线清楚地显示了增益会随着频率 f 的增加而不断升高。采用这种结构的系统将面临抗噪性问题，并可能难以在穿越频率 f_c 实现稳定。为抑制增益的过度增长，我们需要一个极点来使增益下降：这就是通过引入第二个极点的滤波 PID 控制器。两种 PID 补偿器的响应曲线如图 3-20 所示。

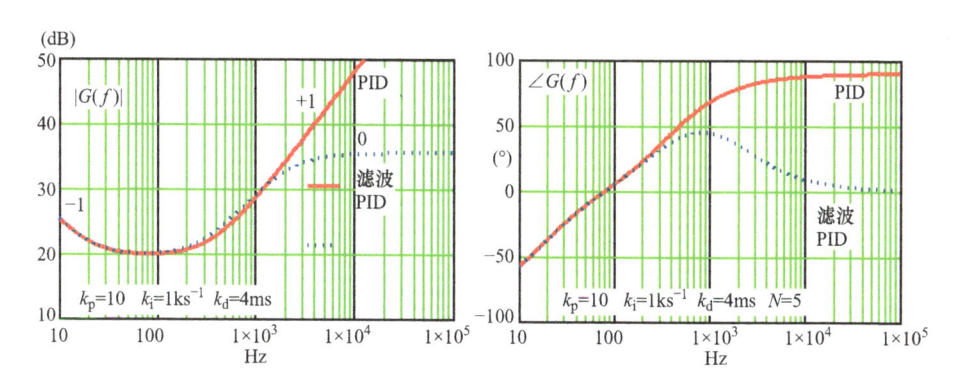

图 3-20 两种 PID 补偿器的响应曲线

在滤波 PID 结构中，高频极点打破了 +1 的增益斜率，迫使增益趋于平坦，从而提升增益裕量并减少对杂散噪声的拾取。式（3-19）中的 N 用于确定极点相对于零点的位置：

$$G_{\text{PIDF}}(s) == k_{\text{p}}\left(1+\frac{1}{s\tau_{\text{i}}}+\frac{s\tau_{\text{d}}}{1+\frac{s\tau_{\text{d}}}{N}}\right) = G_0 \frac{\left(1+\frac{\omega_{z_1}}{s}\right)\left(1+\frac{s}{\omega_{z_2}}\right)}{1+\frac{s}{\omega_{\text{p}}}} \quad (3\text{-}18)$$

$$\omega_{\text{p}} = \frac{N}{\tau_{\text{d}}} = \frac{N \cdot k_{\text{p}}}{k_{\text{d}}} \quad (3\text{-}19)$$

$$G_{\text{PIDF}}(s) = k_{\text{p}}\left(1+\frac{1}{\tau_{\text{i}}s}+\frac{s\tau_{\text{d}}}{1+\frac{s\tau_{\text{d}}}{N}}\right) = G_0 \frac{\left(1+\frac{\omega_{z_1}}{s}\right)\left(1+\frac{s}{\omega_{z_2}}\right)}{1+\frac{s}{\omega_{\text{p}}}} \quad \omega_{\text{p}} = \frac{N}{\tau_{\text{d}}} = \frac{N \cdot k_{\text{p}}}{k_{\text{d}}} \quad (3\text{-}20)$$

↑
增加的极点

3.11 从 PID 到 3 型补偿器

当我还是学生时，我的老师常提到 PID 系数 k_{p}、k_{d} 和 k_{i} 用来稳定环路。坦白说，我很难理解这些概念，也不清楚这些系数如何影响频率响应。如何有效地调整它们对我来说是个谜。我需要一个能够将 PID 响应与已知传递函数进行比较的桥梁。事实上，如果将滤波 PID 的方程与 3 型滤波器进行比较，如图 3-21 所示，唯一缺少的部分就是 PID 中的第二个高频极点。现在让我们把它加上！

滤波PID：
$$G_{\text{FPID}}(s) = k_{\text{p}}\left(1+\frac{1}{sk_{\text{i}}}+\frac{s\tau_{\text{d}}}{1+\frac{s}{\omega_{\text{p}_1}}}\right)\frac{1}{1+\frac{s}{\omega_{\text{p}_2}}}$$

$$\omega_{\text{p}_1} = \frac{N}{\tau_{\text{d}}}$$

相似的交流响应 ⟷

3型：
$$G_{\text{T3}}(s) = G_0 \frac{\left(1+\frac{\omega_{z_1}}{s}\right)\left(1+\frac{s}{\omega_{z_2}}\right)}{\left(1+\frac{s}{\omega_{\text{p}_1}}\right)\left(1+\frac{s}{\omega_{\text{p}_2}}\right)}$$

↑ 增益

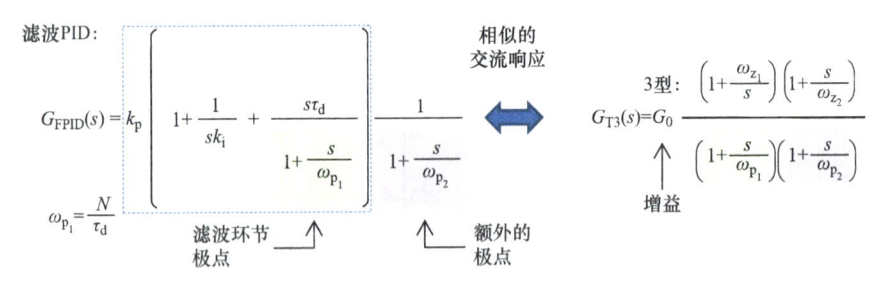

滤波环节极点 ↑　　额外的极点 ↑

图 3-21　滤波 PID 与 3 型补偿器的比较

假设我们有一个从控制到输出的传递函数，并且需要使用滤波 PID 来稳定系统。幸运的是，我们可以通过一个简单的 *RC* 滤波器添加一个额外的极点。此时，与其费力地调整 PID 参数，不如通过分析极点和零点的位置，再将它们反映到 k_{p}、k_{d}、k_{i} 和 N 的数值上进行调整，如图 3-22 所示。

f_c = 3kHz
G_{f_c} = 20dB
f_{z_1} = 200Hz
f_{z_2} = 600Hz
f_{p_1} = 21kHz
f_{p_2} = 21kHz

$$k_d = \frac{(\omega_{z_2}-\omega_{p_1})(k_i-G_0\omega_{p_1})}{\omega_{p_1}^2\omega_{z_2}} \approx 510\mu s$$

$$k_i = G_0\omega_{z_1} = 2.51ks^{-1}$$

$G_0 \approx 2$ 和 $N = 25.46$

$$k_p = G_0\left(\frac{\omega_{z_1}+\omega_{z_2}}{\omega_{z_2}} - \frac{\omega_{z_1}}{\omega_{p_1}}\right) = 2.643$$

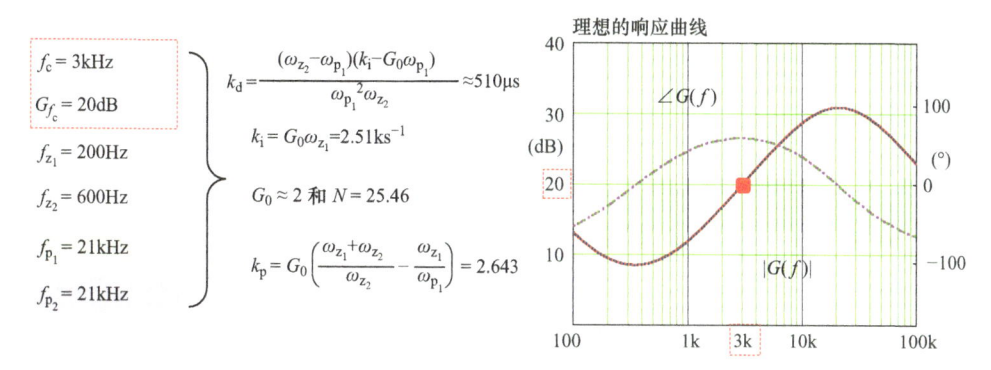

图 3-22 PID 参数调节

通过这种方法，可以先设计包含极点和零点的补偿策略，再将其转化为 PID 控制器的系数。相比直接使用随机选择的初始值来调整参数，这种方式更加严谨。设定在 3kHz 穿越频率下实现 20dB 增益的目标，结果计算出的参数精准地达到了这一要求。

3.12 运算放大器（OPA）和 PID

这个例子通常出现在教科书中。它是我们之前提到的滤波 PID，如图 3-23 所示，它包含一个位于原点的极点、两个零点和一个额外的极点。我们可以通过快速分析电路技术或传统方法来获得其传递函数。滤波 PID 的参数计算和交流响应如图 3-24 所示。

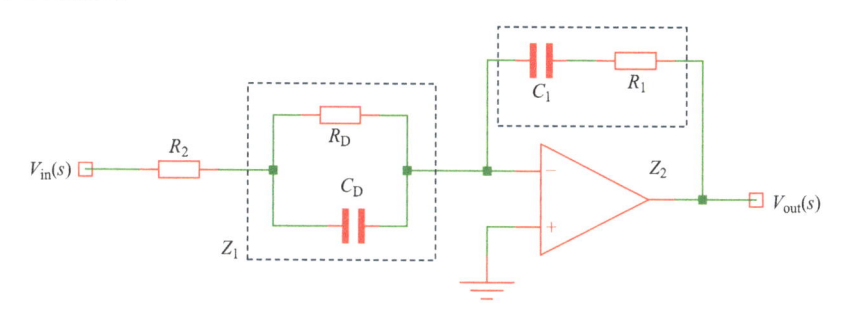

图 3-23 滤波 PID 的构成

不论采用哪种方法，都应该得到以下表达式：

$$G(s) = \frac{R_1}{R_2+R_D} \frac{\left(1+\frac{1}{sR_1C_1}\right)(1+sR_DC_D)}{1+sC_D(R_D \| R_2)} = G_0 \frac{\left(1+\frac{\omega_{z_1}}{s}\right)\left(1+\frac{s}{\omega_{z_2}}\right)}{1+s/\omega_p} \quad (3-21)$$

将该表达式与滤波 PID 的表达式进行比较，你应该得到：

$$\tau_d = \frac{(\omega_p - \omega_{z_1})(\omega_p + \omega_{z_2})}{(\omega_p \omega_{z_1} + \omega_p \omega_{z_2} - \omega_{z_1} \omega_{z_2})} \tag{3-22}$$

$$N = \frac{\omega_p}{\omega_{z_1} + \omega_{z_2} - \omega_{z_1} \omega_{z_2}/\omega_p} \tag{3-23}$$

$$\tau_i = \frac{\omega_{z_1} + \omega_{z_2}}{\omega_{z_1} \omega_{z_2}} - \frac{1}{\omega_p} \tag{3-24}$$

$$k_p = \frac{\omega_{po}}{\omega_{z_1}} - \frac{\omega_{po}}{\omega_p} + \frac{\omega_{po}}{\omega_{z_2}} \tag{3-25}$$

$$k_d = k_p \tau_d \tag{3-26}$$

$$k_i = \frac{k_p}{\tau_i} \tag{3-27}$$

$$\omega_{po} = \frac{1}{C_1(R_2 + R_D)} \tag{3-28}$$

假设我们希望在3kHz穿越频率时获得20dB的增益，具有以下极点和零点：

f_c=3kHz G_{f_c}=20dB f_{z_1}=200Hz

f_{z_2}=600Hz f_p=21kHz

$$G_{PID}(s) = 2.617 \times \left(1 + \frac{1}{s \cdot 1.053\text{ms}} + \frac{s \cdot 192.8\mu s}{1 + \frac{s \cdot 192.8\mu s}{25.44}}\right)$$

绘制这两个表达式的图形显示没有差异：我们已经从极点和零点的位置确定了PID参数。

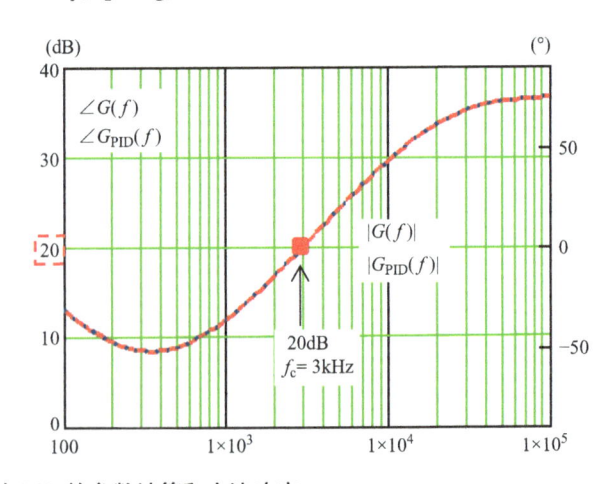

图 3-24 滤波 PID 的参数计算和交流响应

第 4 章
光电耦合器和 TL431

4.1 光电耦合器

在隔离变换器中，如 AC—DC 变换器，需要对一次侧和二次侧进行电气隔离。高频变压器提供了隔离，但环路调节电路通常位于隔离的二次侧，用来观察 V_{out} 或 I_{out}。需要将控制信号送回到开关电路所在的一次侧。为此目的，设计者经常使用光电耦合器。该器件具有电流传输比（CTR）参数，并且需要在实验台上提取其极点，如图 4-1 所示。

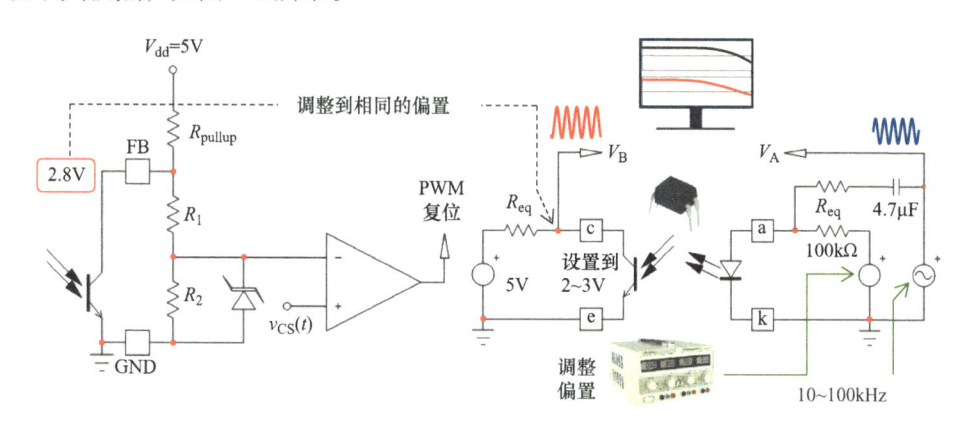

图 4-1 测试光电耦合器的寄生极点

特性测试的目的是模拟集电极连接到控制器反馈引脚时所"看到"的情况。在这个例子中，R_{eq} 是反馈引脚 FB 处的戴维南电阻，用于驱动集电极。

设置偏置点后，对 LED 电流进行交流扫描，即可得到光电耦合器的传递函数，得到的交流响应曲线如图 4-2 所示。4kHz 的极点和 20kΩ 的上拉电阻 R_{eq} 表明，集电极和发射极之间的寄生电容 C_{opto} 为

$$C_{opto} = \frac{1}{6.28 \times 4k \times 20k} \approx 2nF$$

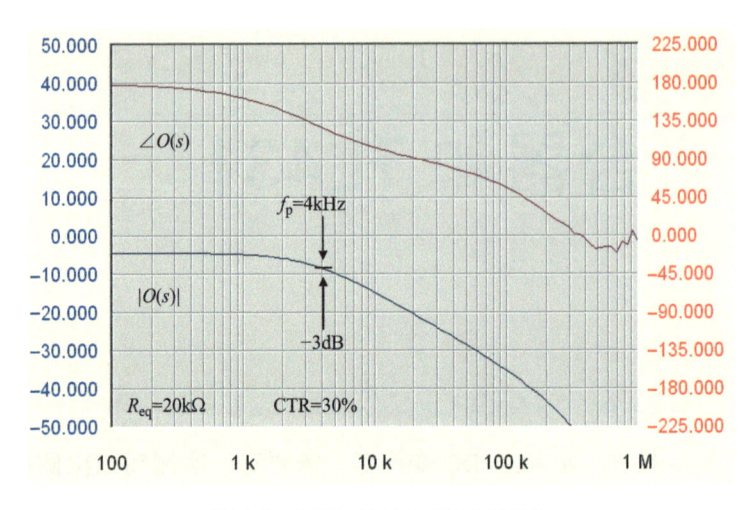

图 4-2　测试得到的交流响应曲线

4.1.1　移动光电耦合器的极点位置

如果想在隔离变换器中提高穿越频率，会很快发现光电耦合器的固有极点会影响相位裕量。虽然可以减小上拉或下拉电阻，但这可能会受到功耗的限制，尤其是在轻载条件下。扩展光电耦合器响应的一个解决方案是采用级联结构。在这种方法中，光电耦合器由低阻抗源驱动，以保持其集电极电压恒定并确保最小化米勒效应。这种结构将光电耦合器传输的电流转换为驱动晶体管集电极上的电压。图 4-3 描述了两种改变光电耦合器极点位置的结构，图 4-4 为这两种不同电路结构的交流响应。

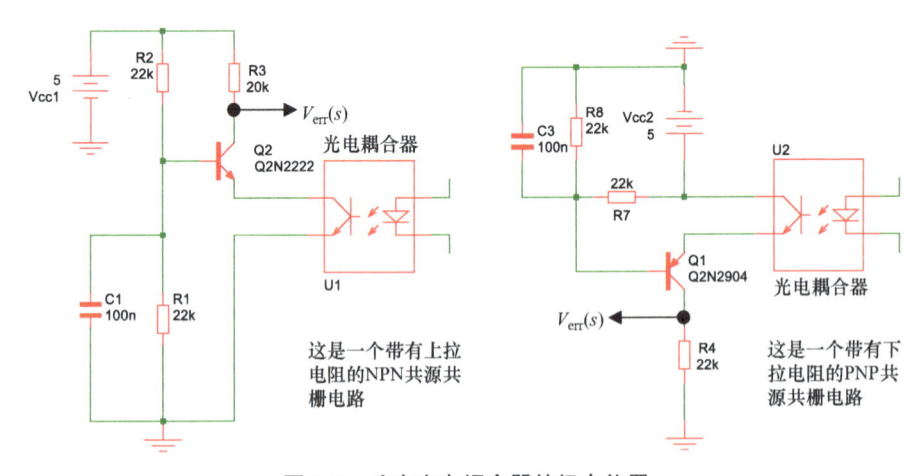

图 4-3　改变光电耦合器的极点位置

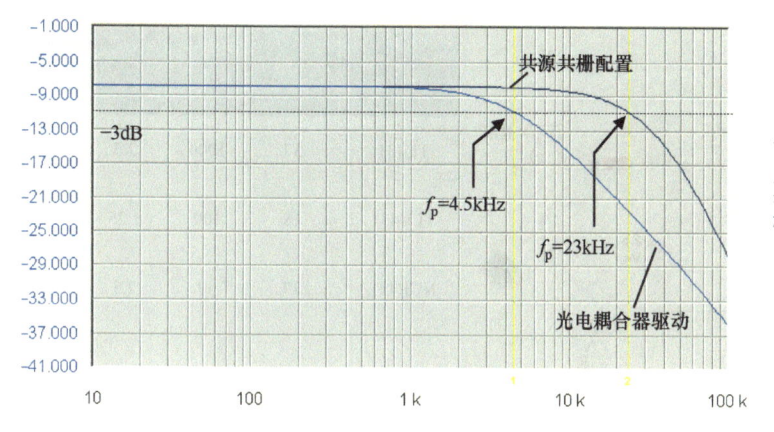

第 4 章 光电耦合器和 TL431

图 4-4 不同电路结构的交流响应

采用后者结构后，极点的位置被推高到原始位置的 5 倍。

4.1.2 光电耦合器的仿真和 TL431

一旦确定了光电耦合器的低频极点，就可以计算该器件在其集电极 - 发射极连接之间引入的寄生电容。这个电容在图 4-5 所示的简单模型中表示为 C_{opto}。

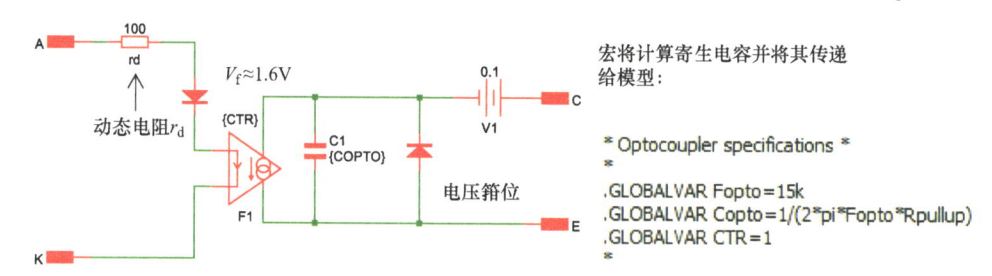

```
* Optocoupler specifications *
.GLOBALVAR Fopto=15k
.GLOBALVAR Copto=1/(2*pi*Fopto*Rpullup)
.GLOBALVAR CTR=1
*
```

图 4-5 光电耦合器寄生极点的仿真建模

这个额外的电容与用于构建类型 1、2 或 3 补偿器（如 TL431）的电容并联，因此在最终计算中必须考虑其影响。此外，电路图中二极管符号旁边的 100 Ω 电阻用于模拟 LED 的动态电阻 r_d，其值取决于工作点（正向电流）。这个电阻的值至关重要，因为它与外部添加的电阻串联，进而影响增益。计算与实际测量之间的增益差异往往源于未在预期工作点表征 r_d 的特性。

TL431 是一种常用的 3 引脚有源元件，内部集成了运算放大器和 2.5V 的参考电压。该元件通过其阴极电流自供电，但必须注入最低的偏置电流才能正常工作。如果 2.5V 的参考电压不够低，可以选择 TLV431，它提供 1.25V 的参考电压。TL431 等效模型和几种常见型号如图 4-6 所示。

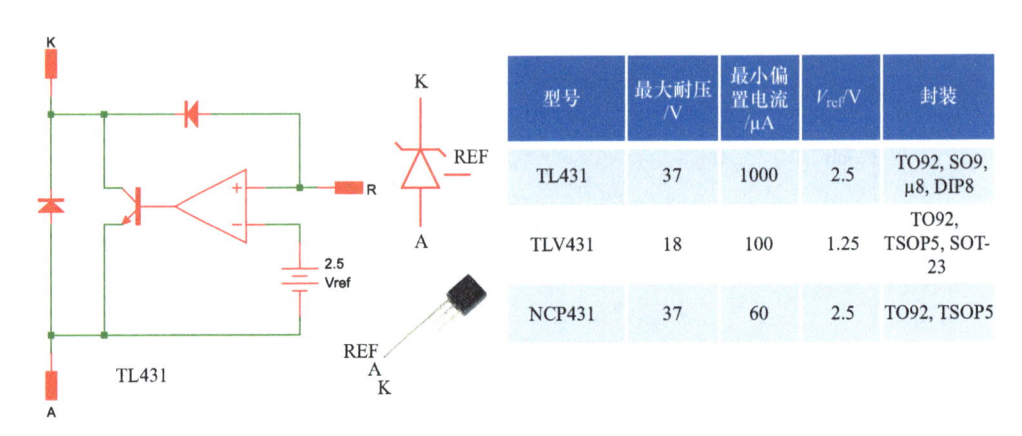

图 4-6　TL431 等效模型和几种常见型号

4.2　TL431 和 1 型补偿器

当与光电耦合器配合使用时，TL431 可以构建 1、2 和 3 型的补偿器，但有一些限制，稍后将进行详细说明。1 型是最简单的补偿器，如图 4-7 所示。

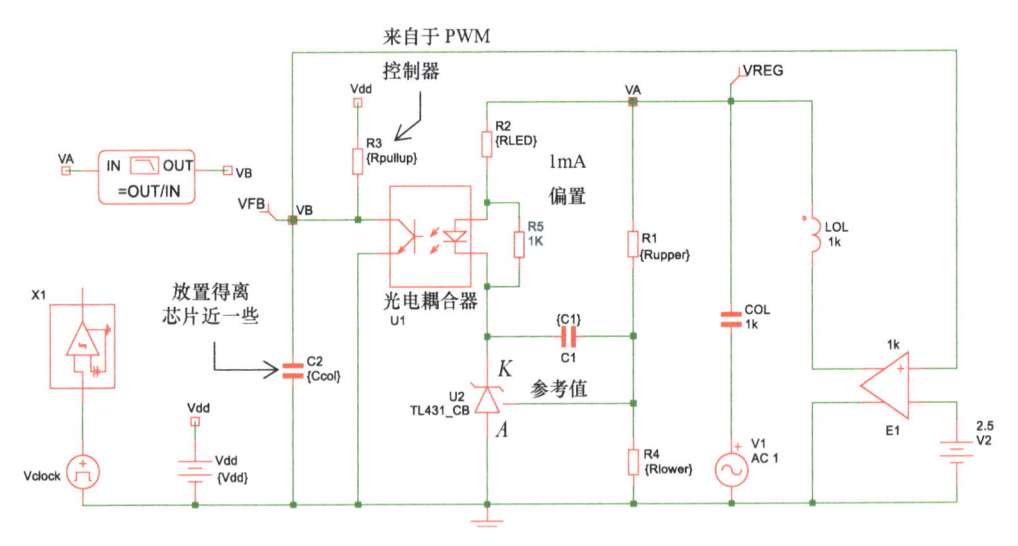

图 4-7　TL431 和 1 型补偿器的 SIMPLIS® 仿真

LED 串联电阻 R_2 或 R_{LED} 不仅设置增益，还确定 TL431 的偏置点。由于 TL431 的最小 K-A 工作电压必须高于其 2.5V 参考电压，因此 R_2 有一个上限，必须先加以确定。

42

$$R_{\text{LED}} < \frac{\overset{\text{调节的 } V_{\text{out}} \approx 1\text{V} \quad 例如 2.5\text{V}}{V_{\text{out}} - V_{\text{f}} - V_{\text{TL431min}}}}{\underset{\substack{\text{芯片内} \\ \text{部箝位} \\ \text{通电压}}}{V_{\text{dd}}} - \underset{\substack{\text{光电耦合} \\ \text{器饱和导}}}{V_{\text{CE,sat}}} + \underset{\substack{\text{偏置} \\ \text{电流}}}{I_{\text{b}}} \cdot \underset{\substack{\text{光电耦} \\ \text{合器} \\ \text{CTR}}}{\text{CTR}_{\text{min}}} \underset{\substack{\text{内部} \\ \text{上拉电阻}}}{R_{\text{pullup}}}} R_{\text{pullup}} \text{CTR}_{\text{min}} \quad (4\text{-}1)$$

传递函数显示出一个零点和一个极点，它们相互抵消，只剩下 ω_{po}：

■ **这个公式同样适用于其他类型的补偿器**：如果选择更高的值，可能会导致失去调节能力。

■ I_{b} 是由 R_5 提供的额外约 1mA。

$$G(s) = -\frac{1 + \dfrac{s}{\omega_z}}{\dfrac{s}{\omega_{\text{po}}}(1 + \omega_{\text{p}})} \quad (4\text{-}2)$$

$$\omega_z = \frac{1}{R_1 C_1} \quad (4\text{-}3)$$

$$\omega_p = \frac{1}{R_{\text{pullup}} C_2} \quad (4\text{-}4)$$

$$\omega_{\text{po}} = \frac{R_{\text{pullup}} \text{CTR}}{R_{\text{LED}} R_1 C_1} \quad (4\text{-}5)$$

4.2.1　TL431 和 1 型补偿器的仿真

这种类型的设计方法从确定 0dB 穿越极点 f_{po} 开始。TL431 和 1 型补偿器的仿真结果如图 4-8 所示。假设我们从功率级的伯德图中读取到在 $f_c = 100\text{Hz}$ 时的增益为 20dB，我们可以将极点放置在通过式（4-6）确定的频率处。

$$f_{\text{po}} = G \cdot f_c = 10^{-\frac{20}{20}} \times 100 = 10\text{Hz} \quad \Longrightarrow \quad 在 100\text{Hz} 衰减 20\text{dB} \quad (4\text{-}6)$$

串联 LED 电阻的最大值是根据光电耦合器的特性和额外的 1mA 偏置电流 I_{b} 计算得出的：

$$R_{\text{LED}} < \frac{12 - 1 - 2.5}{5 - 0.3 + 1\text{m} \times 0.3 \times 20\text{k}} 20\text{k} \times 0.3 \approx 4.8\text{k}\Omega \quad \overset{50\% \text{ 降额}}{\Longrightarrow} \quad R_{\text{LED}} = 2.4\text{k}\Omega \quad (4\text{-}7)$$

所采用的 PWM 控制器内置上拉电阻为 20kΩ。在 12V 输出和 250μA 的偏置电流下，可得 $R_1 = 38\text{k}\Omega$。我们现在可以计算电容 C_1 和 C_2：

$$C_1 = \frac{R_{\text{pullup}}\text{CTR}}{2\pi R_{\text{LED}} R_1 f_{po}} = \frac{20k \times 0.3}{6.28 \times 2.4k \times 38k \times 10} \approx 1\mu\text{F} \qquad (4\text{-}8)$$

$$C_1 = \frac{\text{CTR}}{2\pi R_{\text{LED}} f_{po}} = \frac{0.3}{6.28 \times 2.4k \times 10} \approx 2\mu\text{F} \qquad (4\text{-}9)$$

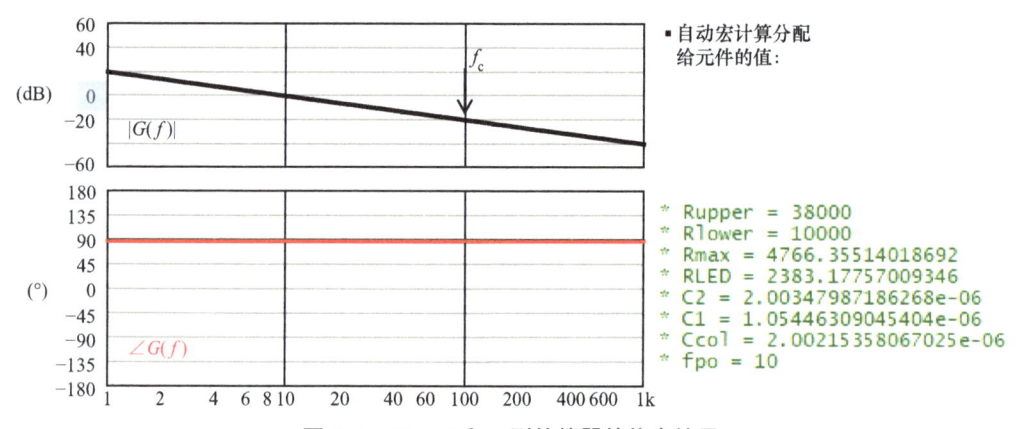

■ 自动宏计算分配给元件的值：

```
* Rupper = 38000
* Rlower = 10000
* Rmax   = 4766.35514018692
* RLED   = 2383.17757009346
* C2     = 2.00347987186268e-06
* C1     = 1.05446309045404e-06
* Ccol   = 2.00215358067025e-06
* fpo    = 10
```

图 4-8　TL431 和 1 型补偿器的仿真结果

仿真结果确认在 100Hz 时的衰减为 20dB，符合预期。

4.2.2　TL431 的快速和慢速通道

TL431 非常适合用于构建 2 型补偿器。然而，理解其基于 LED 电流调制的调节机制非常重要。考虑图 4-9 所示的电路，你会发现 LED 电流取决于输出电压 V_{out} 和阴极电压 V_{k}。

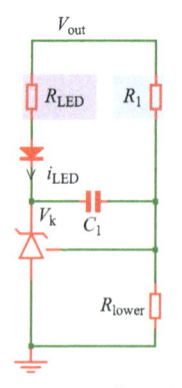

图 4-9　调节通道

第 4 章 光电耦合器和 TL431

$$I_{\text{LED}}(s) = \frac{V_{\text{out}}(s) - V_{\text{k}}(s)}{R_{\text{LED}}} = \frac{V_{\text{out}}(s)}{R_{\text{LED}}} + \underbrace{\frac{V_{\text{out}}(s)\dfrac{1}{sR_1C_1}}{R_{\text{LED}}}}_{\text{慢速通道}} \quad （4-10）$$

随着频率增加，C_1 变成高频短路，阴极节点的交流电压为 0V。此时慢速通道在交流中静默不工作。但是，直流调节仍然是存在的，处于 TL431 所规定的固定直流电平。此时，LED 电流变为

$$I_{\text{LED}}(s) = \frac{V_{\text{out}}(s) - V_{\text{k}}(s)}{R_{\text{LED}}} = \underbrace{\frac{V_{\text{out}}(s)}{R_{\text{LED}}}}_{\text{快速通道}} \quad （4-11）$$

由于偏置原因，R_{LED} 的值受到限制，因此它通过提供从 V_{out} 到 L_{LED} 的第二路径来设置最小增益，电阻对增益的影响如图 4-10 所示。

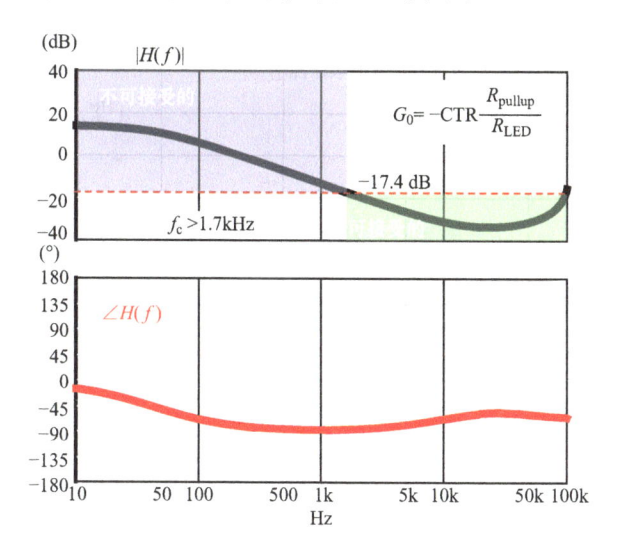

图 4-10 电阻对增益的影响

- 假设出于直流偏置原因（V_{out} 为 5V），R_{LED} 不能超过 865Ω。
- 上拉电阻为 20kΩ，电流传输比（CTR）为 32%，电路的最小增益 G_0 为 17.4dB。
- 必须选择一个穿越频率，其增益至少为 17.4dB，穿越频率不能低于 1.7kHz，这即是快速通道的表现。

4.3 TL431 和 2 型补偿器

在使用 TL431 设计补偿器时，必须充分理解快速通道的效果。如果试图将 LED 电阻增加到超出计算的偏置限制，或者没有预留一些设计余量，那么在生产过程中如果 CTR 或其他参数发生变化，就可能会失去稳压调节功能。除了这个典型问题，TL431 也非常适合用于设计 2 型补偿器，如图 4-11 所示。

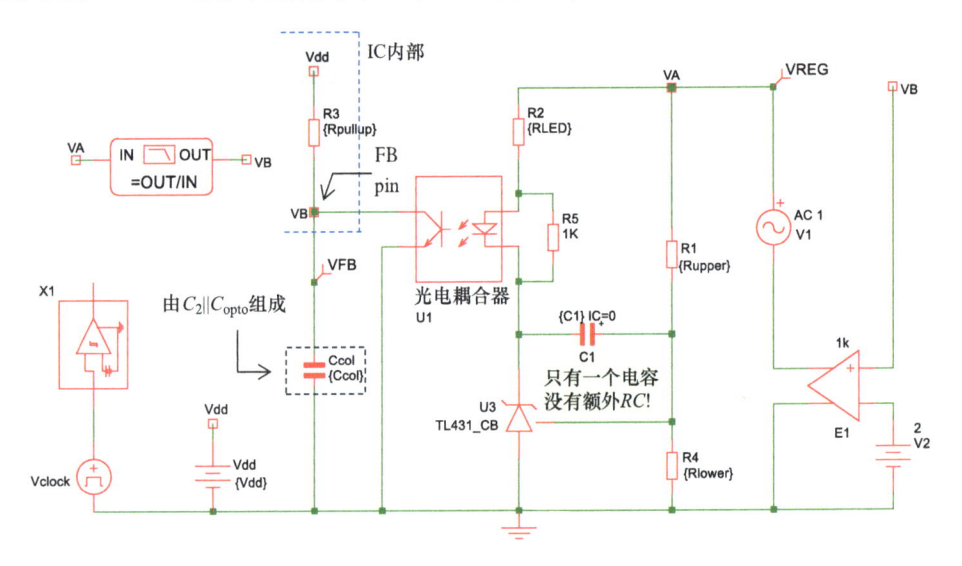

图 4-11 TL431 和 2 型补偿器

传递函数突出了一个原点极点，以及一个零点和一个极点。请注意，2 型补偿器只需要一个电容 C_1。

$$G(s) = -G_0 \frac{1 + \dfrac{\omega_z}{s}}{1 + \dfrac{s}{\omega_p}} \quad (4\text{-}12)$$

$$G_0 = \frac{R_{\text{pullup}} CTR}{R_{\text{LED}}} \quad (4\text{-}13)$$

$$\omega_z = \frac{1}{R_1 C_1} \quad (4\text{-}14)$$

$$\omega_p = \frac{1}{R_{\text{pullup}} C_2} \quad (4\text{-}15)$$

C_2 是用于定位极点的电容。不过，光电耦合器的寄生电容 C_{opto} 会与其并联。在最终选择时，需要考虑 C_{opto} 的影响。

$$C_{\text{col}} = C_2 - C_{\text{opto}} \quad (4\text{-}16)$$

最终值 ↑　极点计算值 ↑　光电耦合器寄生电容

4.3.1 用 TL431 设计 2 型补偿器

对于这个设计示例，我们假设在 2kHz 时进行穿越，功率级 H 的增益为 −30dB，相位滞后为 85°。首先，我们确定满足 70° 的相位裕量目标所需的相位提升：

$$\text{boost} = \varphi_m - \angle H(f_c) - 90° = 70 - (-85°) - 90° = 65° \quad (4\text{-}17)$$

补偿 30dB 衰减所需的增益是多少？

$$|G(f_c)| = 10^{\frac{G_k}{20}} = 10^{\frac{-30}{20}} \approx 31.6 \longleftarrow 2\text{kHz 时的必要中频带增益} \quad (4\text{-}18)$$

基于 TL431 的 2 型补偿器的传递函数如图 4-12 所示。

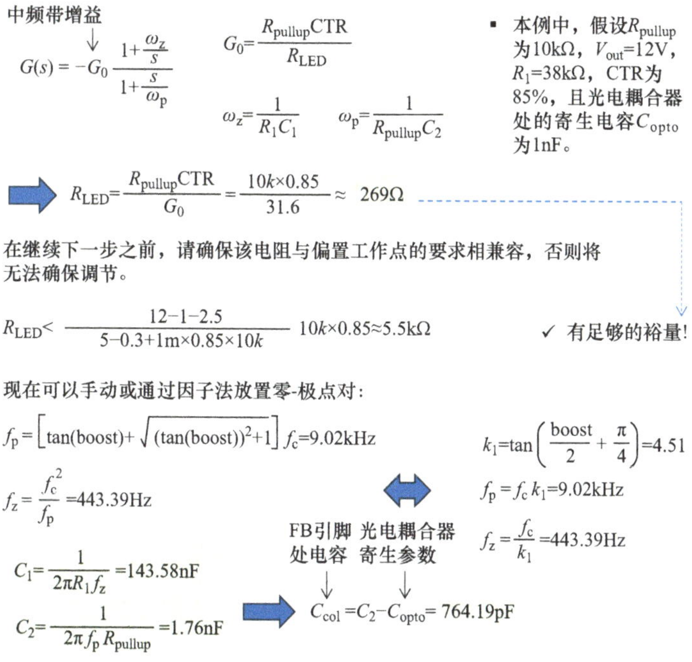

中频带增益
↓
$$G(s) = -G_0 \frac{1 + \frac{\omega_z}{s}}{1 + \frac{s}{\omega_p}}$$

$$G_0 = \frac{R_{\text{pullup}} \text{CTR}}{R_{\text{LED}}}$$

$$\omega_z = \frac{1}{R_1 C_1} \quad \omega_p = \frac{1}{R_{\text{pullup}} C_2}$$

- 本例中，假设 R_{pullup} 为 10kΩ，V_{out}=12V，R_1=38kΩ，CTR 为 85%，且光电耦合器处的寄生电容 C_{opto} 为 1nF。

$$R_{\text{LED}} = \frac{R_{\text{pullup}} \text{CTR}}{G_0} = \frac{10k \times 0.85}{31.6} \approx 269\Omega$$

在继续下一步之前，请确保该电阻与偏置工作点的要求相兼容，否则将无法确保调节。

$$R_{\text{LED}} < \frac{12 - 1 - 2.5}{5 - 0.3 + 1m \times 0.85 \times 10k} \quad 10k \times 0.85 \approx 5.5k\Omega$$

✓ 有足够的裕量！

现在可以手动或通过因子法放置零-极点对：

$$f_p = \left[\tan(\text{boost}) + \sqrt{(\tan(\text{boost}))^2 + 1}\right] f_c = 9.02\text{kHz}$$

$$f_z = \frac{f_c^2}{f_p} = 443.39\text{Hz}$$

$$k_1 = \tan\left(\frac{\text{boost}}{2} + \frac{\pi}{4}\right) = 4.51$$

$$f_p = f_c k_1 = 9.02\text{kHz}$$

$$f_z = \frac{f_c}{k_1} = 443.39\text{Hz}$$

$$C_1 = \frac{1}{2\pi R_1 f_z} = 143.58\text{nF}$$

FB 引脚处电容　光电耦合器寄生参数

$$C_2 = \frac{1}{2\pi f_p R_{\text{pullup}}} = 1.76\text{nF}$$

$$C_{\text{col}} = C_2 - C_{\text{opto}} = 764.19\text{pF}$$

图 4-12　2 型补偿器零 - 极点的设置

4.3.2 TL431 和 2 型补偿器的仿真

现在我们已经确定了补偿器的电容和电阻值，可以进行仿真并检查交流响应如图 4-13 所示。

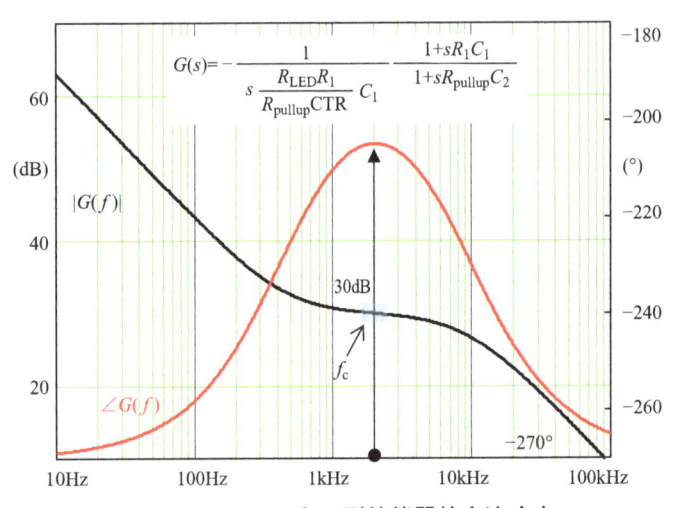

图 4-13 TL431 和 2 型补偿器的交流响应

在 SIMPLIS® 中的仿真结果证实了响应，在 2kHz 时增益为 30dB，相位提升为 65°，与预期一致，如图 4-14 所示。

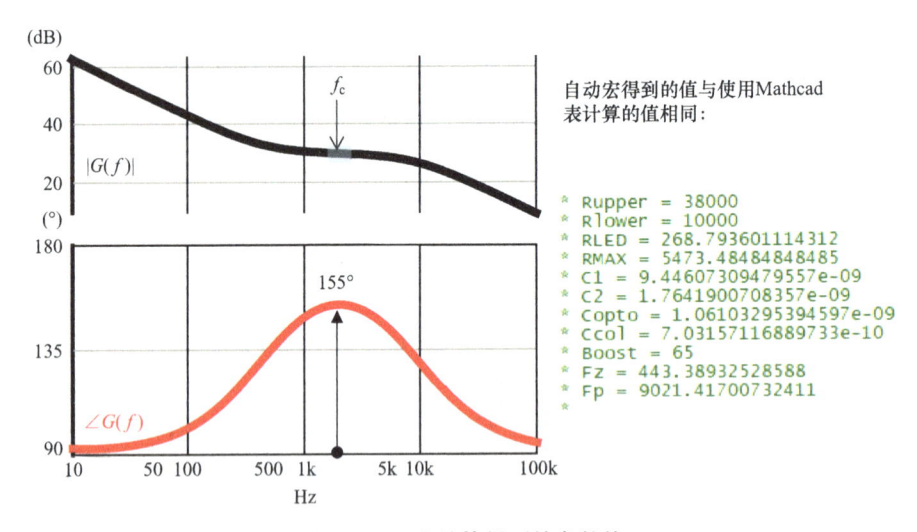

自动宏得到的值与使用 Mathcad 表计算的值相同：

```
* Rupper = 38000
* Rlower = 10000
* RLED = 268.793601114312
* RMAX = 5473.48484848485
* C1 = 9.44607309479557e-09
* C2 = 1.76419007083557e-09
* Copto = 1.06103295394597e-09
* Ccol = 7.03157116889733e-10
* Boost = 65
* Fz = 443.38932528588
* Fp = 9021.41700732411
```

图 4-14 宏计算得到的参数值

TL431 的性能依赖于其偏置电流。必须确保为该器件注入适当的电流值，否则交流响应将受到影响。

4.3.3 一种无快速通道的 2 型补偿器

在某些应用中，例如当调节输出电压过低或过高，超过 TL431 的击穿电压时，可能无法连接快速通道。在这种情况下，可能需要断开快速通道，并单独对其进行偏置设置，而不依赖于调节后的 V_{out}。使用齐纳二极管是一种选择，在 3 型补偿器示例中对此进行了介绍。此外，将 LED 串联电阻连接到一个稳定的 5V 或 12V 电源也是一个可行的方案。无快速通道的 2 型补偿器如图 4-15 所示，其交流响应如图 4-16 所示。

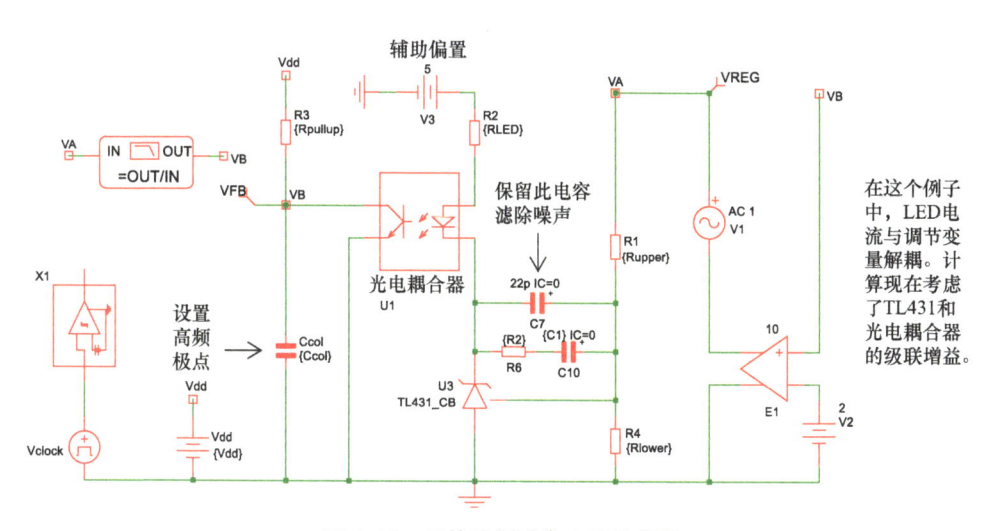

图 4-15 无快速通道的 2 型补偿器

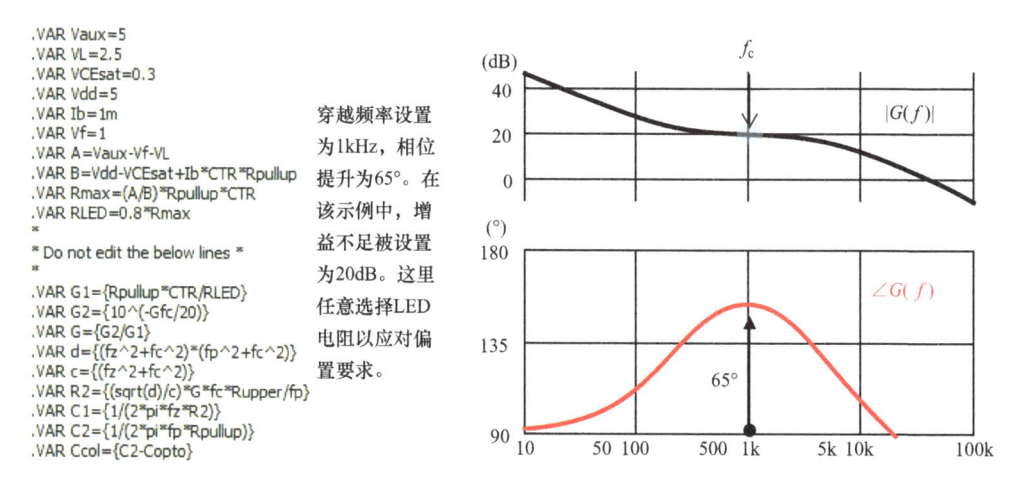

```
.VAR Vaux=5
.VAR VL=2.5
.VAR VCEsat=0.3
.VAR Vdd=5
.VAR Ib=1m
.VAR Vf=1
.VAR A=Vaux-Vf-VL
.VAR B=Vdd-VCEsat+Ib*CTR*Rpullup
.VAR Rmax=(A/B)*Rpullup*CTR
.VAR RLED=0.8*Rmax
*
* Do not edit the below lines *
*
.VAR G1={Rpullup*CTR/RLED}
.VAR G2={10^{-Gfc/20}}
.VAR G={G2/G1}
.VAR d={(fz^2+fc^2)*(fp^2+fc^2)}
.VAR c={(fz^2+fc^2)}
.VAR R2={(sqrt(d)/c)*G*fc*Rupper/fp}
.VAR C1={1/(2*pi*fz*R2)}
.VAR C2={1/(2*pi*fp*Rpullup)}
.VAR Ccol={C2-Copto}
```

图 4-16 无快速通道的 2 型补偿器的交流响应

4.4　TL431 和 3 型补偿器

快速通道的存在使得 3 型补偿器的设计变得复杂。这是因为额外的 RC 滤波器（在运算放大器设计中为 R_3C_3）应位于 LED 电阻上，而不是与上拉电阻 R_1 并联，快速通道的影响如图 4-17 所示。

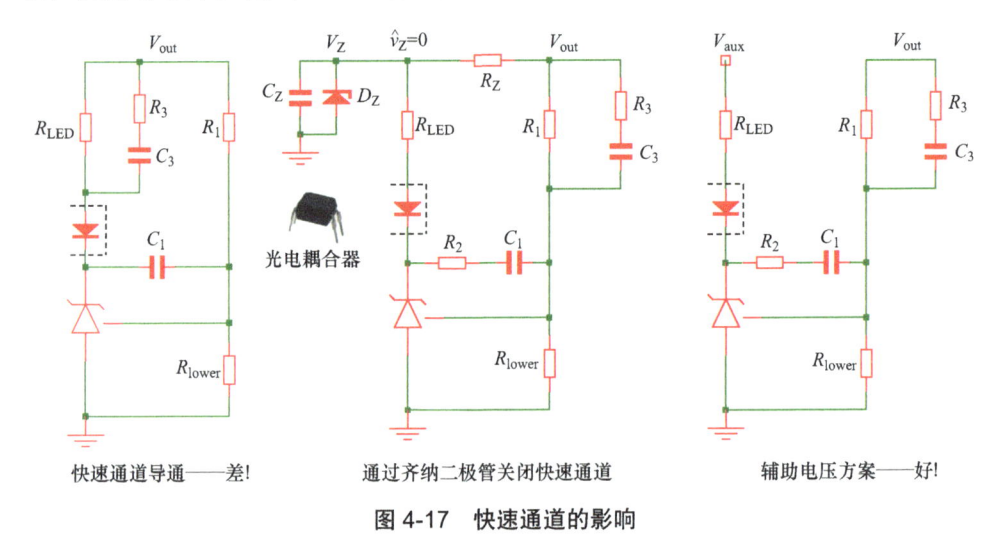

快速通道导通——差!　　通过齐纳二极管关闭快速通道　　辅助电压方案——好!

图 4-17　快速通道的影响

因此，R_{LED} 不仅影响传递函数的零点，还影响增益的定义。如果为了偏置设置了 R_{LED} 的上限，这类补偿器的设计可能会变得非常棘手。

一个解决方案是通过基于齐纳二极管的稳压器来禁用快速通道，或者更好地使用一个稳压的辅助电源。关键是消除来自输出电压（V_{out}）对 LED 电流的交流调制。当做到这一点时，电路就成为开集电极放大器，设计灵活性也随之提升。如果打算使用齐纳二极管，最好的结果是在齐纳电压（V_Z）明显低于输出电压（V_{out}）的情况下。例如，使用一个 12V 的稳压电源和一个 5V 的齐纳二极管（V_Z）能很好地抑制 12V 电压的波动，特别是在适当偏置齐纳二极管（I_{Zbias}），以减少其动态电阻 r_d 时。

虽然设计稍微复杂了一点，但并不难以应对。我们可以通过以下设计参数作为例子进行说明：

$$V_{TL431,min} = 2.5\,\text{V},\ I_b = 1\,\text{mA},\ V_z = 5\,\text{V},\ I_{Zbias} = 2\,\text{mA},\ V_f = 1\,\text{V}$$
$$V_{CE,sat} = 0.3\,\text{V},\ V_{dd} = 5\,\text{V},\ V_{out} = 12\,\text{V},\ R_{pullup} = 20\,\text{k}\Omega,\ CTB_{min} = 30\%$$
$$R_1 = 38\,\text{k}\Omega,\ C_{opto} = 1\,\text{nF}$$

4.4.1 用 TL431 设计 3 型补偿器

无论采用哪种结构，都需要检查在最小光电耦合器传输比（CTR）下，TL431 是否有合适的偏置电流。当输出电压（V_{out}）被齐纳电压（V_Z）替换时，计算公式会发生变化，如图 4-18 所示。

$$R_{LED} < \frac{5-1-2.5^{V_Z}}{5-0.3+1m\times 0.3\times 20k} 20k\times 0.3 \approx 840\Omega \quad\Longrightarrow\quad \text{考虑裕量} \quad R_{LED} = 680\Omega \tag{4-19}$$

现在确定齐纳二极管偏置电阻和 TL431：

$$R_Z = \frac{(V_{out}-V_Z)R_{pullup}CTR_{min}}{(V_{dd}-V_{CE,sat})+(I_b+I_{Zbias})CTR_{min}R_{pullup}}$$

✓ 选择100nF或更大的电容用来解耦齐纳二极管

$$= \frac{(12-5)\times 20k\times 0.3}{(5-0.3)+(1m+2m)\times 0.3\times 20k} \approx 1.8k\Omega$$

图 4-18 偏置参数的计算

假设我们读取功率级的伯德图，在 5kHz 的穿越频率下，增益为 −20dB，且相移为 −125°。我们需要在 800Hz 设置一个零点，在 2kHz 设置第二个零点，并在 100kHz 开关频率的一半（即 50kHz）处设置高频极点。我们希望获得 70° 的相位裕量，那么需要的相位提升是多少？

$$\text{boost} = \varphi_m - \angle H(f_c) - 90° = 70 - (-125°) - 90° = 105° \tag{4-20}$$

我们希望在穿越频率 f_c = 5kHz 时的增益能够补偿掉 20 dB 的衰减，因此：

$$|G(f_c)| = 10^{\frac{G_{f_c}}{20}} = 10^{\frac{-20}{20}} = 10 \tag{4-21}$$

在没有快速通道的情况下，TL431 作为 3 型补偿器的幅度和相位特性如下：

$$G(s) = -G_0 \frac{\left(1+\dfrac{\omega_{z_1}}{s}\right)\left(1+\dfrac{s}{\omega_{z_2}}\right)}{\left(1+\dfrac{s}{\omega_{p_1}}\right)\left(1+\dfrac{s}{\omega_{p_2}}\right)} \tag{4-22}$$

$$G_0 = \text{CTR} \frac{R_{\text{pullup}}}{R_{\text{LED}}} \frac{R_2}{R_1} \qquad (4\text{-}23)$$

$$\omega_{z_1} = \frac{1}{R_2 C_1} \qquad (4\text{-}24)$$

$$\omega_{z_2} = \frac{1}{C_1(R_1 + R_3)} \qquad (4\text{-}25)$$

$$\omega_{p_1} = \frac{1}{R_{\text{pullup}} C_2} \qquad (4\text{-}26)$$

$$\omega_{p_2} = \frac{1}{R_3 C_3} \qquad (4\text{-}27)$$

$$G(s) = -G_0 \frac{\left(1 + \dfrac{\omega_{z_1}}{s}\right)\left(1 + \dfrac{s}{\omega_{z_2}}\right)}{\left(1 + \dfrac{s}{\omega_{p_1}}\right)\left(1 + \dfrac{s}{\omega_{p_2}}\right)} \quad G_0 = \text{CTR} \frac{R_{\text{pullup}}}{R_{\text{LED}}} \frac{R_2}{R_1} \quad \omega_{z_1} = \frac{1}{R_2 C_1} \quad \omega_{z_1} = \frac{1}{C_3(R_1 + R_3)}$$

$$\omega_{p_1} = \frac{1}{R_{\text{pullup}} C_2} \quad \omega_{p_1} = \frac{1}{R_3 C_3}$$

C_2 用来放置极点，它基于 C_{opto} 进行调整

$$(4\text{-}28)$$

确定元器件值

有了相位提升后，我们可以将极点放置在以下位置：

$$f_{cz_1} = 800\,\text{Hz} \qquad f_{cz_2} = 2\,\text{kHz} \qquad f_{p_2} = 50\,\text{kHz}$$

$$f_{p_2} = \frac{f_c}{\tan\left(\arctan\left(\dfrac{f_c}{f_{z_1}}\right) + \arctan\left(\dfrac{f_c}{f_{z_2}}\right) - \arctan\left(\dfrac{f_c}{f_{p_2}}\right) - \text{boost}\right)} = 6.31\,\text{kHz} \qquad (4\text{-}29)$$

在 LED 电阻已经固定的情况下，我们需要确定 R_2 的值。

$$R_2 = \frac{G_1\,R_1\,R_{\text{LED}}}{R_{\text{pullup}}\,\text{CTR}} \cdot \frac{\sqrt{1+\left(\dfrac{f_c}{f_{p_1}}\right)^2} \cdot \sqrt{1+\left(\dfrac{f_c}{f_{p_2}}\right)^2}}{\sqrt{1+\left(\dfrac{f_{z_1}}{f_c}\right)^2} \cdot \sqrt{1+\left(\dfrac{f_c}{f_{z_2}}\right)^2}} = 20.25\text{k}\Omega \quad (4\text{-}30)$$

其余元器件值可以根据极点和零点轻松确定，具体步骤如图 4-19 所示。

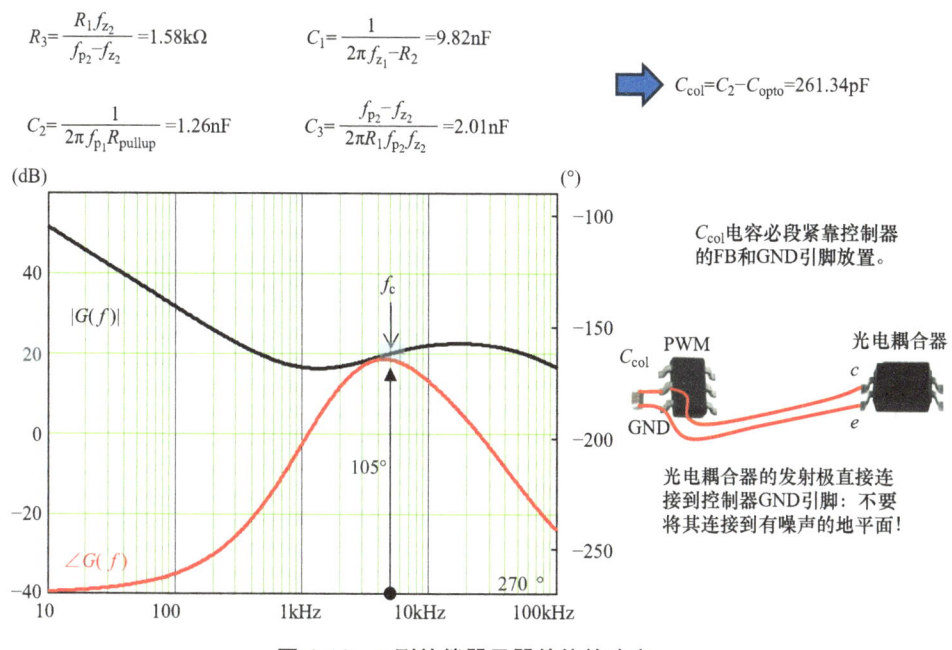

$$R_3 = \frac{R_1 f_{z_2}}{f_{p_2} - f_{z_2}} = 1.58\text{k}\Omega \qquad C_1 = \frac{1}{2\pi f_{z_1} \cdot R_2} = 9.82\text{nF}$$

$$C_2 = \frac{1}{2\pi f_{p_1} R_{\text{pullup}}} = 1.26\text{nF} \qquad C_3 = \frac{f_{p_2} - f_{z_2}}{2\pi R_1 f_{p_2} f_{z_2}} = 2.01\text{nF}$$

$C_{\text{col}} = C_2 - C_{\text{opto}} = 261.34\text{pF}$

C_{col} 电容必须紧靠控制器的 FB 和 GND 引脚放置。

光电耦合器的发射极直接连接到控制器 GND 引脚；不要将其连接到有噪声的地平面！

图 4-19 3 型补偿器元器件值的确定

理论响应完全符合我们在 5kHz 时 20dB 增益的目标。

4.4.2 无快速通道的 3 型补偿器的仿真

在没有快速通道的 3 型补偿器中，可以通过在 SIMPLIS® 中添加齐纳二极管或提供独立的辅助电源进行仿真，如图 4-20 所示。补偿器的性能依赖于辅助偏置（V_z 或辅助绕组）与稳压输出电压（V_{out}）之间的交流隔离。需要注意的是，必须确保两者之间有最佳的隔离，否则幅度和相位响应将会受到干扰。

交流响应在 5kHz 处带来了 19dB 的增益，并实现了所需的相位提升。仿真和宏计算结果如图 4-21 所示。

整体响应曲线的形状与快速通道的交流隔离不完善有关，同时也受到 TL431 自身响应和有限的开环增益的影响。

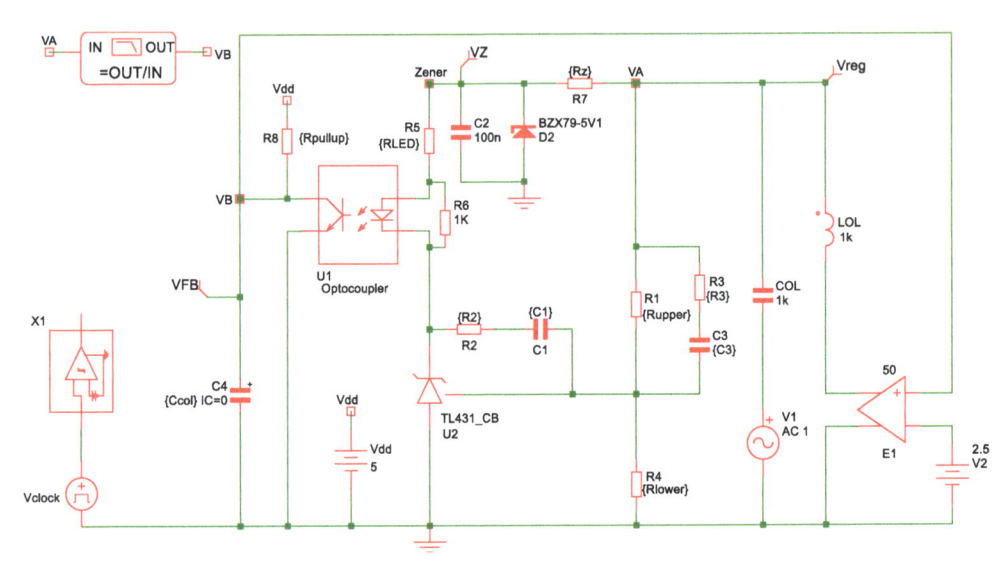

图 4-20　无快速通道的 3 型补偿器的 SIMPLIS® 仿真

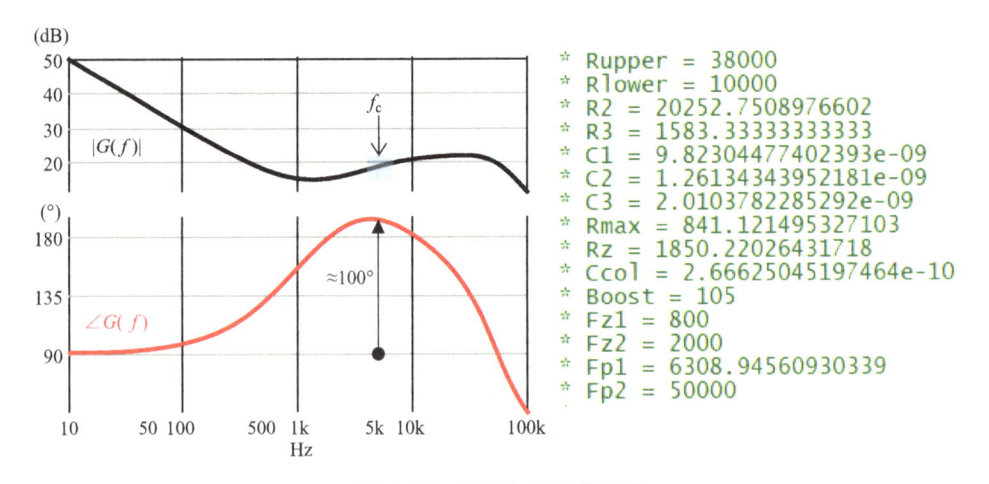

```
* Rupper = 38000
* Rlower = 10000
* R2 = 20252.7508976602
* R3 = 1583.33333333333
* C1 = 9.82304477402393e-09
* C2 = 1.26134343952181e-09
* C3 = 2.0103782285292e-09
* Rmax = 841.121495327103
* Rz = 1850.22026431718
* Ccol = 2.66625045197464e-10
* Boost = 105
* Fz1 = 800
* Fz2 = 2000
* Fp1 = 6308.94560930339
* Fp2 = 50000
```

图 4-21　仿真和宏计算结果

4.5　运算跨导放大器（OTA）补偿

运算跨导放大器（OTA）常用于集成开关控制器中。选择 OTA 的一个原因是其在硅片上占用的晶圆面积相比传统运算放大器更小。OTA 非常适合用于构建 1 型和 2 型补偿器，但我不推荐将其用于 3 型补偿器。这是因为缺乏虚地迫使我们必须考虑下拉电阻 R_{lower}，而在经典运算放大器设计中这个电阻通常是可以忽略的。这限制了第二个零 - 极点对的分布。在某些情况下，这会严重限制最大相位提升的实现。

使用 OTA 构建的 1 型和 2 型补偿器如图 4-22 所示。需要强调的是，此设计中没有虚地。也就是说，没有运算放大器那样的局部反馈，跨导值 g_m 的分压比 k 现在需要包含在方程中。

- 跨导 g_m 是可变的，没有经过生产测试，这可能会导致交流响应的变化。
- 这里没有虚地，包含 R_1 和 R_{lower} 的分压器现在是传递函数的一部分。

$$G(s) = -\frac{1}{\dfrac{s}{\omega_{po}}}$$

$$G(s) = -G_0 \frac{1+\dfrac{\omega_z}{s}}{1+\dfrac{s}{\omega_p}}$$

$$\omega_z = \frac{1}{R_2 C_1}$$

$$\omega_{po} = \frac{R_{lower}}{R_{lower}+R_1} \cdot \frac{g_m}{C_1}$$

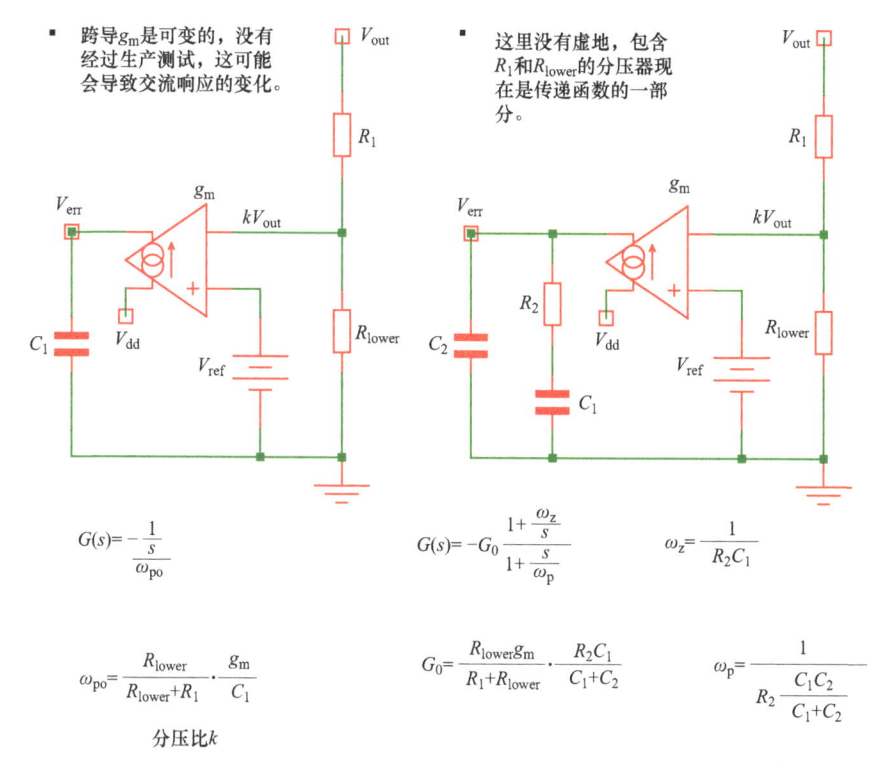

$$G_0 = \frac{R_{lower} g_m}{R_1+R_{lower}} \cdot \frac{R_2 C_1}{C_1+C_2}$$

$$\omega_p = \frac{1}{R_2 \dfrac{C_1 C_2}{C_1+C_2}}$$

分压比 k

图 4-22　基于运算跨导放大器的 1 型和 2 型补偿器结构

4.5.1　利用 OTA 设计 1 型补偿器

在这个例子中，我们将一个功率因数校正（PFC）电路进行稳定，使其在 10Hz 时的增益达到 25dB。输出电压为 400V，结合 2.5V 的参考电压，形成一个由 3.975MΩ 的上拉电阻和 25kΩ 的下拉电阻组成的分压器。所选的 OTA 具有 100μS 的跨导值。考虑到在 10Hz 时需要 −25dB 的衰减，我们将把 0dB 的穿越极点放置在式（4-31）表示的位置。

$$f_{po} = f_c G = 10 \times 10^{\frac{25}{20}} = 562\,\text{mHz} \qquad (4\text{-}31)$$

现在可以求出 C_1 值：

$$C_1 = \frac{R_{\text{lower}}}{R_{\text{lower}} + R_1} \cdot \frac{g_m}{2\pi f_{po}} = \frac{25\text{k}}{25\text{k} + 3.975\,\text{Meg}} \cdot \frac{100\mu}{6.28 \times 562\text{m}} \approx 177\text{nF} \quad (4\text{-}32)$$

实际的运算跨导放大器（OTA）会具有输出电阻 r_0，它会影响最大开环增益。在这里，我们忽略了输出电阻的作用。跨导放大器的仿真和宏计算结果如图 4-23 所示。

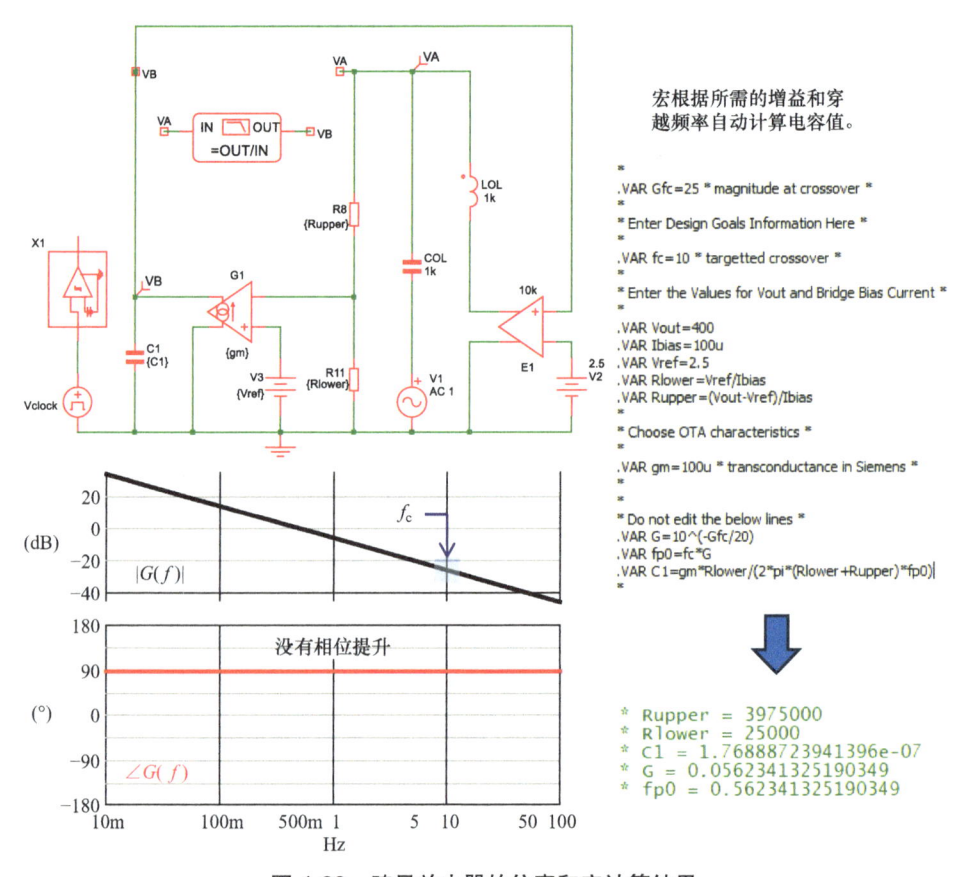

图 4-23　跨导放大器的仿真和宏计算结果

4.5.2　利用 OTA 设计 2 型补偿器

通过在积分器中添加一个额外的 *RC* 网络，可以创建一个 2 型电路。该滤波器的设计与运算放大器的相应设计非常相似。在这个例子中，我们假设功率阶段在选定的 1kHz 频率下具有 –15dB 的增益。对于这个 12V 的变换器，相位滞后为 65°。设计过程从所需的相位提升和零 - 极点对的放置开始：

$$\text{boost} = 70 - (-65°) - 90° = 45°$$

$$k = \tan\left(\frac{\text{boost}}{2} + 45°\right) = 2.41$$

$$f_z = \frac{f_c}{k} = \frac{1k}{2.41} = 414\text{Hz}$$

$$f_p = kf_c = 2.41 \times 1k = 2.41\text{kHz}$$

（4-33）

实现15dB的衰减需要的增益因子为

$$f_c = 10^{-\frac{G_{f_c}}{20}} = 10^{-\frac{15}{20}} \approx 5.6$$

（4-34）

电阻 R_2 是通过组合极点-零点对和在穿越频率 f_c 时所需的增益来获得的。在图4-24所示的例子中，OTA的跨导 g_m 为100μS。

$$R_2 = \frac{f_p G_0}{f_p - f_z} \frac{R_{\text{lower}} + R_1}{R_{\text{lower}} g_m} \frac{\sqrt{1+\left(\frac{f_c}{f_p}\right)^2}}{\sqrt{1+\left(\frac{f_z}{f_c}\right)^2}} = 325.83\text{k}\Omega$$

$$C_2 = \frac{R_{\text{lower}} g_m}{2\pi f_p G_0 (R_{\text{lower}} + R_1)} \frac{\sqrt{1+\left(\frac{f_z}{f_c}\right)^2}}{\sqrt{1+\left(\frac{f_c}{f_p}\right)^2}} = 244.23\text{pF}$$

$$C_1 = \frac{1}{2\pi f_z R_2} = 1.18\text{nF}$$

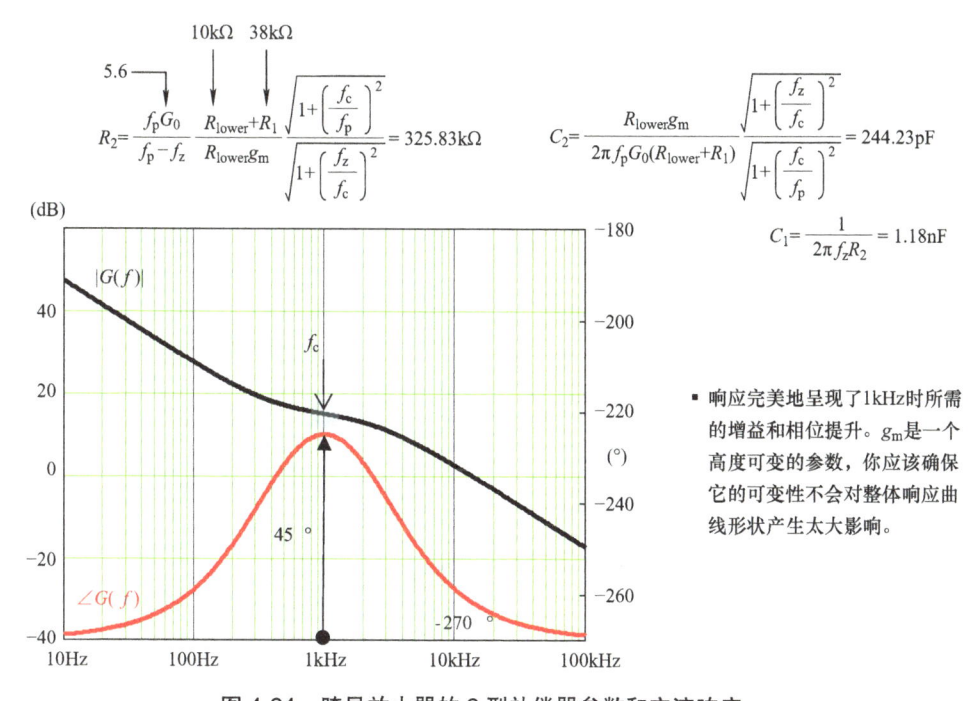

- 响应完美地呈现了1kHz时所需的增益和相位提升。g_m 是一个高度可变的参数，你应该确保它的可变性不会对整体响应曲线形状产生太大影响。

图4-24 跨导放大器的2型补偿器参数和交流响应

4.5.3　OTA 2型补偿器的仿真

OTA 2型补偿器采用简单的电压控制电流源，受适当跨导值的影响。偏置点通常由 E_1 放大器进行控制。需要注意的是，所有这些结构都可以使用SPICE引擎（如SIMetrix或LTspice）进行仿真，OTA 2型补偿器的SIMPLIS®仿真如图4-25所示。

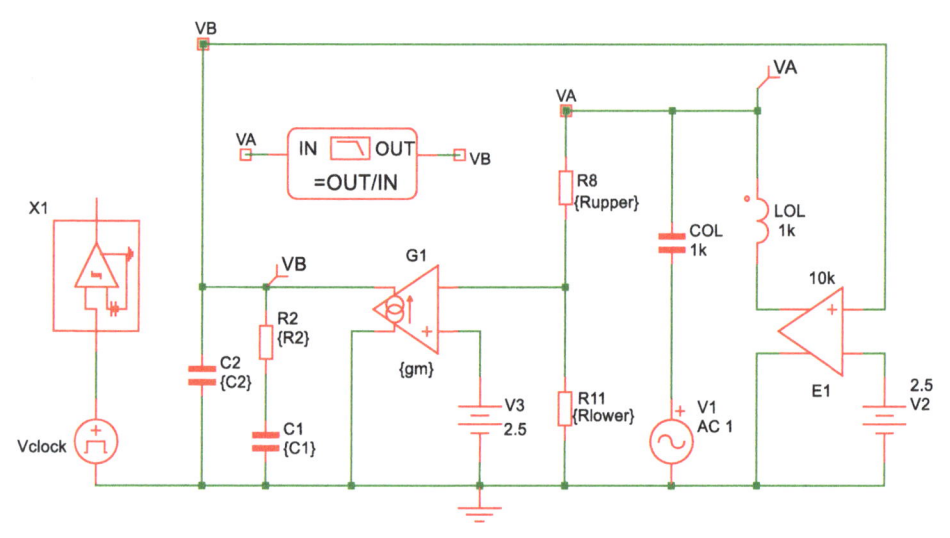

图 4-25　OTA 2 型补偿器的 SIMPLIS® 仿真

交流响应迅速获得，确认了在 1kHz 时的 15dB 中频增益，并且增益位置良好。交流响应和宏计算结果如图 4-26 所示。

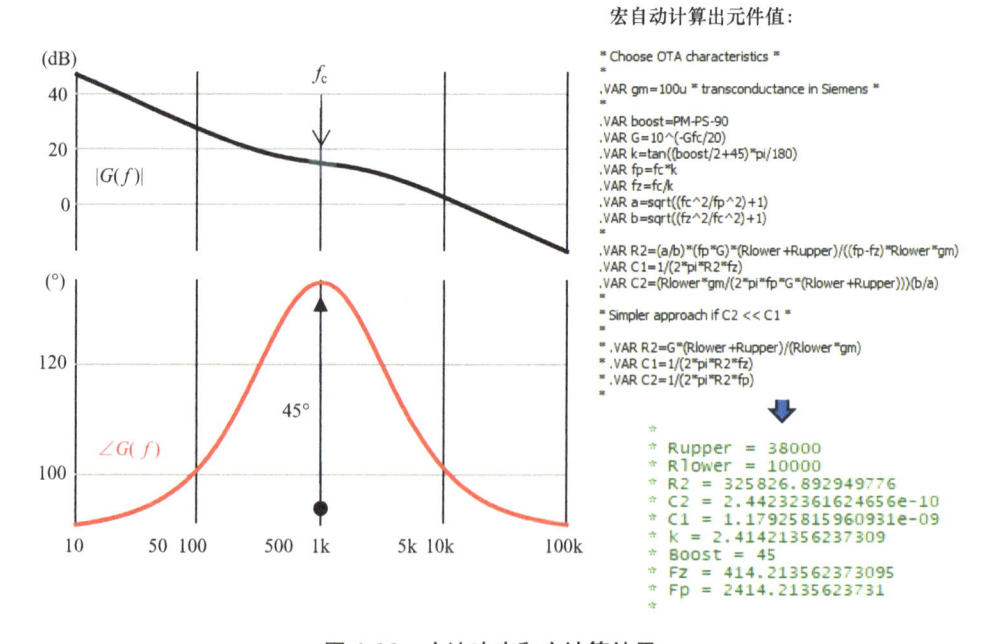

宏自动计算出元件值：

```
* Choose OTA characteristics *
*
.VAR gm=100u * transconductance in Siemens *
.VAR boost=PM-PS-90
.VAR G=10^(-Gfc/20)
.VAR k=tan((boost/2+45)*pi/180)
.VAR fp=fc*k
.VAR fz=fc/k
.VAR a=sqrt((fc^2/fp^2)+1)
.VAR b=sqrt((fz^2/fc^2)+1)
.VAR R2=(a/b)*(fp*G)*(Rlower +Rupper)/((fp-fz)*Rlower*gm)
.VAR C1=1/(2*pi*R2*fz)
.VAR C2=(Rlower*gm/(2*pi*fp*G*(Rlower +Rupper)))*(b/a)
* Simpler approach if C2 << C1 *
.VAR R2=G*(Rlower +Rupper)/(Rlower*gm)
.VAR C1=1/(2*pi*R2*fz)
.VAR C2=1/(2*pi*R2*fp)

*
* Rupper = 38000
* Rlower = 10000
* R2 = 325826.892949776
* C2 = 2.44232361624656e-10
* C1 = 1.17925815960931e-09
* k = 2.41421356237309
* Boost = 45
* Fz = 414.213562373095
* Fp = 2414.2135623731
```

图 4-26　交流响应和宏计算结果

4.6 数字补偿器

这一小节将快速介绍如何确定主要补偿器也就是 2 型和 3 型补偿器的系数。掌握这些系数后，你需要编写差分方程，以实现预期的滤波功能。我们将从一个双二阶滤波器开始，其系数通过将 2 型补偿器的传递函数从拉普拉斯域映射到 z 域获得：

$$G(s) = G_0 \frac{1+\frac{\omega_z}{s}}{1+\frac{s}{\omega_p}} \Biggl\lvert s = \frac{2}{T_s}\frac{1-z^{-1}}{1+z^{-1}} \Rightarrow G(z) = \frac{G_0 T_s \omega_p (1+z)(2z+T_s\omega_z+T_s\omega_z z-2)}{4z^2-8z-2T_s\omega_p+2T_s\omega_p z^2+4}$$

(4-35)

然后，通过将 G 的表达式重排并将分子和分母都除以 z^2，确定双二阶滤波器的系数，如图 4-27 所示。2 型数字补偿器的交流响应如图 4-28 所示。

$$G(z) = \frac{a_0 + a_1 z^{-1} + a_2 z^{-2}}{1 + b_1 z^{-1} + b_2 z^{-2}} \quad y[n] = a_0 x[n] + a_1 x[n-1] + a_2 x[n-2] - b_1 y[n-1] - b_2 y[n-2]$$

$$a_0 = \frac{G_0 T_s \omega_p (T_s \omega_z + 2)}{2(2 + T_s \omega_p)}$$

$$a_1 = \frac{G_0 T_s^2 \omega_p \omega_z}{2 + T_s \omega_p}$$

$$a_2 = \frac{G_0 T_s \omega_p (T_s \omega_z - 2)}{2T_s \omega_p + 4}$$

$$b_1 = \frac{2}{1 + 0.5 T_s \omega_p}$$ ← 采样周期

$$b_2 = \frac{2}{1 + 0.5 T_s \omega_p} - 1$$

图 4-27 双二阶滤波器的系数确定

假设以下型是2型补偿器的规格：

$f_c = 1\text{kHz}$
$G_0 = 20\text{dB}$
boost=50°
$k = \tan\left(\frac{\text{boost}}{2} + \frac{\pi}{4}\right) = 2.74$
$f_z = 364\text{Hz}$
$f_p = 2.74\text{kHz}$
$f_s = 1\text{MHz}$

$a_0 = 0.0857$
$a_1 = 1.957 \times 10^{-4}$
$a_2 = -0.0855$
$b_1 = -1.9829$
$b_2 = 0.9829$

1. 参考曲线
2. Tustin变换曲线

2型滤波器的交流响应

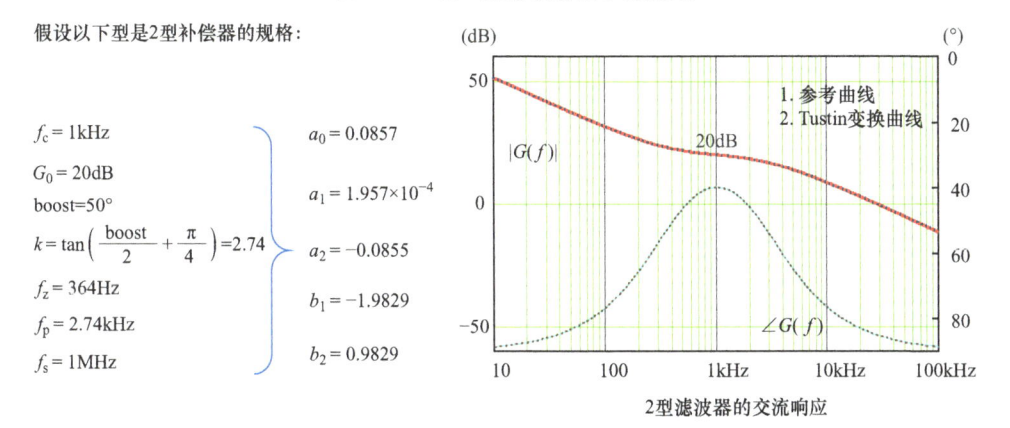

图 4-28 2 型数字补偿器的交流响应

4.6.1 2型数字补偿器的仿真

在直接编写代码之前，验证所获得的系数是否正确并能产生预期的响应是一个良好的实践。虽然 Mathcad 可以完成这个验证，但我们也可以使用仿真模型，这样稍后可以用于整个变换器的仿真。SPICE 非常适合这项工作，无论是使用 SIMetrix® 还是 LTspice®，它们都能对延时线进行建模。2 型数字补偿器的 SIMPLIS® 仿真如图 4-29 所示。交流响应和宏计算结果如图 4-30 所示。

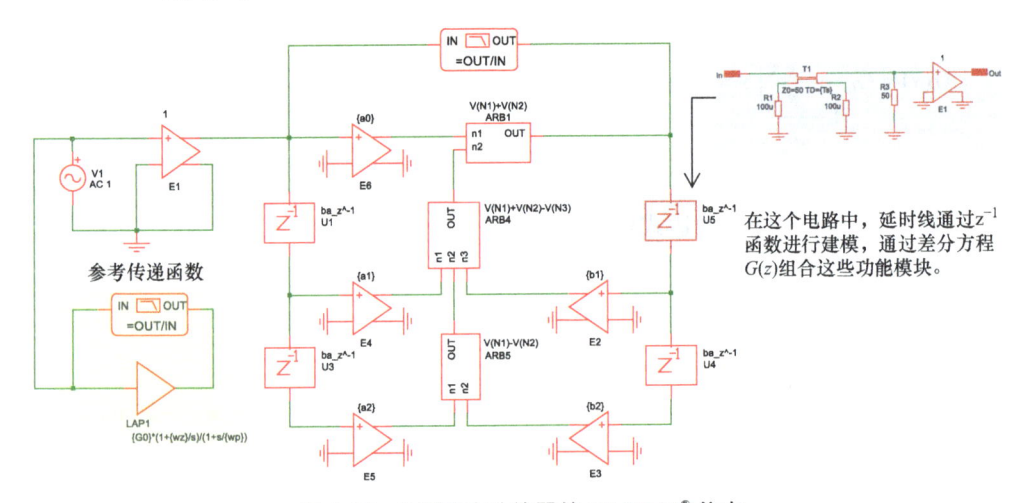

在这个电路中，延时线通过 z^{-1} 函数进行建模，通过差分方程 $G(z)$ 组合这些功能模块。

图 4-29 2型数字补偿器的 SIMPLIS® 仿真

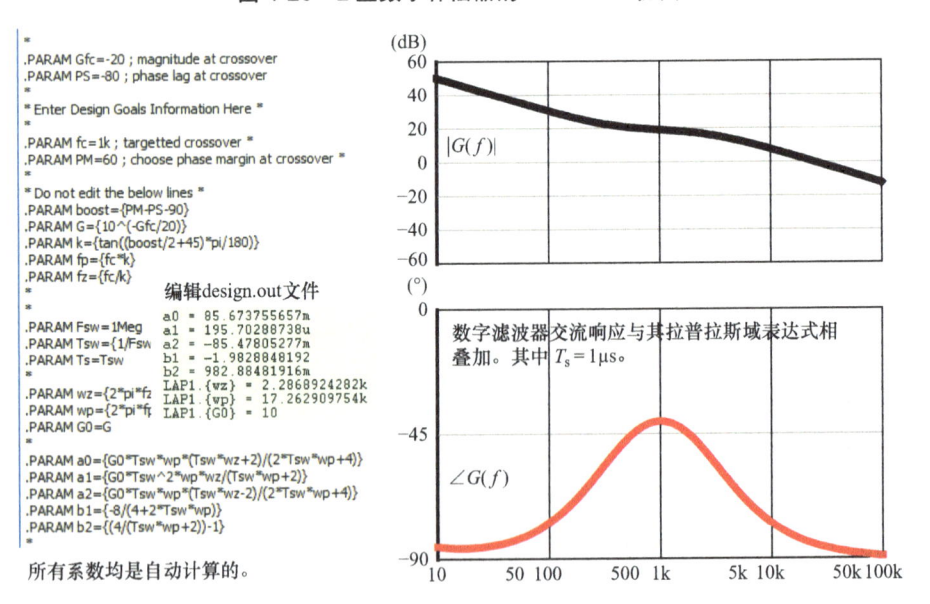

图 4-30 交流响应和宏计算结果

4.6.2　一种 3 型数字补偿器

类似于 2 型补偿器，我们可以从拉普拉斯域表达式出发，构建 3 型补偿器，并将其转换为离散时间域。虽然涉及三阶系数的计算更复杂一些，但并不难以处理：

$$G(s) = G_0 \frac{\left(1+\dfrac{\omega_{z_1}}{s}\right)\left(1+\dfrac{s}{\omega_{z_2}}\right)}{\left(1+\dfrac{s}{\omega_{p_1}}\right)\left(1+\dfrac{s}{\omega_{p_2}}\right)} \quad s = \frac{2}{T_s}\frac{1-z^{-1}}{1+z^{-1}}$$

$$N(z) = G_0 T_s \omega_{p_1} \omega_{p_2} (z+1)(2z+T_s\omega_{z_1}+T_s\omega_{z_1}z-2)(2z+T_s\omega_{z_2}+T_s\omega_{z_2}z-2)$$

$$D(z) = 2\omega_{z_2}(z-1)(2z+T_s\omega_{p_1}+T_s\omega_{p_1}z-2)(2z+T_s\omega_{p_2}+T_s\omega_{p_2}z-2)$$

（4-36）

将上述分子和分母分别除以 z^3，然后根据三阶数字滤波器的表达式确定各个系数，如图 4-31 所示。

$$G(z) = \frac{a_0 + a_1 z^{-1} + a_2 z^{-2} + a_3 z^{-3}}{1 + b_1 z^{-1} + b_2 z^{-2} + b_3 z^{-3}}$$

$$y[n] = a_0 x[n] + a_1 x[n-1] + a_2 x[n-2] + a_3[n-3] - b_1 y[n-1] - b_2 y[n-2] - b_3 y[n-3]$$

$$a_0 = \frac{G_0 T_s \omega_{p_1} \omega_{p_2}(T_s\omega_{z_1}+2)(T_s\omega_{z_2}+2)}{2(4\omega_{z_2}+2T_s\omega_{p_1}\omega_{z_2}+2T_s\omega_{p_2}\omega_{z_2}+T_s^2\omega_{p_1}\omega_{p_2}\omega_{z_2})}$$

$$a_1 = \frac{G_0 T_s \omega_{p_1} \omega_{p_2}(2T_s\omega_{z_1}+2T_s\omega_{z_2}+3T_s^2\omega_{z_1}\omega_{z_2}-4)}{2(4\omega_{z_2}+2T_s\omega_{p_1}\omega_{z_2}+2T_s\omega_{p_2}\omega_{z_2}+T_s^2\omega_{p_1}\omega_{p_2}\omega_{z_2})}$$

$$a_2 = -\frac{G_0 T_s \omega_{p_1} \omega_{p_2}(2T_s\omega_{z_1}+2T_s\omega_{z_2}-3T_s^2\omega_{z_1}\omega_{z_2}+4)}{2(4\omega_{z_2}+2T_s\omega_{p_1}\omega_{z_2}+2T_s\omega_{p_2}\omega_{z_2}+T_s^2\omega_{p_1}\omega_{p_2}\omega_{z_2})}$$

$$a_3 = \frac{G_0 T_s \omega_{p_1} \omega_{p_2}(T_s\omega_{z_1}-2)(T_s\omega_{z_2}-2)}{2(4\omega_{z_2}+2T_s\omega_{p_1}\omega_{z_2}+2T_s\omega_{p_2}\omega_{z_2}+T_s^2\omega_{p_1}\omega_{p_2}\omega_{z_2})}$$

$$b_1 = \frac{T_s\omega_{p_2}-2}{T_s\omega_{p_2}+2} - \frac{4}{T_s\omega_{p_1}+2} \quad b_2 = \frac{16}{(T_s\omega_{p_1}+2)(T_s\omega_{p_2}+2)}$$

$$b_3 = -\frac{(T_s\omega_{p_1}-2)(T_s\omega_{p_2}-2)}{(T_s\omega_{p_1}+2)(T_s\omega_{p_2}+2)}$$

↑ 采样周期

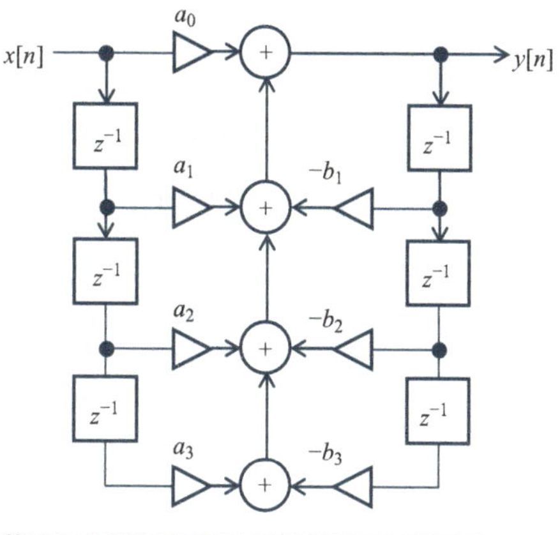

假设以下规格：

$f_c = 10\text{kHz}$ $a_0 = 1.0451$
$G_{mb} = 0\text{dB}$ $a_1 = -0.9553$
$f_{z_1} = 1.8\text{kHz}$ $a_2 = -1.0433$
$f_{z_2} = 1\text{kHz}$ $a_3 = 0.9571$
$f_{p_1} = 56\text{kHz}$ $b_1 = -1.4234$
$f_{p_2} = 30\text{kHz}$ $b_2 = 0.4464$
$F_s = 250\text{kHz}$ $b_3 = -0.023$

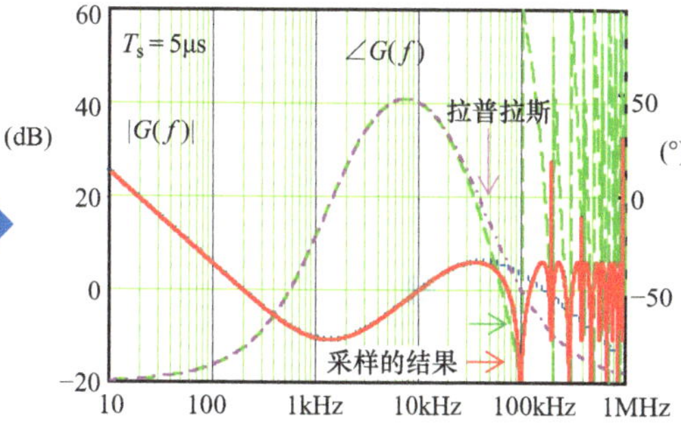

$T_s = 5\mu s$

图 4-31　三阶数字滤波器的系数和交流响应

4.6.3　3型数字补偿器的仿真

3型数字补偿器的仿真与2型没有什么不同，只是多了一些延时线，如图4-32所示。

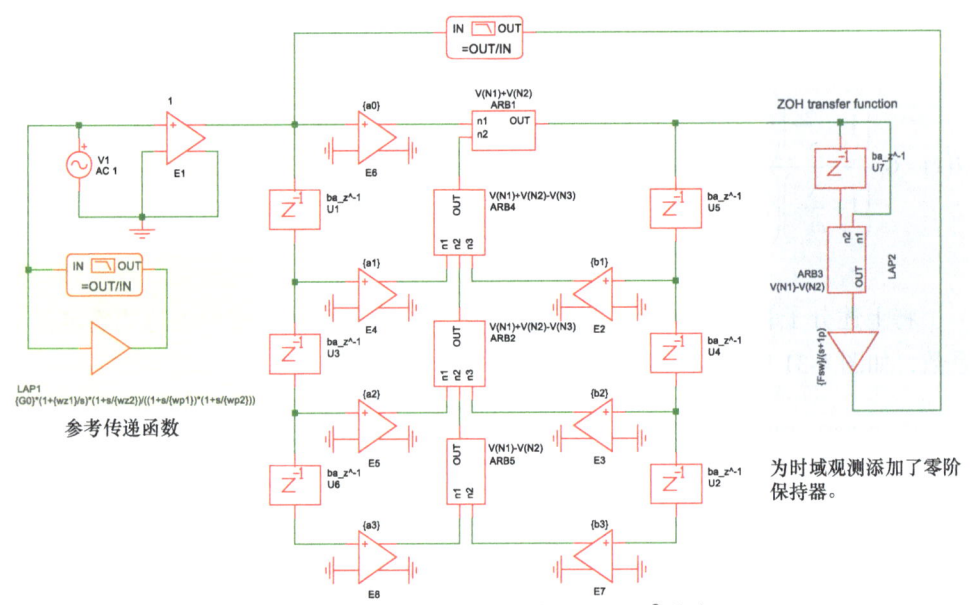

图4-32　3型数字补偿器的SIMPLIS®仿真

自动宏在确定所有系数时稍显复杂，如图4-33所示。

```
.PARAM a0={(G0*Tsw*wp1*wp2*(Tsw*wz1+2)*(Tsw*wz2+2))/(2*(4*wz2+2*Tsw*wp1*wz2+2*Tsw*wp2*wz2+Tsw^2*wp1*wp2*wz2))}
.PARAM a1={(G0*Tsw*wp1*wp2*(2*(Tsw*wz2+3*Tsw*wz1+2*Tsw*wz1*wz2-4))/(2*(4*wz2+2*Tsw*wp1*wz2+2*Tsw*wp2*wz2+Tsw^2*wp1*wp2*wz2))}
.PARAM a2={(-G0*Tsw*wp1*wp2*(2*(Tsw*wz1+2*Tsw*wz2-3*Tsw^2*wz1*wz2+4))/(2*(4*wz2+2*Tsw*wp1*wz2+2*Tsw*wp2*wz2+Tsw^2*wp1*wp2*wz2))}
.PARAM a3={(G0*Tsw*wp1*wp2*(Tsw*wz1-2)*(Tsw*wz2-2))/(2*(4*wz2+2*Tsw*wp1*wz2+2*Tsw*wp2*wz2+Tsw^2*wp1*wp2*wz2))}
.PARAM b1={((Tsw*wp2-2)/(Tsw*wp2+2))-4/(2+Tsw*wp1)}
.PARAM b2={(16/((Tsw*wp1+2)*(Tsw*wp2+2)))-1}
.PARAM b3={-(Tsw*wp1-2)/(Tsw*wp2-2)/((Tsw*wp1+2)*(Tsw*wp2+2))}
```

```
fz1  =  1.8k
fz2  =  1k
fp1  =  56k
fp2  =  30k
Fsw  =  200k
Tsw  =  5u
Ts   =  5u
G0   =  104.8601054m
wz1  =  11.309733553k
wp1  =  351.8583772k
wz2  =  6.2831853072k
wp2  =  188.49555922k
a0   =  1.04510049032
a1   =  -955.3014493m
a2   =  -1.043322815
a3   =  957.07912467m
b1   =  -1.4234287073
b2   =  446.44105798m
b3   =  -23.01235066m
```

*design.out*文件包含了这些数据。

数字滤波器的交流响应与其拉普拉斯域曲线的叠加。

图4-33　交流响应和宏计算结果

4.6.4 构建离散时间 PID

离散时间版本的滤波 PID 控制器可以通过分别转换积分、微分和比例增益等基本功能来构建。在这种方法中，我们从拉普拉斯域出发，并应用了后向欧拉映射，滤波 PID 结构如图 4-34 所示。

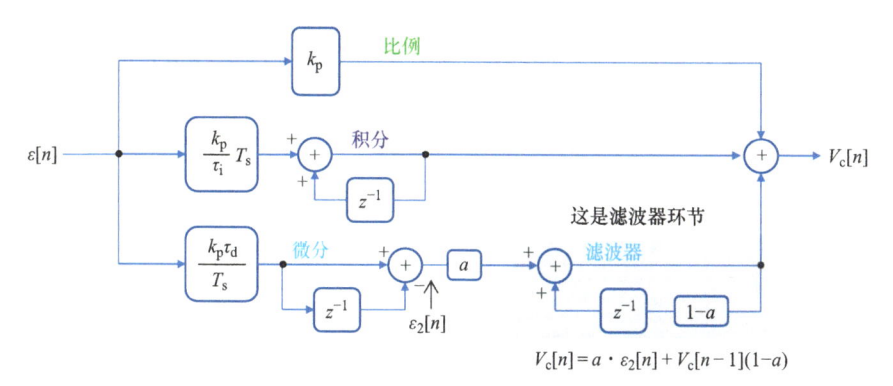

图 4-34 滤波 PID 结构

采样方程通过结合三条路径得到：

$$\frac{V_c(z)}{\varepsilon(z)} = k_p + \frac{k_p T_s}{\tau_i} \frac{1}{1-z^{-1}} + \frac{k_p \tau_d}{T_s}(1-z^{-1})\frac{a}{1-z^{-1}(1-a)} \qquad a = \frac{T_s}{\frac{\tau_d}{N}+T_s} \quad (4\text{-}37)$$

$$V_c[n] = k_p \varepsilon[n] + \frac{k_p T_s}{\tau_i}\varepsilon[n] + V_c[n-1] + \left(a \cdot \frac{k_p \tau_d}{T_s}(\varepsilon[n]-\varepsilon[n-1]) + V_c[n-1](1-a)\right) \qquad (4\text{-}38)$$

离散和模拟 PID 的交流响应如图 4-35 所示。

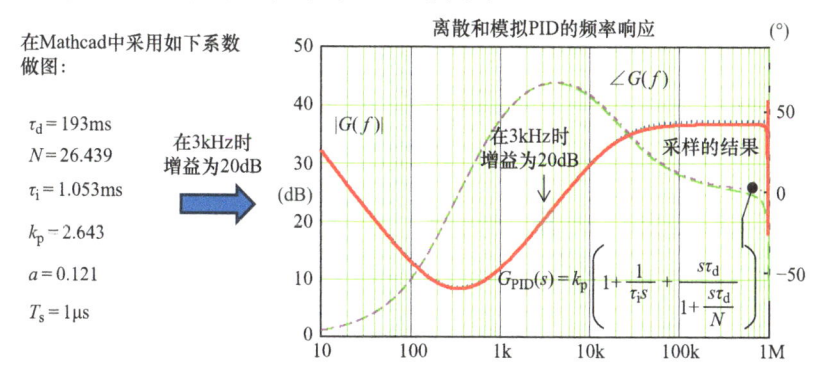

在 Mathcad 中采用如下系数做图：

$\tau_d = 193\text{ms}$
$N = 26.439$
$\tau_i = 1.053\text{ms}$
$k_p = 2.643$
$a = 0.121$
$T_s = 1\mu s$

$$G_{PID}(s) = k_p\left(1 + \frac{1}{\tau_i s} + \frac{s\tau_d}{1+\frac{s\tau_d}{N}}\right)$$

图 4-35 离散和模拟 PID 的交流响应

4.6.5 仿真数字滤波 PID

与我们之前对经典 2 型和 3 型补偿器的处理相似，我们可以利用 SIMetrix 来仿真一个完整的滤波 PID 控制器。请注意，我在数字子电路中特意组装了增益和延时线，以便展示一个可以移植到任何 SPICE 引擎的结构；另一方面，SIMPLIS® 提供现成的数字滤波器，其中包括可以直接用于开关变换器的 PID 模块。数字滤波器的 SIMPLIS® 仿真如图 4-36 所示，其交流响应和宏计算结果如图 4-37 所示。

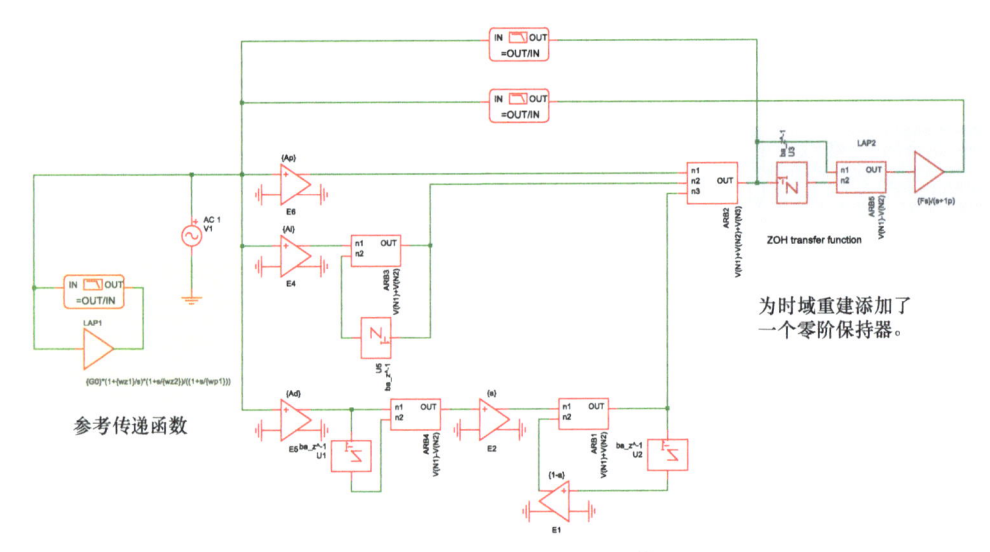

图 4-36 数字滤波器的 SIMPLIS® 仿真

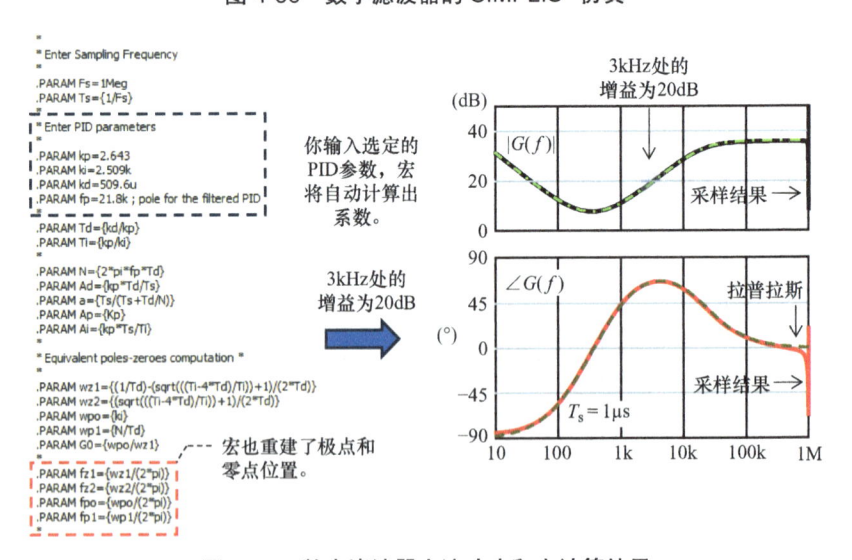

图 4-37 数字滤波器交流响应和宏计算结果

4.7 稳定开关变换器

现在我们已经回顾了许多在开关变换器设计中使用的补偿器，接下来可以将这些知识应用于实际案例。本书中采用的方法论将遵循以下步骤：

1. 获取控制到输出的传递函数：首先，需要获取要补偿的变换器的控制到输出的传递函数。这是一个必要的起点，无法避免。无论是通过方程、仿真（如使用 SIMPLIS 的平均模型或开关模型），还是通过频率响应分析仪（FRA）对原型进行测量，都需要了解功率级的交流响应。

2. 选择穿越频率 f_c 和相位裕量：根据要求的规格、变换器类型和预期响应，选择一个穿越频率 f_c 和相位裕量。在某些情况下，f_c 可能受到 LC 滤波器的谐振频率（电压模式控制）、右半平面零点的影响 [例如，升压（Boost）和降压—升压（Buck—Boost）变换器]，或由于强低频纹波 [如功率因数校正（PFC）] 而受到限制。相位裕量的选择取决于预期的瞬态响应和元器件的可变性，但我通常选择在 60°~70°。

3. 利用仿真器进行分析：仿真器是一个好帮手，但需要为其提供经过良好特性测试的元件。在进行稳定性分析时，要从数据表或实验中提取电感、变压器以及最重要的电容的寄生参数。如果你做得好，实验和模型的交流响应可以非常接近。实验和仿真结果对比如图 4-38 所示。

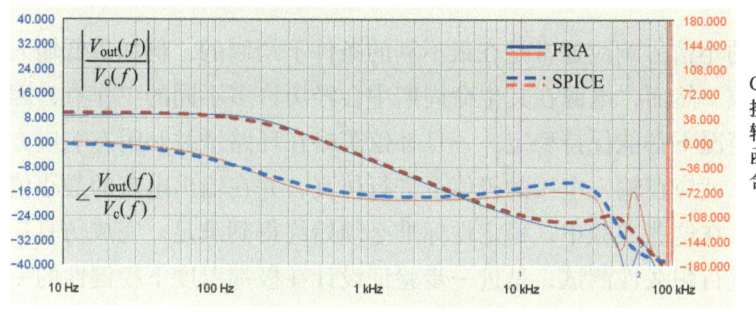

图 4-38 实验和仿真结果对比

4.7.1 选择何种补偿器

4. 获取功率级的交流响应，并明确你在穿越频率和相位裕量方面的目标。根据控制方案和变换器类型，选择适合的补偿器类型：

■ 对于电压模式（VM）控制的连续导通模式（CCM）开关电路（如 Buck、Boost 或 Buck—Boost 变换器），其响应为二阶，功率级的相位滞后接近 180°。为了建立相位裕量，必须使用三型补偿器。通常，会在谐振频率f_0（对于降压变换器是固定的，对于升压和降压—升压变换器是可变的）处放置两个零点，以抵消双极点。然而，通常将一个零点放在f_0处，另一个零点放在较低频率，以避免在轻载情况下出现条件稳定性。然后，在开关频率F_{SW}的一半处放置一个极点，第二个极点则根据需要进行调整，以设置相位裕量。在 SIMPLIS® 仿真示例中，宏会为你完成这些步骤。

■ 对于电流模式（CM）控制的连续导通模式（CCM）开关电路，低频部分的响应为一阶，但在涉及位于$F_{SW}/2$的两个次谐波极点时，响应呈现三阶特性。需要在极点之前选择穿越频率，并使用 2 型补偿器来确保适当的阻尼，以避免在最坏情况下的不稳定。通过将电流感应信息与少量人工斜坡信号结合，可以对极点进行阻尼，这样可以降低内环电流增益的幅度，从而确保变换器的稳定性。

■ 在一些不需要相位提升的应用中，简单的积分器（如 1 型补偿器）可以完成任务，只需确定电容的值即可。

■ 如果穿越频率选择在 kHz 范围，通常不需要关心补偿器中有源元件的交流响应。相反，如果计划将f_c提升到 10～20kHz 或更高，则必须确保在模型中包含运算放大器或 OTA 的频率响应，否则可能无法在选定的穿越频率下实现所需的增益和相位提升。这是一个常见错误，通常会导致仿真与实际测量之间的差异。

4.7.2　可靠性

5. 功率级的小信号响应通常是在最不利的条件下绘制的，例如最低输入电压和最大输出电流。然而，电源在其生命周期中会经历许多不同的工作点，因此必须确保在所有情况下都能保持稳定。一旦补偿策略在环路增益和瞬态响应方面达到了预期效果，就应在输入电压的极值下进行仿真，并在输出电流的最小值和最大值之间变化。在这些实验中，稳定性标准必须始终得到满足。完成仿真后，将原型放入烤箱进行耐久性测试，是进一步验证设计在极端温度下稳健性的一种好方法。在这些测试中，所有寄生参数都会发生变化，因此验证稳定性至关重要。如果你能够运行频率响应分析（FRA），并在这些条件下确认环路增益良好，这就是验证设计可靠性的有效方法。然而，这种方法有时会不太方便。作为替代方案，可以将瞬态阶跃信号叠加到室温下捕获的信号上，以检查是否存在明显的不一致性。如果发现可疑的响应，可能会揭示出需要进一步调查的潜在问题。虽然这些测试过程漫长且繁琐，但如果你希望在开始大规模生产前后能够安心入睡，就不能忽略这些测试。

4.7.3 蒙特卡罗

6. 通过蒙特卡罗分析扫描所有相关参数是另一种有效的方法，能够覆盖多种寄生情况。对被确定为影响稳定性的元器件分配容差，并进行伪随机扫描，同时绘制环路增益是很简单的。收集穿越频率、相位裕量和增益裕量的变化，可以揭示所采用的策略是否能抵御由于生产、老化和温度变化引起的元器件变化。这也是为什么在一开始就需要对这些元器件进行良好特性的确认。例如，在电流模式的反激变换器中，影响环路增益的元器件包括主电感、变压器的匝比、电流检测电阻、负载、输出电容及其等效串联电阻（ESR），以及所有与补偿器相关的元器件，如光电耦合器、阻抗和电容的容差、PWM控制器内部元器件等。

7. 手动调整所有这些元器件是一项几乎不可能完成的任务，不仅因为需要更改的值众多，还因为无法确定设计对特定元器件或元器件组的敏感性。可以进行敏感性分析，从系统中识别出在偏离其标称规格过多时真正影响稳定性的元器件。航空航天或军事应用的设计师通常会进行这种类型的分析，旨在识别最坏情况并确保变换器能够在这些条件下正常工作。一个优点在于，你不需要元器件的统计数据，只需要将它们推至其极限的最小值或最大值，但这往往会导致过于保守的设计，可能与消费品和工业应用中的成本目标相冲突。

8. 另一方面，蒙特卡罗分析不需要敏感性分析的数据[4]，而是要求提供影响元器件容差的分布规律。在这种技术下，将获得对真实最坏情况的最现实估计。无须多言，统计分析本身就是一个专业领域，我们将仅限于运行简单的案例。然而，模拟结果显示在数千个样本中，穿越频率和裕量仍然保持在合理范围内，这表明这个设计是稳健的。这就是 SIMPLIS® 如何处理蒙特卡罗分析的方式，如图 4-39 所示。

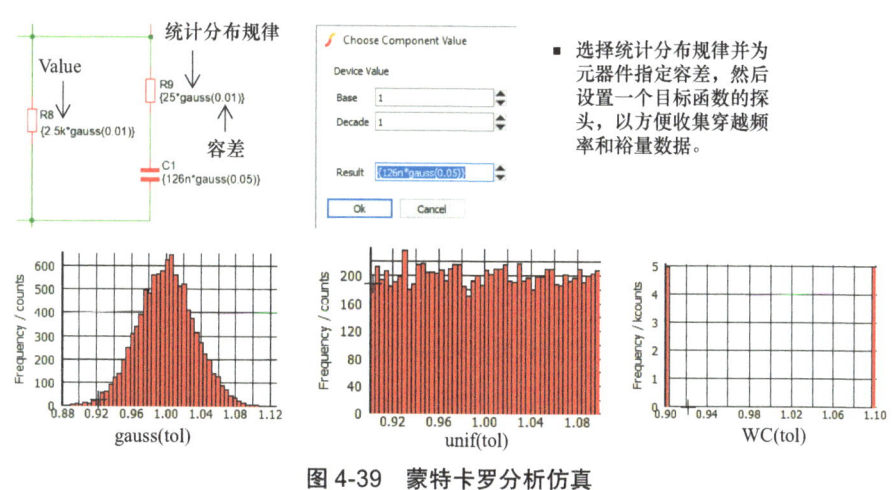

图 4-39 蒙特卡罗分析仿真

4.8 输入滤波器的交互影响

开关变换器本质上是一个噪声电路，因为其功率开关带来了快速的电压和电流波动。因此，它产生了丰富的传导和辐射噪声谱，这些噪声需要被衰减。为此，在变换器前面插入一个滤波器，其作用是阻止高频电流脉冲，否则这些脉冲会污染电源。这个主题非常广泛，我在这里不会详细探讨。然而，重要的是要理解盲目插入 EMI 滤波器的潜在风险。滤波器与变换器级联如图 4-40 所示。

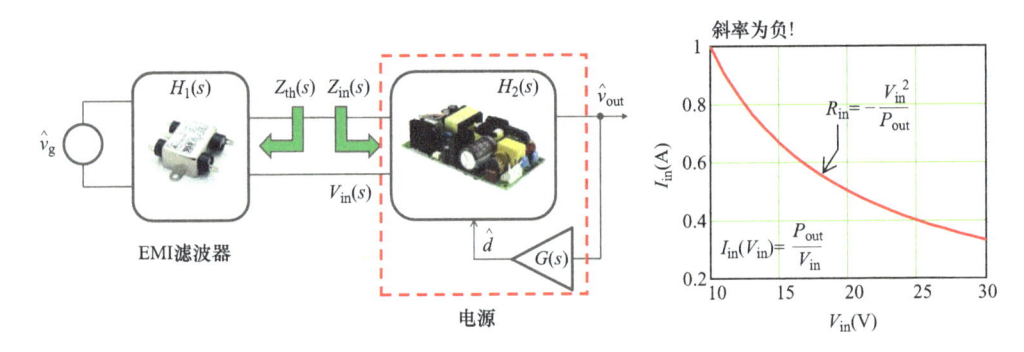

图 4-40　滤波器与变换器级联

滤波器通常由储能元件，如电感和电容构成。当这个滤波器连接开关变换器负载时，可能会出现一些问题。实际上，在闭环条件下工作的变换器的增量电阻是负值，如图 4-41 所示。对于恒定的输出功率，输入电流会随着输入电压的降低而增加，反之亦然。将负电阻加载到 LC 滤波器上可能导致不稳定的情况，正如图 4-41 所示 [5]。

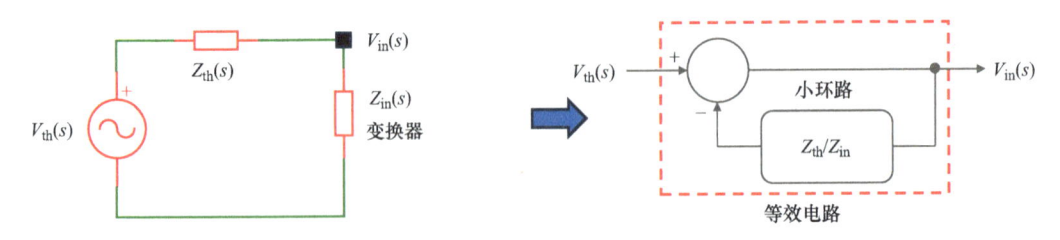

图 4-41　滤波器与变换器级联的等效电路

你可以看到一个小环路是如何形成的，这使得奈奎斯特准则成为分析稳定性的重要工具，稳定条件分析如图 4-42 所示。

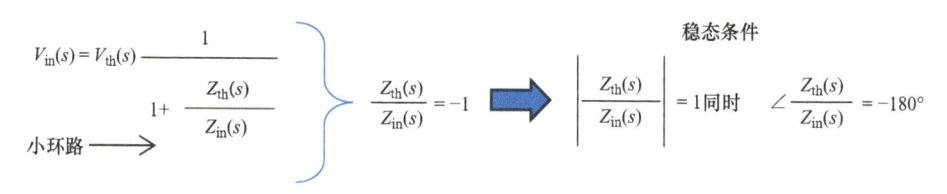

$$V_{in}(s) = V_{th}(s) \frac{1}{1 + \dfrac{Z_{th}(s)}{Z_{in}(s)}}$$

小环路 ⟶

$$\frac{Z_{th}(s)}{Z_{in}(s)} = -1$$

稳态条件

$$\left|\frac{Z_{th}(s)}{Z_{in}(s)}\right| = 1 \text{ 同时 } \angle \frac{Z_{th}(s)}{Z_{in}(s)} = -180°$$

图 4-42 稳定条件分析

4.8.1 阻抗特性

一旦滤波器设计完成，需要绘制其输出阻抗，并检查幅度峰值的情况。可以使用经典的基于 SPICE 的仿真工具或 SIMPLIS® 来实现。务必考虑那些能对系统进行阻尼的寄生参数，阻抗特性仿真如图 4-43 所示，反激变换器的 SIMPLIS® 仿真如图 4-44 所示。

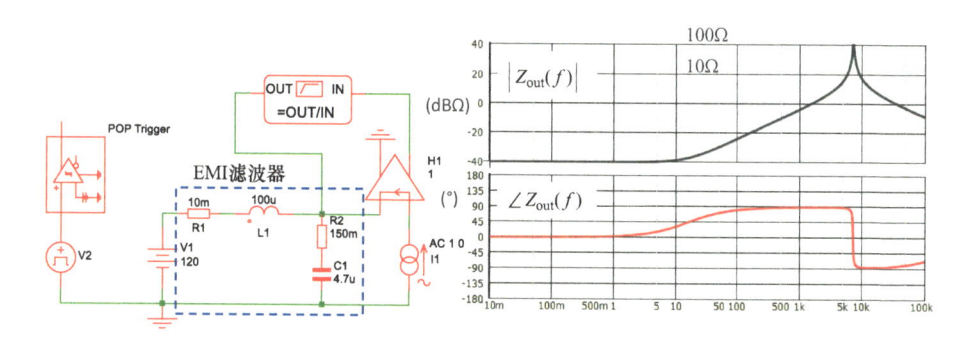

图 4-43 阻抗特性仿真

接下来，你将绘制功率变换器的输入阻抗，并将其幅度与上述滤波器的输出阻抗叠加。如果两者之间存在重叠，则表明小环路增益为 1，这时需要仔细检查相位。

反激变换器在最低输入电压和最大功率下运行。一个交流电压源与直流电源串联，用于对输入电压进行扫描。变换器已经稳定，并在闭环条件下工作。在分析结果之前，验证操作点至关重要。

这是一个电流模式的变换器，如果不采取适当的预防措施，EMI 滤波器可能会引发不稳定性。

4.8.2 注意重叠

当获得闭环输入阻抗后，可以将其叠加在滤波器的输出阻抗上，阻抗叠加的结果如图 4-45 所示。

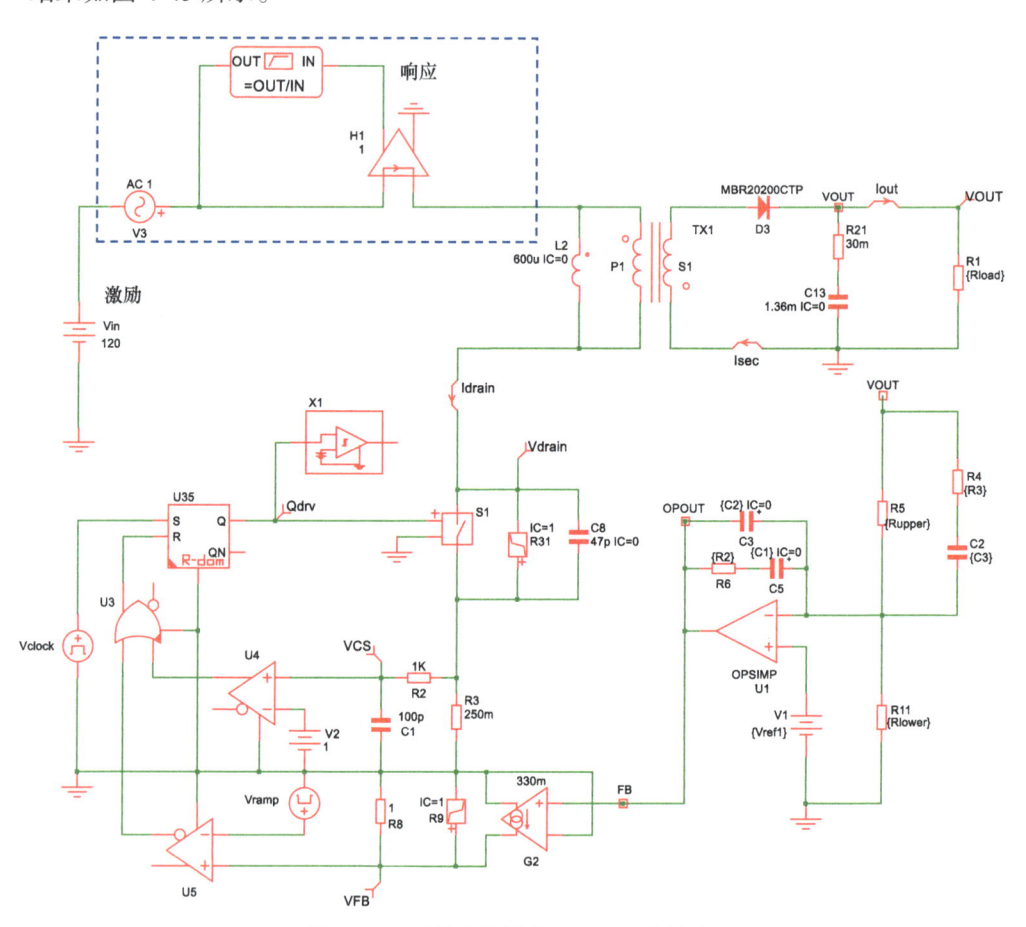

图 4-44 反激变换器的 SIMPLIS® 仿真

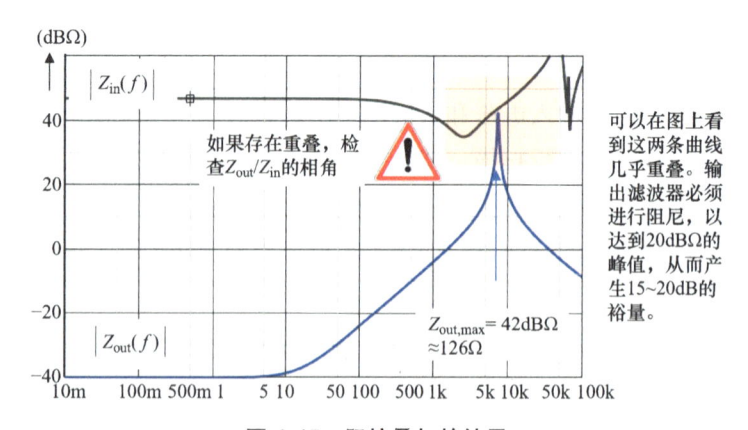

图 4-45 阻抗叠加的结果

如果在电流模式控制的反激变换器前安装没有阻尼的 LC 滤波器并进行负载阶跃测试，可能在输出电压中无法观察到不稳定性。相反，如果在滤波器之后对输入端进行测量，就会发现存在被阻尼的振荡，这需要处理。加入滤波器后的负载阶跃响应如图 4-46 所示。

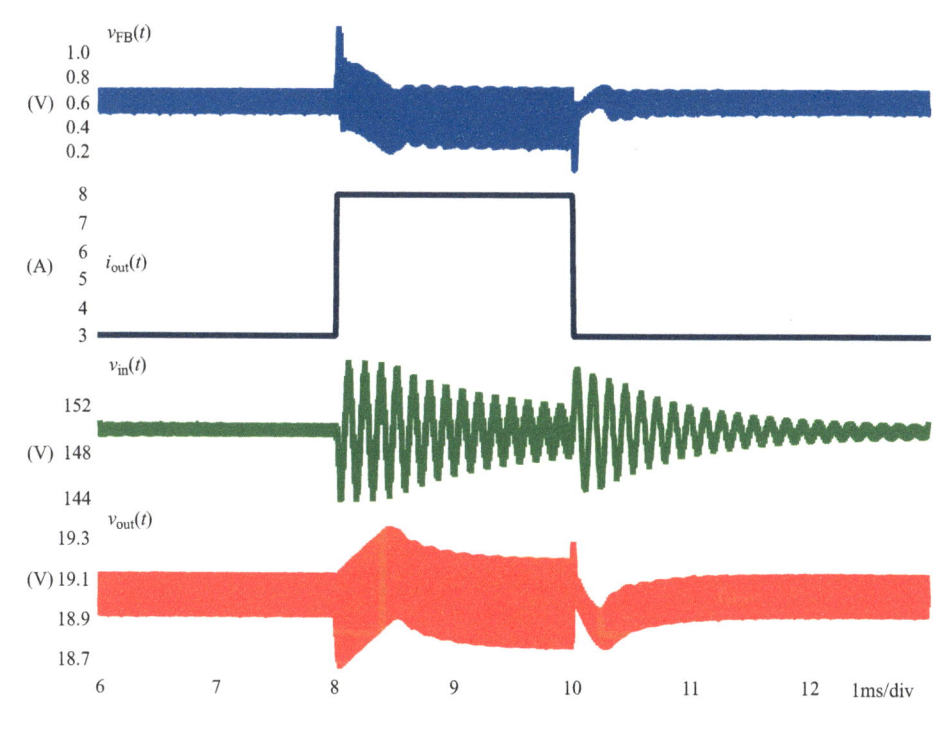

图 4-46　加入滤波器后的负载阶跃响应

在这个图中，可以清楚地看到这一现象，其中滤波器输出（V_{in} = 150V）出现了轻微阻尼的振荡。降低输入电压 V_{in} 会导致振幅增大，甚至可能导致发散。

4.8.3　阻尼滤波器

讨论如何对滤波器进行阻尼超出了本书的讨论范围，但文献 [5] 中描述的方法可以帮助确定 RC 阻尼元件的最佳选择。在这个特定的例子中，添加一个 6Ω 的电阻与一个 5.5μF 的电容串联，能够将峰值阻抗降低到预期的 10Ω。对滤波器进行阻尼如图 4-47 所示。

当滤波器经过适当阻尼后，输出滤波器上的振荡会迅速消失，从而使变换器以更可靠的方式运行。阻尼滤波器后的负载阶跃响应如图 4-48 所示。

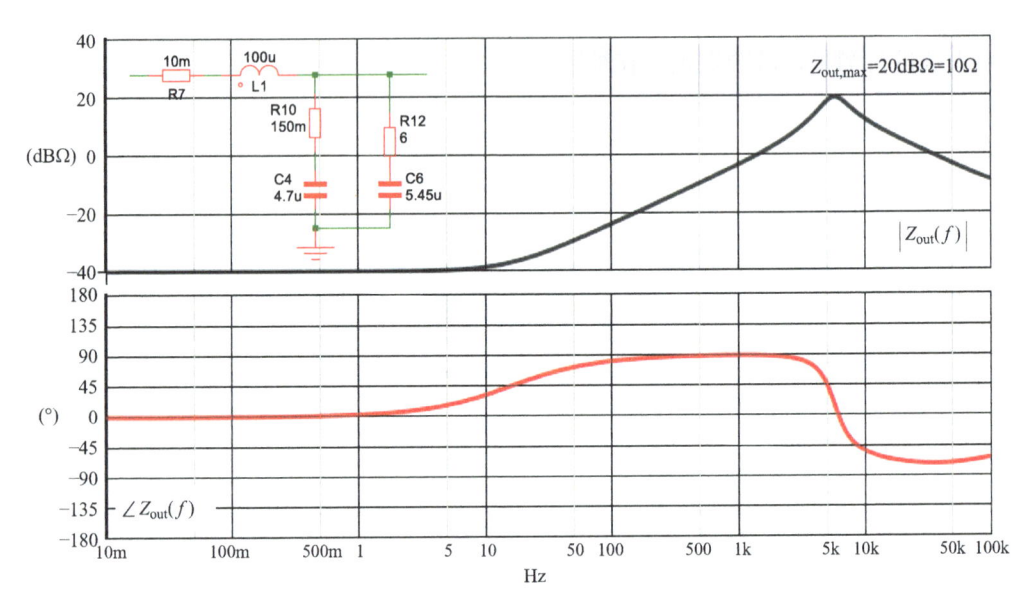

图 4-47 对滤波器进行阻尼

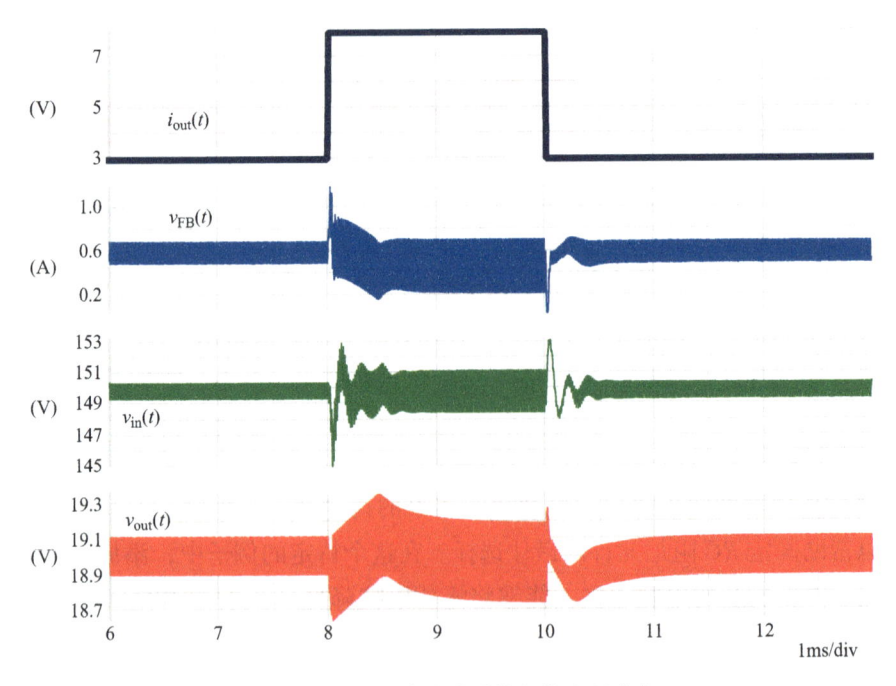

图 4-48 阻尼滤波器后的负载阶跃响应

第 5 章
降压变换器

5.1 电压模式降压变换器

第一个例子以一个 100kHz 的降压（Buck）变换器的 SIMPLIS® 应用电路为起点，该变换器从 12V 输入电压提供 5V/5A 的输出。首先需要获得控制到输出的传递函数，也称为功率级的小信号响应。电压模式（VM）Buck 变换器 SIMPLIS® 仿真如图 5-1 所示。

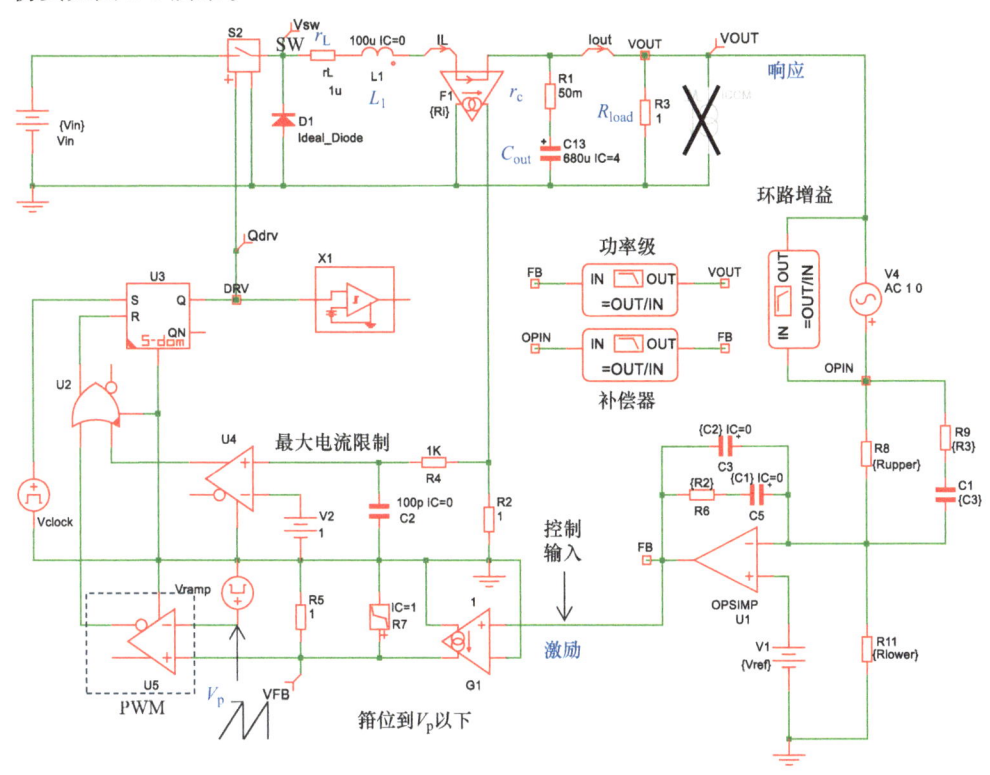

图 5-1 VM Buck 变换器 SIMPLIS® 仿真

模板不仅可以帮助绘制交流响应，还可以单独绘制补偿器的响应，以及补偿

后的环路增益 T。大多数示例都将采用这种结构。当你在 SIMPLIS® 运行周期操作点（POP）时，仿真软件会计算稳态操作点。在考虑交流响应之前，请务必验证其正确性：输出电压是否在预期值范围内？电感或功率开关中的电流是否在合理范围内？补偿器的运算放大器是否远离上下电源轨？等等。在继续之前，检查这些要点是非常重要的。

5.1.1 功率级和补偿

我们从在 VM 控制下运行的连续导通模式（CCM）Buck 变换器的控制到输出传递函数开始：

$$H(s) = \frac{V_{out}(s)}{V_{err}(s)} = H_0 \frac{1+\dfrac{s}{\omega_z}}{1+\dfrac{s}{\omega_0 Q}+\left(\dfrac{s}{\omega_0}\right)^2} \quad H_0 \approx \frac{V_{in}}{V_p} \quad \omega_z = \frac{1}{r_c C_{out}} \quad Q \approx R_{load}\sqrt{\frac{C_{out}}{L_1}} \quad \omega_0 \approx \frac{1}{\sqrt{L_1 C_{out}}}$$

（V_p：调制器峰值电压）

(5-1)

考虑到寄生电阻 r_L（电感 L_1 的 DCR）和 r_c（输出电容 C_{out} 的 ESR）取值都很小，我进行了一些近似处理。VM Buck 变换器工作点波形和功率级交流响应如图 5-2 所示。

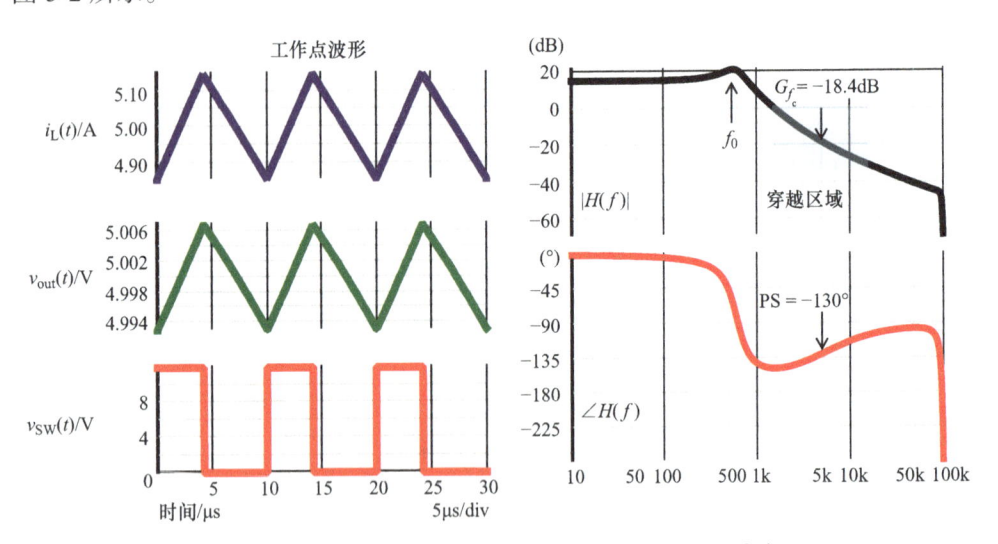

图 5-2 VM Buck 变换器工作点波形和功率级交流响应

工作点是正确的（V_{out} 为 5V），伯德图显示在 650Hz 附近有一个峰值。我们需要选择一个穿越频率，至少要高于 f_0 的 3~5 倍，这意味着可以选择 5kHz 作为穿越频率。我们提取了 5kHz 时的幅度和相位：G_{f_c} = -18.4dB 和 PS = -130°。我们将在 650Hz 放置一个零点，第二个零点放在较低的 200Hz，以确保在变换器过渡到断续导通模式（DCM）时具有足够的相位裕量。然后，一个极点设置在 $F_{SW}/2$ 以确保良好的增益裕量，而另一个极点则调整到目标相位裕量 70°：宏命令将自动进行这些计算。

5.1.2 环路增益补偿

VM 下运行的连续导通模式（CCM）Buck 变换器的补偿器为 3 型。宏命令首先计算 5V 输出的电阻分压器，参考电压为 2.5V。宏计算结果如图 5-3 所示。然后，确定运算放大器周围的元器件，并将其传递给仿真引擎。如果你想打印上拉电阻值，可以使用以下语法 { '*' } Rupper = {Rupper}，如果要显示计算值，可以通过菜单 Simulator>Edit Netlist（after preprocess）。图 5-4 显示了两个环路增益 T。

```
.VAR Vin=12                              .VAR fz1=200        二个零点
.VAR Vout=5                              .VAR fz2=650        一个极点
.VAR L=100u                              .VAR fp2=50k
.VAR Ri=160m                             *                                   第三个极点用于
*                                        * Do not edit the below lines *     调整相位裕量
.VAR Gfc=-18.4 * magnitude at crossover * .VAR boost=PM-PS-90
.VAR PS=-130 * phase lag at crossover *  .VAR G = 10^(-Gfc/20)
*                                        .VAR fp1=fc/tan(atan(fc/fz1)+atan(fc/fz2)-atan(fc/fp2)-boost*pi/180)
* Enter Design Goals Information Here *  * adjust second pole for targetted boost *
.VAR fc=5k * targetted crossover *       .VAR a = sqrt((fc^2/fp1^2)+1)
.VAR PM=70 * choose phase margin at crossover * .VAR b = sqrt((fc^2/fp2^2)+1)
*                                        .VAR c = sqrt((fz1^2/fc^2)+1)
* Enter the Values for Vout and Bridge Bias Current *  .VAR d = sqrt((fc^2/fz2^2)+1)
*                                        .VAR R2=((a*b/(c*d))/(fp1-fz1))*Rupper*G*fp1
.VAR Ibias=1m    ←── 桥的电流偏置         .VAR C1=1/(2*pi*fz1*R2)
.VAR Vref=2.5                            .VAR C2=C1/(C1*R2*2*pi*fp1-1)
.VAR Rlower={Vref/Ibias}                 .VAR C3=(fp2-fz2)/(2*pi*Rupper*fp2*fz2)
.VAR Rupper={(Vout-Vref)/Ibias}          .VAR R3=Rupper*fz2/(fp2-fz2)
                                         .VAR G0=((R2*C1)/(Rupper*(C1+C2)))*c*d/(a*b) * Gain at fc sanity check *
```

图 5-3　宏计算结果

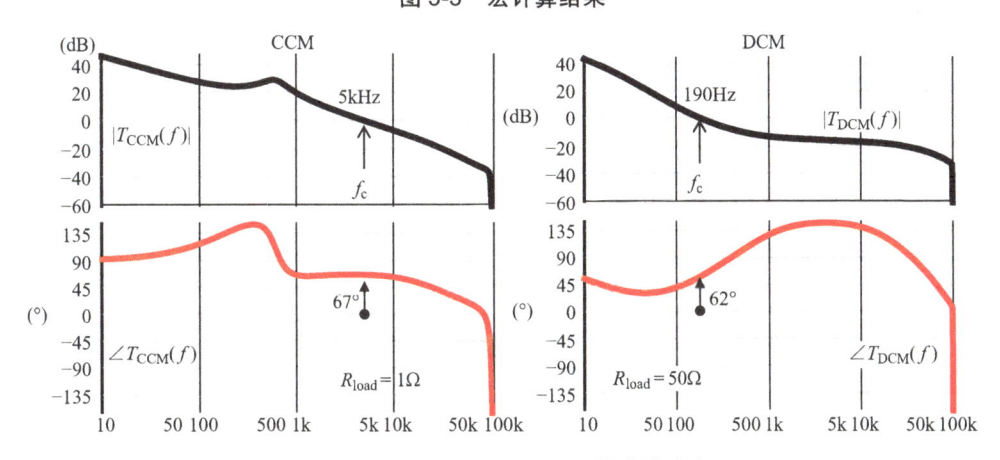

图 5-4　CCM 和 DCM Buck 的交流响应

在连续导通模式（CCM）下，补偿后的环路增益显示出良好的相位裕量，而在断续导通模式（DCM）下，穿越频率会下降，但相位裕量仍然足够。将零点降低到谐振频率之前，有助于在 DCM 中保持良好的相位裕量。

5.1.3 瞬时响应

现在 Buck 变换器已稳定并满足目标，可以进行负载瞬态测试，例如在负载的 50% 和 100% 之间进行。我通常采用 1A/μs 的电流变化率。请注意，没有指定电流变化率的下冲值是没有意义的，因此在结果中务必提及它。CCM Buck 变换器负阶跃响应如图 5-5 所示。

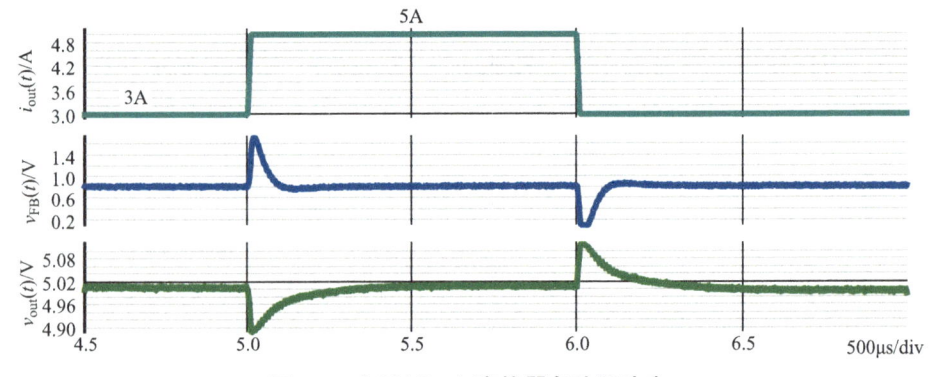

图 5-5　CCM Buck 变换器负阶跃响应

在断续导通模式（DCM）下，响应时间较慢，但下冲仍然保持良好的控制。你现在可以轻松调整零点的位置，并观察其对瞬态响应的影响。DCM Buck 变换器负阶跃响应如图 5-6 所示。

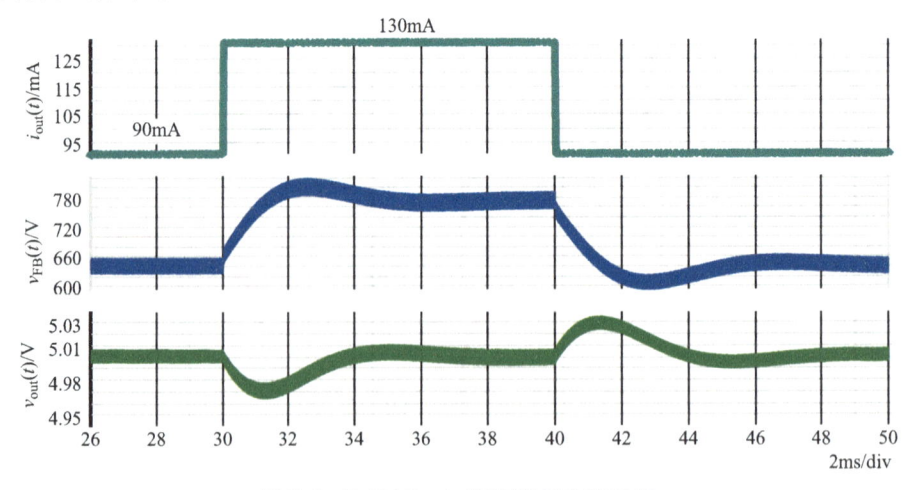

图 5-6　DCM Buck 变换器负阶跃响应

5.1.4 为元器件分配容差

在这个例子中,我们将展示如何进行基本的蒙特卡罗分析,并检查设计对元器件变化的敏感性。首先,需要为每个元器件指定容差和分布类型。在此示例中,我选择了高斯分布,并为电阻和电容设置了特定的容差。在 SIMPLIS® 中,你可以在值字段中输入类似于 {2.5k*gauss(0.01)} 的内容,这表示 2.5kΩ ± 1% 的电桥电阻,用于检测输出电压 V_{out}。对于补偿器,你需要提取宏命令计算出的值,并为每个元器件分配容差。我已对输出电容及其等效串联电阻(ESR)以及电感量进行了设置。由于检测电阻 R_i 仅用于保护的目的,并在交流分析中保持静默不起作用,因此我没有更改其值。图 5-7 是误差放大器部分和蒙特卡罗仿真设置的示意图。

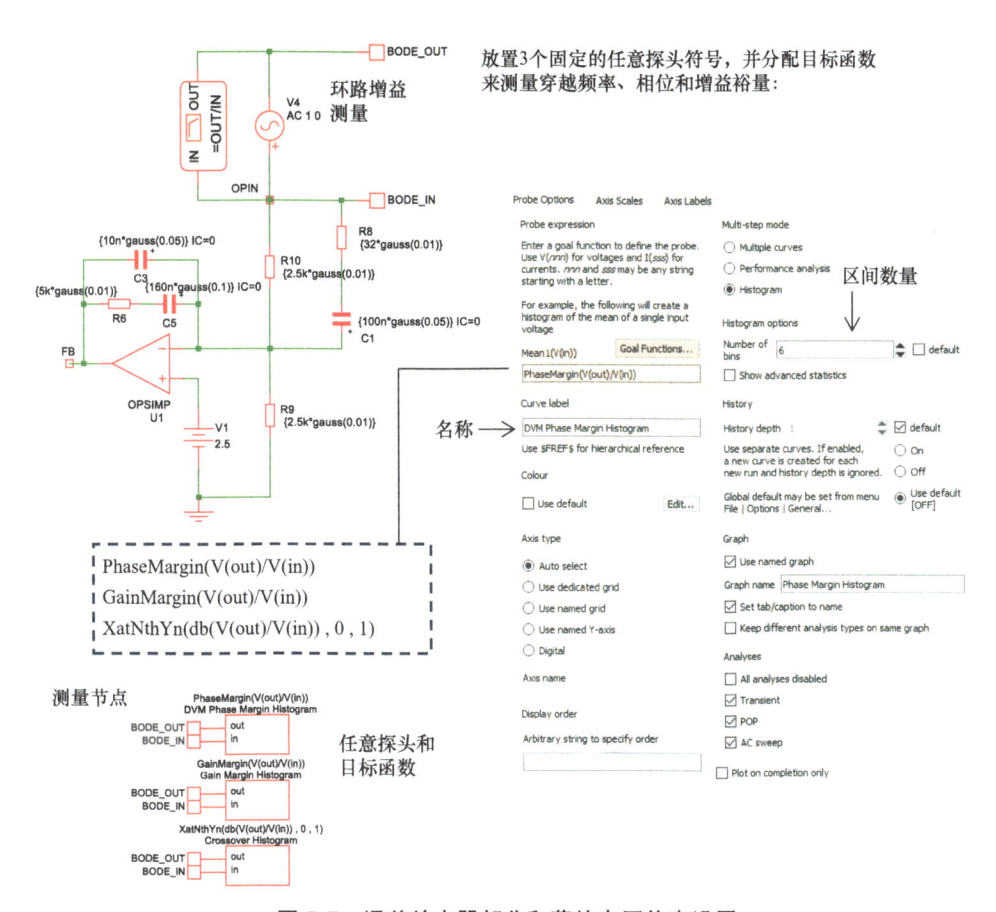

图 5-7 误差放大器部分和蒙特卡罗仿真设置

5.1.5 可视化结果

在这个例子中，我选择 6 个分布区间，进行 100 次仿真。这个仿真例子充分利用电脑的 4 个 CPU 内核，结果在不到 10min 内就呈现出来了。变换器的输入为 12V，负载电阻为 1Ω，可以看到当关键元器件值被伪随机扫描时，瞬态波形是如何变化的，如图 5-8 所示。

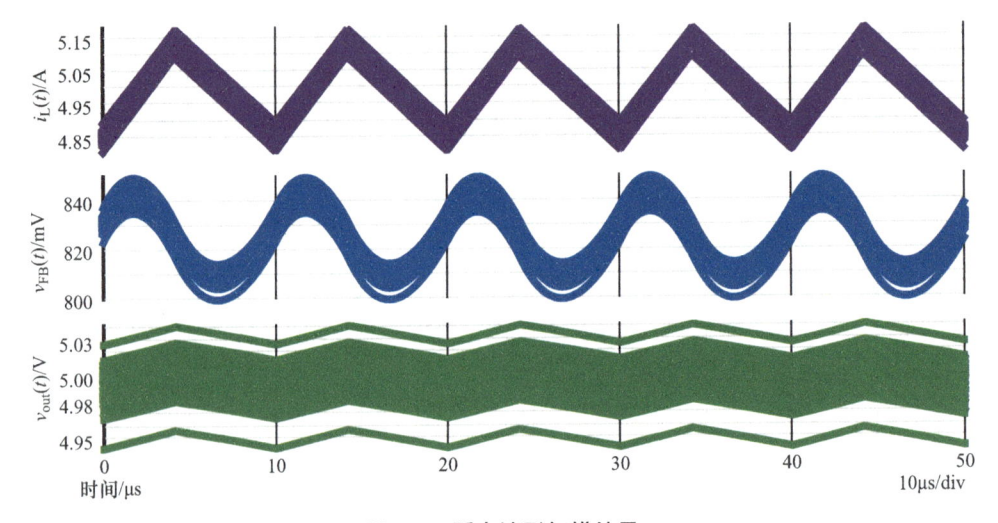

图 5-8 瞬态波形扫描结果

我们现在关注的是在所有元器件值变化时，穿越频率和增益裕量的变化情况。SIMPLIS 生成直方图，显示这些参数在运行过程中受到了怎样的影响。蒙特卡罗仿真结果如图 5-9 所示。

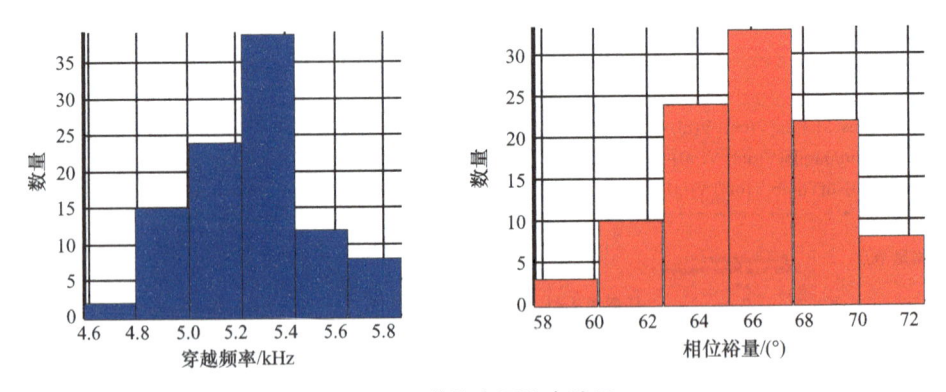

图 5-9 蒙特卡罗仿真结果

可以看到结果相对稳定，穿越频率在 4.6kHz 到 5.8kHz 之间变化，且相位裕量超过 58°。因为排版原因，我没有给出增益裕量的变化，但它们均超过 31dB。

5.1.6 同步降压变换器

Buck 变换器续流二极管的正向压降 V_f 在关断时间影响 Buck 变换器的效率。可以在二极管并联一个可控功率开关管，并在关断时间内将它激活。即使在空载条件下，只要将变换器保持在 CCM 中，效率也会大大提高，同时传递函数不再随负载的变化而变化。同步 Buck 变换器仿真如图 5-10 所示，其工作点波形及交流响应如图 5-11 所示。

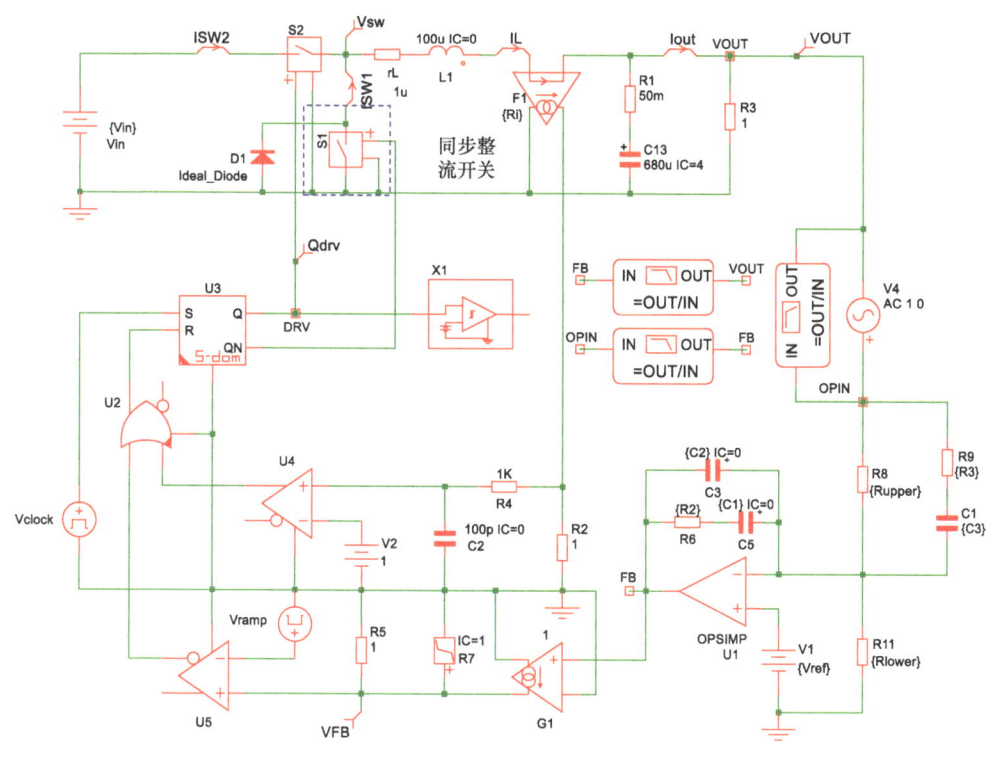

图 5-10 同步 Buck 变换器仿真

- 开关使用互补波形进行控制，并设置死区时间以避免直通电流。为了简化电路，这里没有设置死区时间。
- Buck 变换器切换到轻载时，穿越频率保持不变。

5.1.7 在实际电源产品中断开环路

在 Buck 变换器示例及后续电路中，我们保持直流闭环，以便仿真程序根据输入和输出条件自动确定正确的偏置点。接着，在环路中插入一个交流源来扰动系统，这样能观察并收集到一个足够高幅值的信号，从而生成伯德图。SIMPLIS®

会在扫描过程中自动调整交流源的幅值，以确保系统始终保持线性。

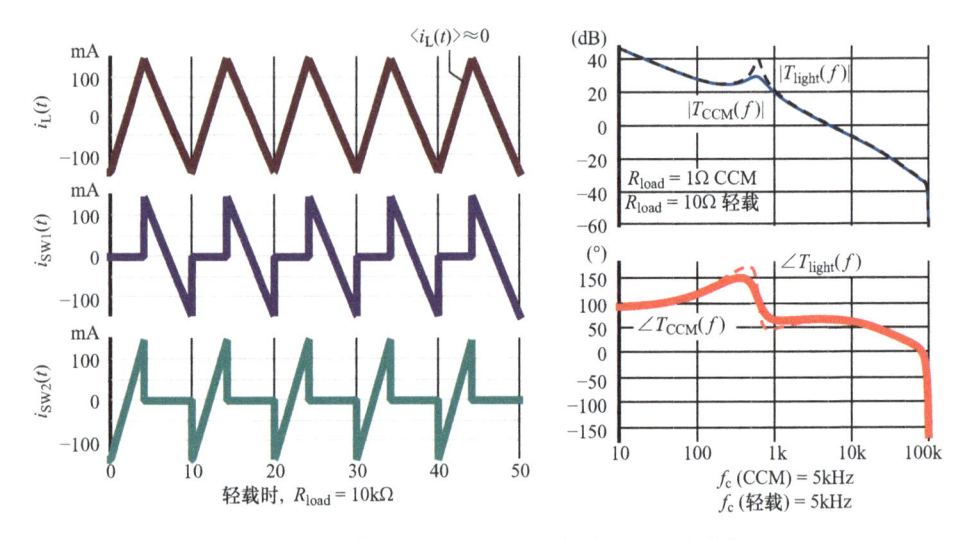

图 5-11　同步 Buck 变换器工作点波形及交流响应

在实际操作中，需要调制注入的信号以防止饱和：在低频时使用较高的幅值（此时环路增益较高，可以抵抗扰动），然后在接近穿越频率时降低幅值（随着增益降低，饱和风险增大）。但如果变换器本身不稳定，或者你对其响应没有任何了解呢？在这种情况下，可以让变换器在开环模式下运行：使用直流源驱动控制引脚，以获得给定输入电压下的正确输出电压 V_{out}，然后将交流源叠加到这个偏置上。实际电源的开环运行如图 5-12 所示。

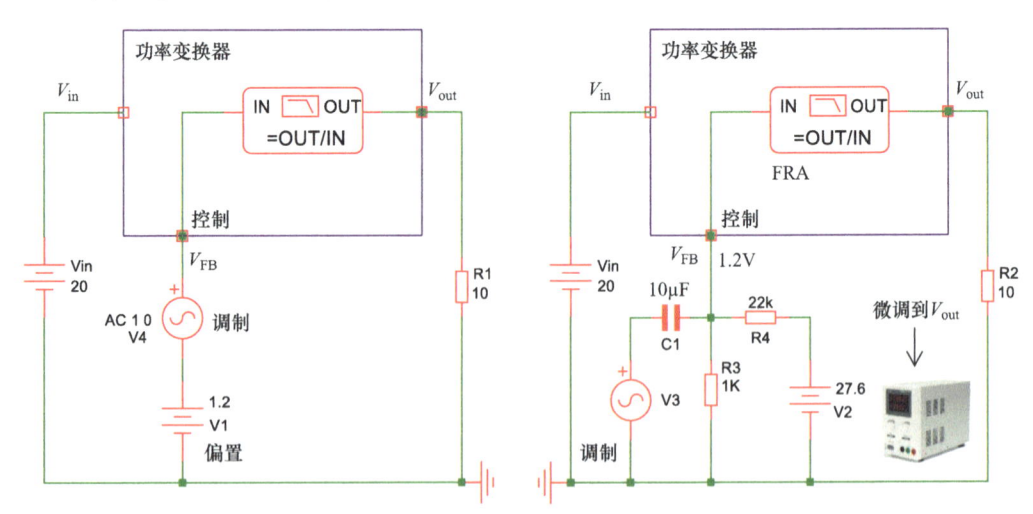

图 5-12　实际电源的开环运行

在实验室中，我通常会在控制输入处仔细施加直流偏置以断开环路。这个偏置通过电阻分压器提供，以便进行精细调整并降低噪声。电阻应紧密连接到控制输入，而扭绞线则用于传输偏置信号。虽然在仿真中断开环路是安全的，但在实际使用功率变换器进行此实验时，请务必小心，检查电气隔离、启动过冲、保护措施和温度漂移等因素。

5.2 电流模式降压变换器

Buck 变换器现在运行在 CM 控制下，并通过 F_1 采样电流内环，其系数为 R_i。CM Buck 变换器 SIMPLIS® 仿真如图 5-13 所示。为了阻尼位于 $F_{sw}/2$ 处的次谐波极点，在电流检测信号中添加了一个人工斜坡 V_{saw}。可以通过式（5-2）来调整其幅值：

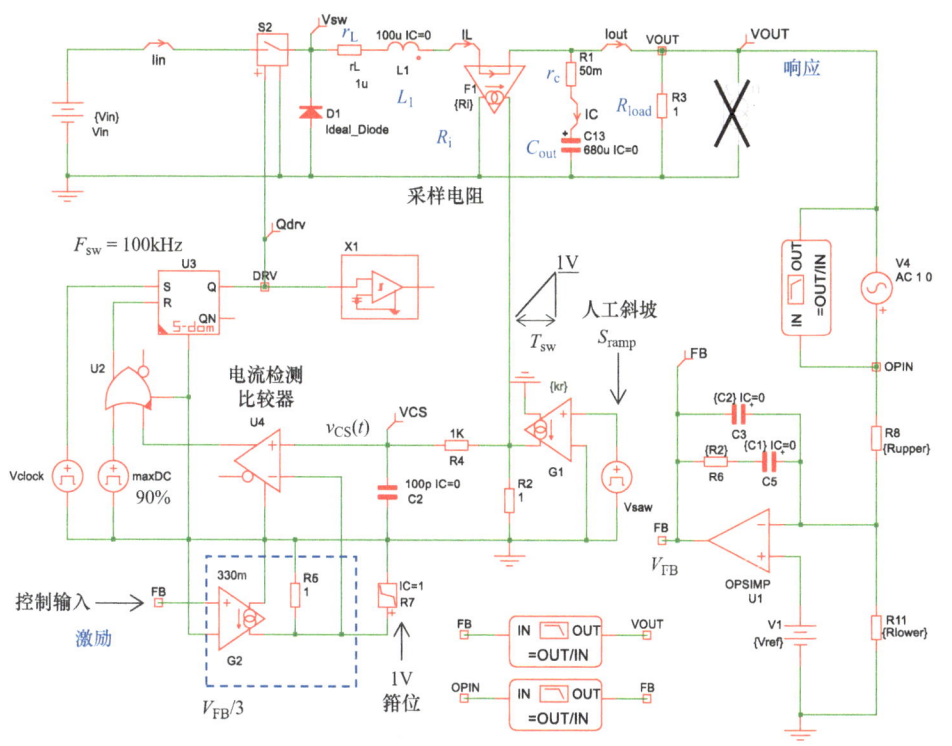

$$S_n = \frac{V_{in} - V_{out}}{L_1} R_i \quad S_{ramp} = \frac{1V}{10\mu s} = 100 \frac{mV}{\mu s} \quad m_c = \frac{S_e}{S_n} + 1 \quad \longrightarrow \quad \begin{matrix} S_e = (m_c - 1)S_n \\ k_r = \dfrac{S_e}{S_{ramp}} \end{matrix}$$

导通斜坡　　　　　　人工斜坡　　　　　　补偿

(5-2)

图 5-13　CM Buck 变换器 SIMPLIS® 仿真

运算放大器输出的反馈电压被除以 3，以增强其工作动态范围：当电流检测比较器的设定值为 400mV 时，运放输出的电压为 1.2V，这提供了良好的抗噪性能，并确保运放在其线性范围内工作。最大设定值被限制在 1V，但可以根据所使用的控制器进行调整。还加入了一个比主时钟延迟了 9μs 的信号源，在电流复位未被触发的情况下，将最大占空比限制为 90%。

5.2.1 功率级和补偿

我们从工作在 CM 控制下的连续电流模式（CCM）Buck 变换器的控制到输出传递函数开始：

$$H(s) = \frac{V_{\text{out}}(s)}{V_{\text{err}}(s)} = H_0 \frac{1 + \dfrac{s}{\omega_z}}{1 + \dfrac{s}{\omega_p}} \frac{1}{1 + \dfrac{s}{\omega_n Q} + \left(\dfrac{s}{\omega_n}\right)^2} \qquad (5\text{-}3)$$

$$H_0 \approx \frac{R_{\text{load}}}{R_i} \frac{1}{1 + \dfrac{R_{\text{load}} T_{\text{SW}}}{L_1}[m_c(1-D) - 0.5]} \qquad (5\text{-}4)$$

$$\omega_z = \frac{1}{r_c C_{\text{out}}} \qquad (5\text{-}5)$$

$$\omega_p \approx \frac{1}{R_{\text{load}} C_{\text{out}}} + \frac{T_{\text{SW}}}{L_1 C_{\text{out}}}[m_c(1-D) - 0.5] \qquad (5\text{-}6)$$

$$\omega_n = \frac{\pi}{T_{\text{SW}}} \qquad (5\text{-}7)$$

$$Q = \frac{1}{\pi[m_c(1-D) - 0.5]} \qquad (5\text{-}8)$$

$$m_c = 1 + \frac{S_e}{S_n} \qquad (5\text{-}9)$$

现在我们可以运行仿真电路，检查工作点并查看交流响应图，如图 5-14 所示。

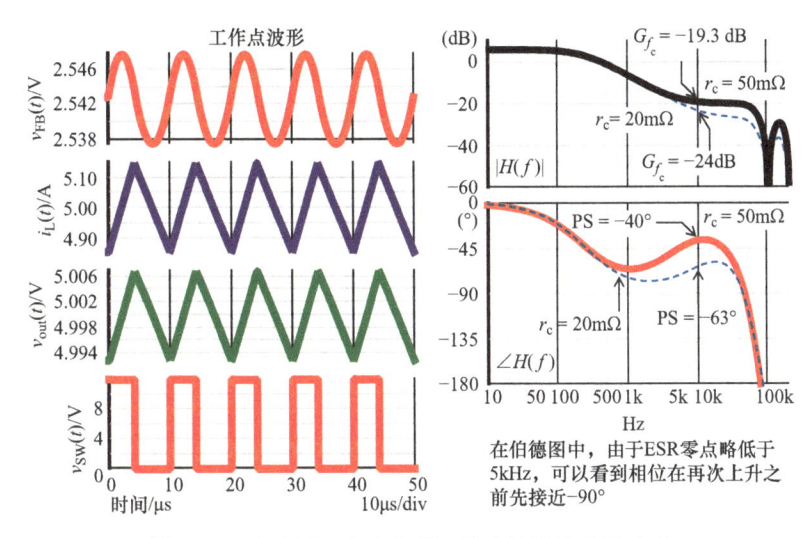

图 5-14　CCM Buck 变换器工作点波形和交流响应

由于该零点出现在穿越频率区域，这里我们选择 10kHz，它有助于改善相位响应。然而，这个零点会随温度和老化的变化而改变，因此要确保补偿器已考虑到这一因素，以确保在不同的 ESR（等效串联电阻）值下，仍能保持足够的相位裕量。可以看到，当 ESR 从 50mΩ 变化到 20mΩ 时，曲线如何变化，因此请仔细检查它对交流响应的影响。

5.2.2　环路增益补偿

我们将在这里选择 10kHz 的穿越频率。与 VM 控制相关的峰值已被消除，现在只剩下一个低频极点。我们添加的外部斜坡有效地对次谐波极点进行了阻尼。宏自动计算结果如图 5-15 所示，CCM Buck 变换器 CM 和 VM 的交流响应如图 5-16 所示。DCM 下相关参数如图 5-17 所示。

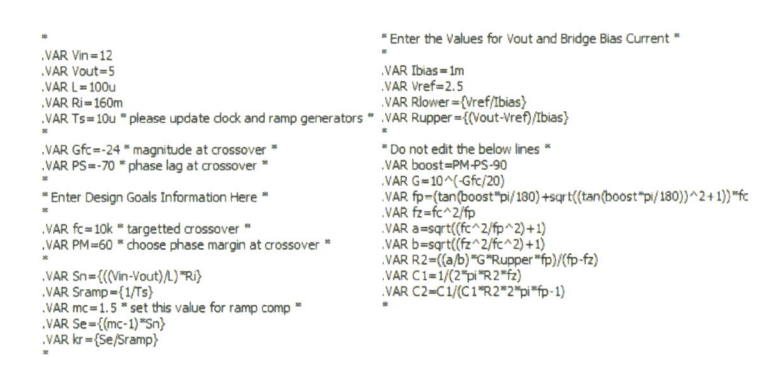

```
*
.VAR Vin=12                                          * Enter the Values for Vout and Bridge Bias Current *
.VAR Vout=5                                          *
.VAR L=100u                                          .VAR Ibias=1m
.VAR Ri=160m                                         .VAR Vref=2.5
.VAR Ts=10u * please update clock and ramp generators *  .VAR Rlower={Vref/Ibias}
                                                     .VAR Rupper={(Vout-Vref)/Ibias}
.VAR Gfc=-24 * magnitude at crossover *
.VAR PS=-70 * phase lag at crossover *               * Do not edit the below lines *
                                                     .VAR boost=PM-PS-90
* Enter Design Goals Information Here *              .VAR G=10^(-Gfc/20)
                                                     .VAR fp={tan(boost*pi/180)+sqrt((tan(boost*pi/180))^2+1)}*fc
.VAR fc=10k * targetted crossover *                  .VAR fz=fc^2/fp
.VAR PM=60 * choose phase margin at crossover *      .VAR a=sqrt(fc^2/fp^2)+1)
                                                     .VAR b=sqrt((fz^2/fc^2)+1)
.VAR Sn={((Vin-Vout)/L)*Ri}                          .VAR R2=((a/b)*G*Rupper*fp)/(fp-fz)
.VAR Sramp={1/Ts}                                    .VAR C1=1/(2*pi*R2*fz)
.VAR mc=1.5 * set this value for ramp comp *         .VAR C2=C1/(C1*R2*2*pi*fp-1)
.VAR Se={(mc-1)*Sn}
.VAR kr={Se/Sramp}
*
```

图 5-15　宏自动计算结果

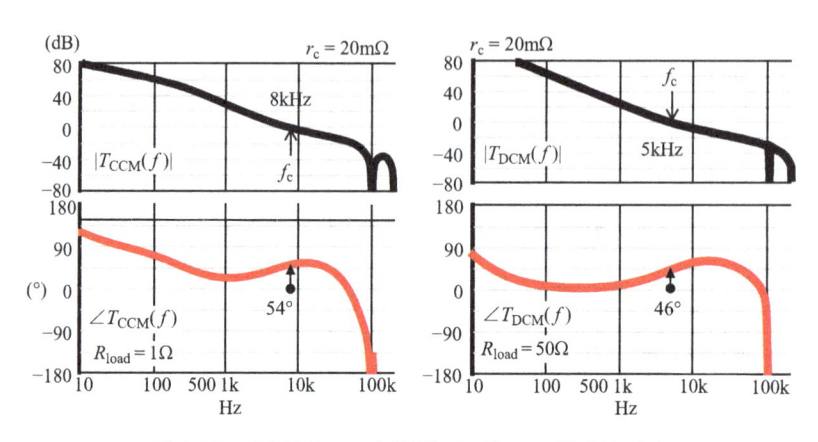

图 5-16　CCM Buck 变换器 CM 和 VM 的交流响应

```
* Rupper = 2500
* Rlower = 2500
* R2 = 50631.8661875217
* C2 = 1.87306423297152e-10
* C1 = 6.74098947152754e-10
* Boost = 40
* Fz = 4663.076581514999
* Fp = 21445.0692050956
* Sn = 11200
* Se = 5600
* kr = 0.056
```

降低到2kHz

DCM伯德图显示，与VM版本不同，穿越得很好。然而，当相位在100Hz~1kHz区域接近0°时，可能要担心条件稳定性问题。通过将零点频率降低到2kHz，它将有助于提高该区域的相位。

图 5-17　DCM 下相关参数

5.2.3　瞬态响应

负载阶跃的瞬态响应非常稳定，恢复速度很快。当输出电容的等效串联电阻（ESR）为 20mΩ 时，电压下冲仅为 30mV。CCM Buck 变换器 CM 的负载阶跃响应如图 5-18 所示。

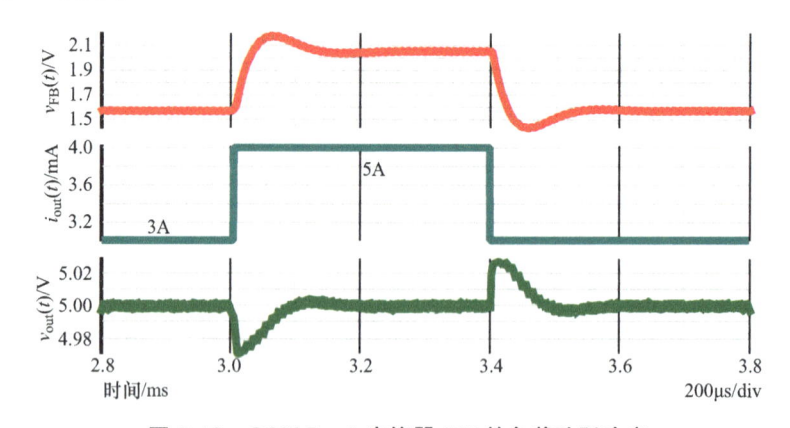

图 5-18　CCM Buck 变换器 CM 的负载阶跃响应

在断续导通模式（DCM）下，响应时间也非常优秀，进一步证明了 CM 在模式切换方面优于 VM。连续导通模式（CCM）和不连续导通模式（DCM）之间的穿越频率几乎相同（分别为 8kHz 和 5kHz），而在 VM 控制中，这两个模式的穿越频率则差异较大（CCM 为 5kHz，DCM 为 190Hz）。DCM Buck 变换器 VM 的负载阶跃响应如图 5-19 所示。

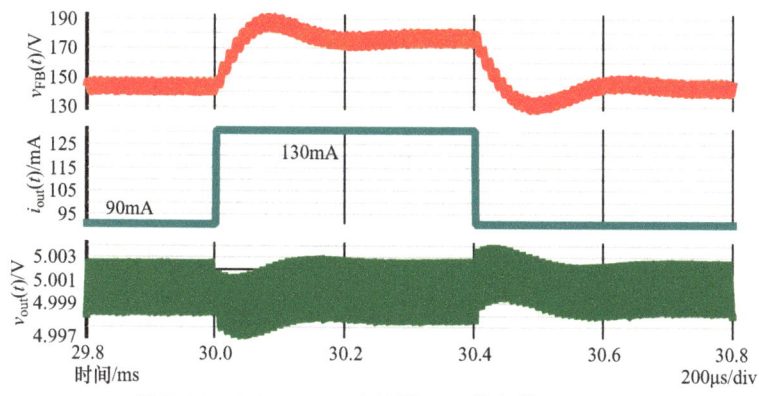

图 5-19　DCM Buck 变换器 VM 的负载阶跃响应

5.3　恒定导通时间降压变换器

在恒定导通时间（COT）模式下运行的 Buck 变换器是一种 DC—DC 变换结构，常用于计算机主板的负载点调节。微处理器的电流变化率（di/dt）可能非常大，因此需要极快的响应时间，以限制电压下冲和恢复时间。COT 模式下 Buck 变换器 SIMPLIS® 仿真如图 5-20 所示。

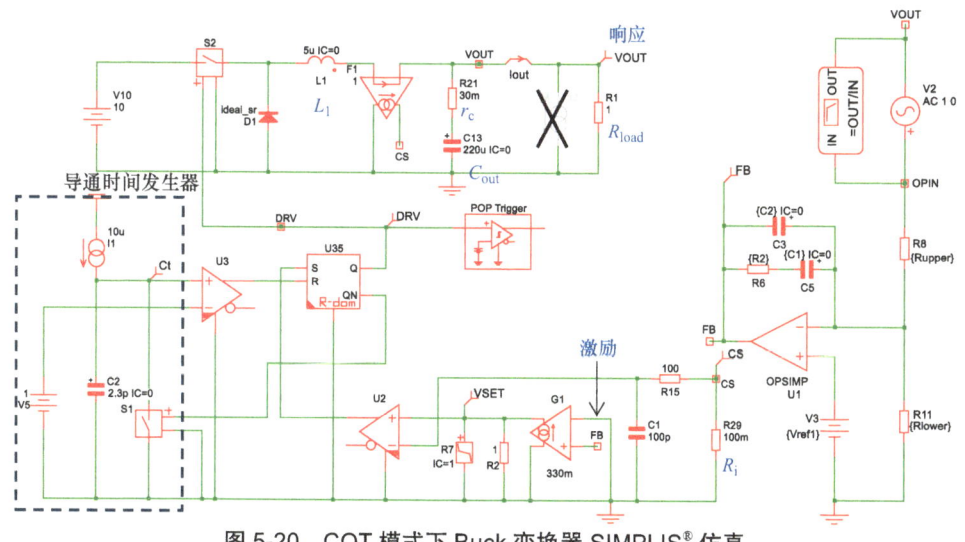

图 5-20　COT 模式下 Buck 变换器 SIMPLIS® 仿真

在 CM 控制的恒定导通时间（COT）模式中，反馈电压设定了电感的谷电流，以便电源开关管在此电流下重新开启。这种变换器的一个优点是其自然的待机模式，在轻负载条件下，开关频率会降低。该变换器的控制到输出传递函数如下所示。

$$H(s) = H_0 \frac{1+\dfrac{s}{\omega_z}}{1+\dfrac{s}{\omega_p}} \frac{1}{1+\dfrac{s}{\omega_n Q}+\left(\dfrac{s}{\omega_n}\right)^2} \tag{5-10}$$

$$\omega_n = \frac{\pi}{t_{on}} \tag{5-11}$$

$$Q = \frac{2}{\pi} \tag{5-12}$$

$$H_0 = \frac{2L_1 R_{load}}{R_i(2L_1 + R_{load}t_{on})} \tag{5-13}$$

$$\omega_p = \frac{L_1 + 0.5R_{load}t_{on}}{C_{out}L_1 R_{load}} \tag{5-14}$$

$$\omega_z = \frac{1}{r_c C_{out}} \tag{5-15}$$

这种类型的变换器没有次谐波不稳定性问题。通常会在实现中设置一个最小关断时间，以限制最大开关频率。

5.3.1 功率级和补偿

在对这种变换器进行仿真时，检查开关频率非常有趣，因为它会随工作点的变化而变化。SIMPLIS® 提供专用探头，可以提取多种数据，如占空比和开关频率。偏置点确认了 5V 的输出电压和 2.2MHz 的频率，COT 模式下 Buck 变换器工作点波形如图 5-21 所示。

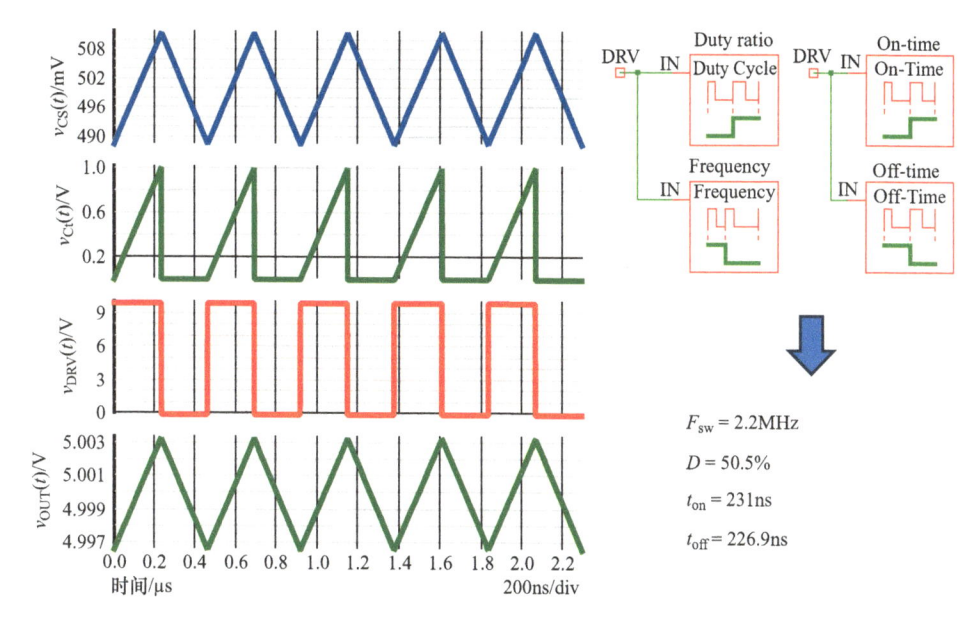

图 5-21 COT 模式下 Buck 变换器工作点波形

当确定偏置工作点后，交流响应马上可以得到。COT 模式下 Buck 变换器功率级的交流响应如图 5-22 所示。

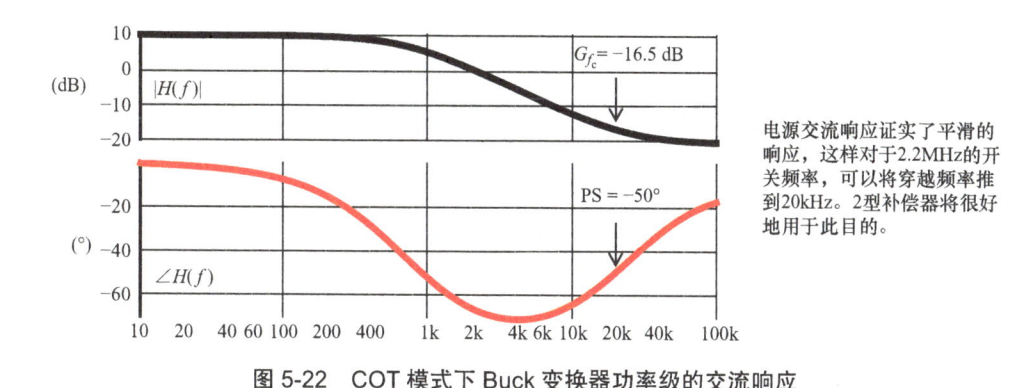

图 5-22 COT 模式下 Buck 变换器功率级的交流响应

5.3.2 环路增益和瞬态响应

该宏设置极点和零点，以实现 60° 的相位裕量。在这种情况下，20kHz 的穿越频率目标要求使用高增益带宽积（GBW）的运算放大器。如果选择较慢的运放，补偿器的交流响应将受到影响，无法在 20kHz 提供所需的增益和相位提升。COT 模式下 Buck 变换器的交流响应如图 5-23 所示。

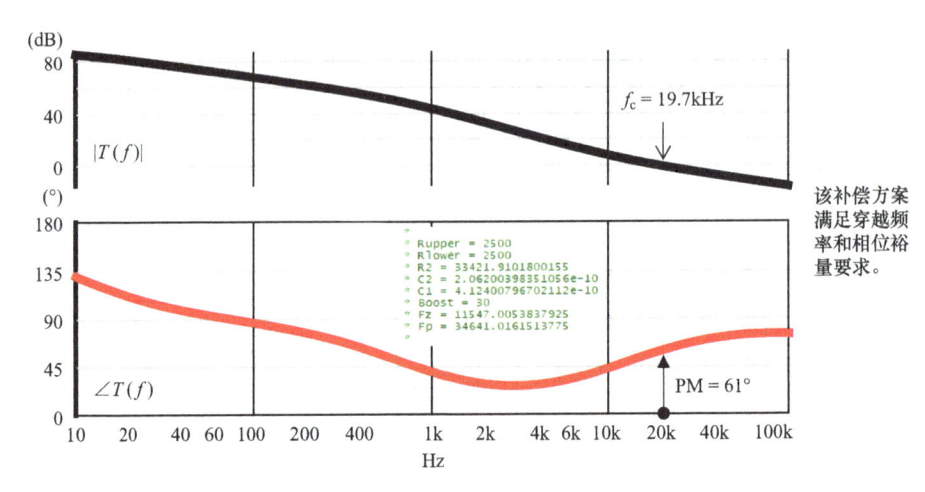

图 5-23　COT 模式下 Buck 变换器的交流响应

电流从 1A 变化到 5A 的阶跃响应如图 5-24 所示。

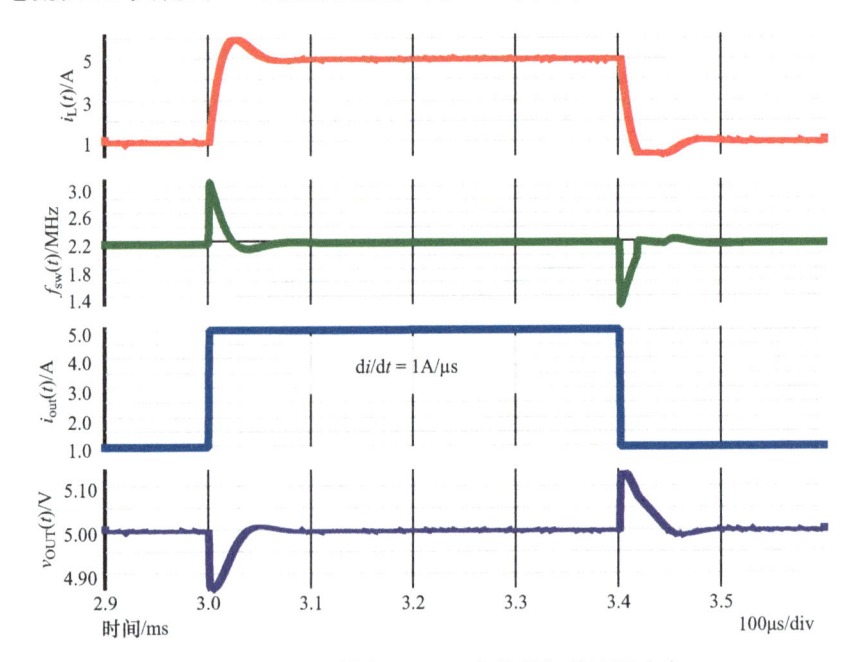

图 5-24　COT 模式下 Buck 变换器负载阶跃响应

第 6 章
正激变换器

6.1 电压模式正激变换器

正激（Forward）变换器属于降压派生拓扑结构：通过变压器的匝比 N，输入电压 V_{in} 可以被升高或降低。因此，直流传递特性变为 $V_{out} = NDV_{in}$。为了逐周期复位变压器的磁心，需要一种退磁方式，可以使用第三个绕组来实现。图 6-1 所示的电路展示了一个非隔离的单开关 VM Forward 变换器，其补偿策略与 Buck 变换器采用的策略相似。

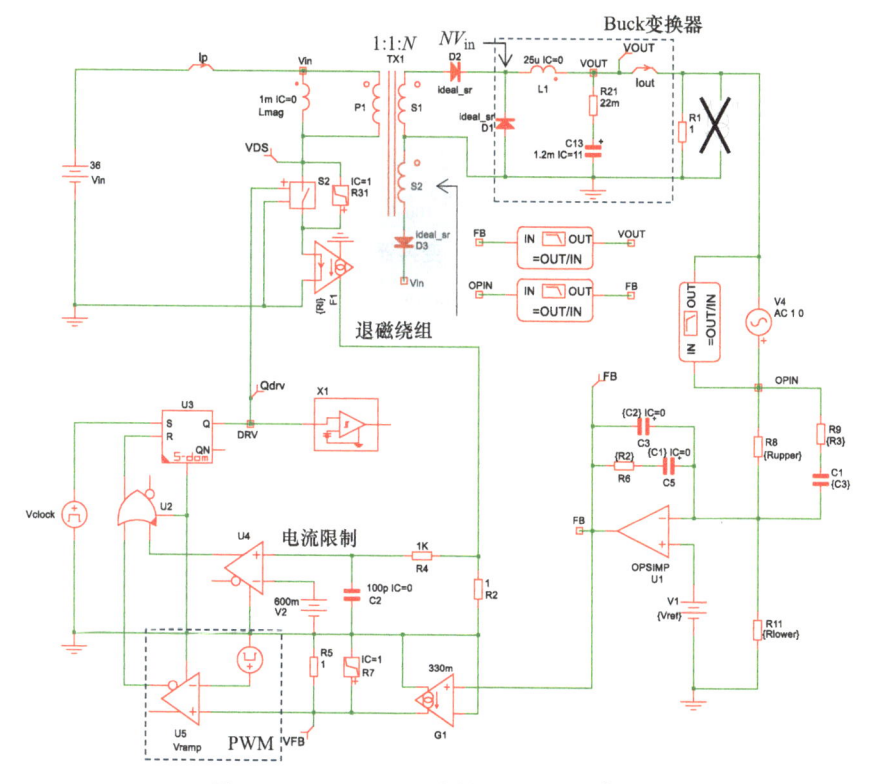

图 6-1 VM Forward 变换器 SIMPLIS® 仿真

占空比被限制在 50% 以下，已为变压器提供足够的退磁时间。该电路输入电压范围为 36 ~ 75V，这是电信应用场合的直流母线电压，输出 12V/12A。控制到输出的传递函数与 VM Buck 变换器的传递函数相似，唯一的不同在于直流增益：$H_0 = NV_{in}/V_p$。

6.1.1 稳态运行

仿真速度很快，SIMPLIS® 能在几秒钟内提供直流工作点和控制到输出的传递函数。可以看到，由于第三个绕组，漏极电压在关断期间跳变到 $2V_{in}$。VM Forward 变换器稳态工作点波形如图 6-2 所示。

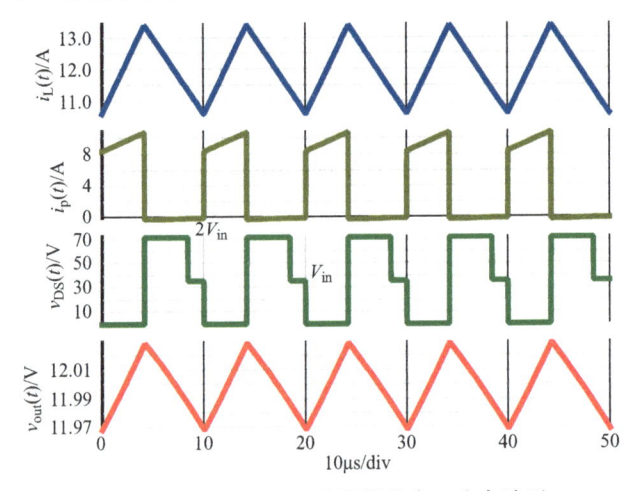

图 6-2 VM Forward 变换器稳态工作点波形

控制到输出的传递函数在 *LC* 谐振处显示出一个峰值，增益也随着输入电压的变化而变化，这与 VM 下的 Buck 变换器相似。如果在 PWM 锯齿波上加入前馈处理，将使功率级的增益与输入电压 V_{in} 互相独立。VM Forward 变换器功率级的交流响应如图 6-3 所示。

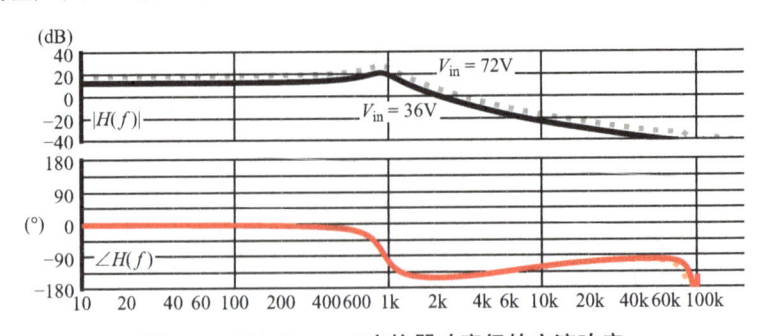

图 6-3 VM Forward 变换器功率级的交流响应

6.1.2 增益补偿和瞬态响应

在 900Hz 处有一个谐振点，我将在此频率处放置一个零点，另一个零点设置在 600Hz。如果在断续导通模式（DCM）下运行时出现条件稳定性问题，可以稍后将其调整到更低的频率。一个极点设置在 50kHz（$F_{SW}/2$），另一个极点则根据所选的 10kHz 穿越频率进行调整，以满足相位裕量的要求。该宏自动计算出了以下数值，如图 6-4 所示。

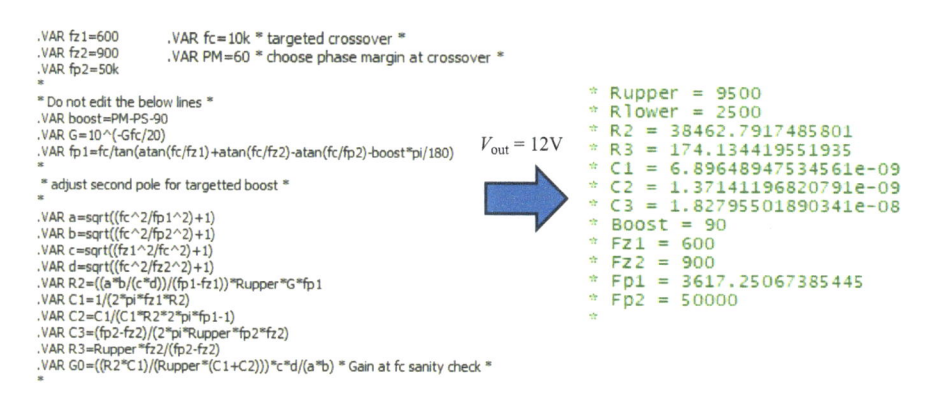

```
.VAR fz1=600          .VAR fc=10k * targeted crossover *
.VAR fz2=900          .VAR PM=60 * choose phase margin at crossover *
.VAR fp2=50k

* Do not edit the below lines *
.VAR boost=PM-PS-90
.VAR G=10^(-Gfc/20)
.VAR fp1=fc/tan(atan(fc/fz1)+atan(fc/fz2)-atan(fc/fp2)-boost*pi/180)

* adjust second pole for targetted boost *

.VAR a=sqrt((fc^2/fp1^2)+1)
.VAR b=sqrt((fc^2/fp2^2)+1)
.VAR c=sqrt((fz1^2/fc^2)+1)
.VAR d=sqrt((fc^2/fz2^2)+1)
.VAR R2=((a*b/(c*d))/(fp1-fz1))*Rupper*G*fp1
.VAR C1=1/(2*pi*fz1*R2)
.VAR C2=C1/(C1*R2*2*pi*fp1-1)
.VAR C3=(fp2-fz2)/(2*pi*Rupper*fp2*fz2)
.VAR R3=Rupper*fz2/(fp2-fz2)
.VAR G0=((R2*C1)/(Rupper*(C1+C2)))*c*d/(a*b)  * Gain at fc sanity check *
*
```

V_{out} = 12V

```
* Rupper = 9500
* Rlower = 2500
* R2 = 38462.7917485801
* R3 = 174.134419551935
* C1 = 6.89648947534561e-09
* C2 = 1.37141196820791e-09
* C3 = 1.82795501890341e-08
* Boost = 90
* Fz1 = 600
* Fz2 = 900
* Fp1 = 3617.25067385445
* Fp2 = 50000
```

图 6-4　VM Forward 变换器补偿器设计（宏自动计算）

该环路经过补偿，穿越频率为 10kHz，相位裕量为 51°。我们最初希望达到 60°，但运算放大器的增益带宽积（GBW）影响了补偿器的响应。要么降低穿越频率，要么选择更快的运算放大器。VM Forward 变换器补偿后负载阶跃和交流响应如图 6-5 所示。

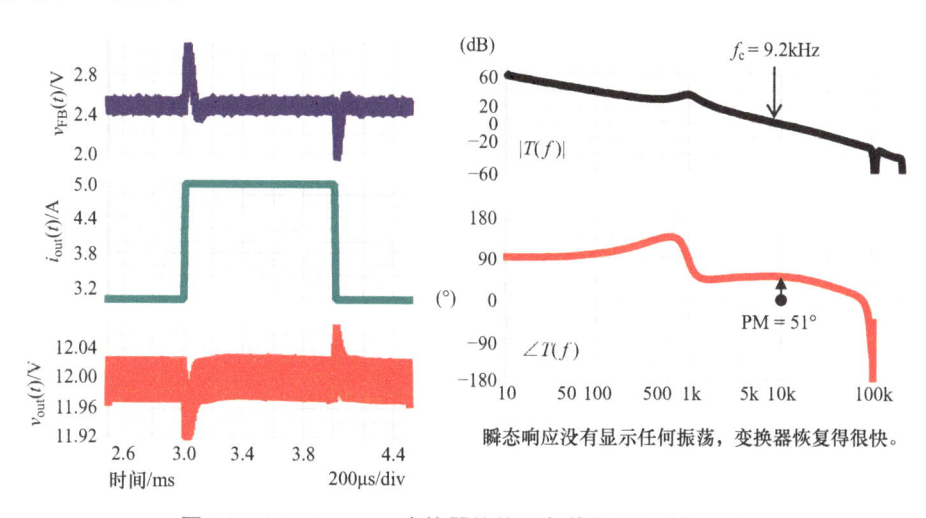

瞬态响应没有显示任何振荡，变换器恢复得很快。

图 6-5　VM Forward 变换器补偿后负载阶跃和交流响应

6.2 电流模式正激变换器

在 CM 下运行时，电路必须通过一个检测电阻或电流检测变压器检测一次侧电流。在开关管导通时，流经功率开关管的一次侧电流由反射到一次侧的二次侧电感电流和变压器的励磁电流组成。这个电流作为一个稳定斜坡作用，因此在施加任何斜坡补偿之前，必须先考虑它的贡献。CM Forward 变换器 SIMPLIS® 仿真如图 6-6 所示。

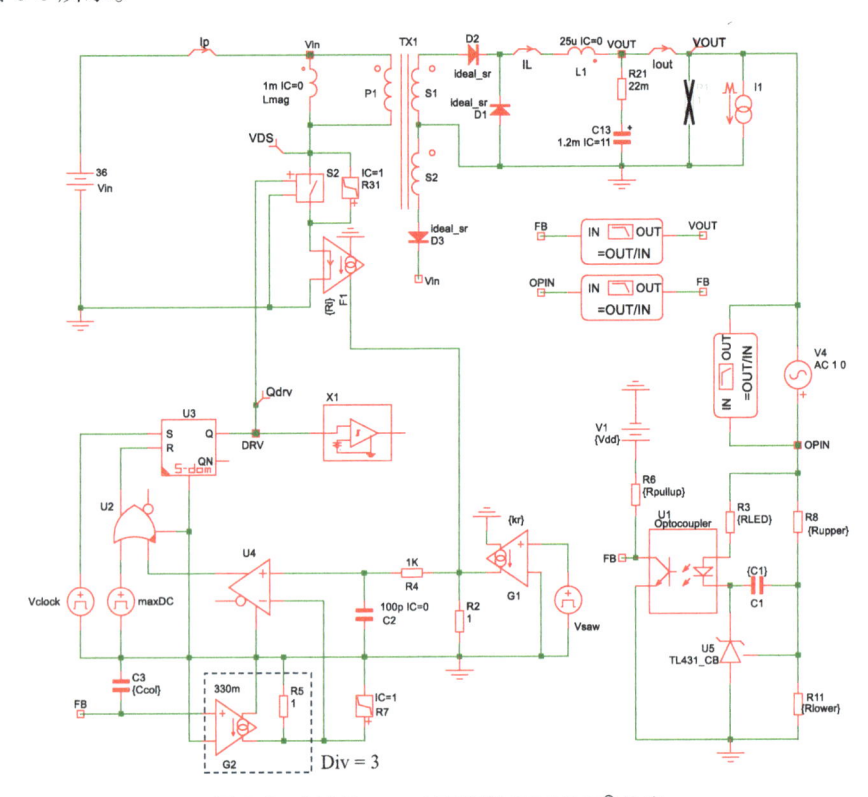

图 6-6 CM Forward 变换器 SIMPLIS® 仿真

让我们看看这个自带的补偿斜坡是否真的有帮助，过程如图 6-7 所示。

$V_{in} = 36V \quad R_i = 0.04\Omega \quad L_p = 1mH \quad N_l = 0.8 \quad V_{out} = 12V \quad L_l = 25\mu H$

磁化斜坡：

$$S_e = \frac{V_{in}}{L_p} R_i = 1.44 \frac{mV}{\mu s} \qquad S_n = \frac{N_l V_{in} - V_{out}}{L_l} \quad N_l R_i = 21.504 \frac{mV}{\mu s} \qquad m_c = 1 + \frac{S_e}{S_n} = 1.067$$

$$Q = \frac{1}{\pi [m_c(1-D) - 0.5]} = 2.601 \quad Q \text{仍然远大于1，所以需要被阻尼}$$

图 6-7 励磁电流斜坡的影响

6.2.1 功率级交流响应

由于励磁电流较低,需要额外的稳定斜坡来将双极点的品质因数(Q)降低到 1 或以下,斜坡补偿设计如图 6-8 所示。

$$m_c = \frac{0.818}{1-D} = 1.4 \Rightarrow S_e = S_n\left(\frac{0.818}{1-D} - 1\right) = 8.6\,\text{mV/μs} \Rightarrow S_e = 8.6\text{m} - 1.44\text{m} = 7.2\,\text{mV/μs}$$

减去磁化斜坡 ↑ 补偿斜坡

(6-1)

```
.VAR Sn={(((N*Vin-Vout)/L)*N)*Ri}
.VAR Sramp={1/Ts}
*.VAR mc=1  set this value for ramp comp 1 = no ramp *
*.VAR Se={(mc-1)*Sn}
.VAR Se=7.2k
.VAR kr={Se/Sramp}
*
```

宏将调整系数 k_T,以注入适量的补偿斜坡

图 6-8 斜坡补偿设计

CM Forward 变换器功率级的交流响应如图 6-9 所示。

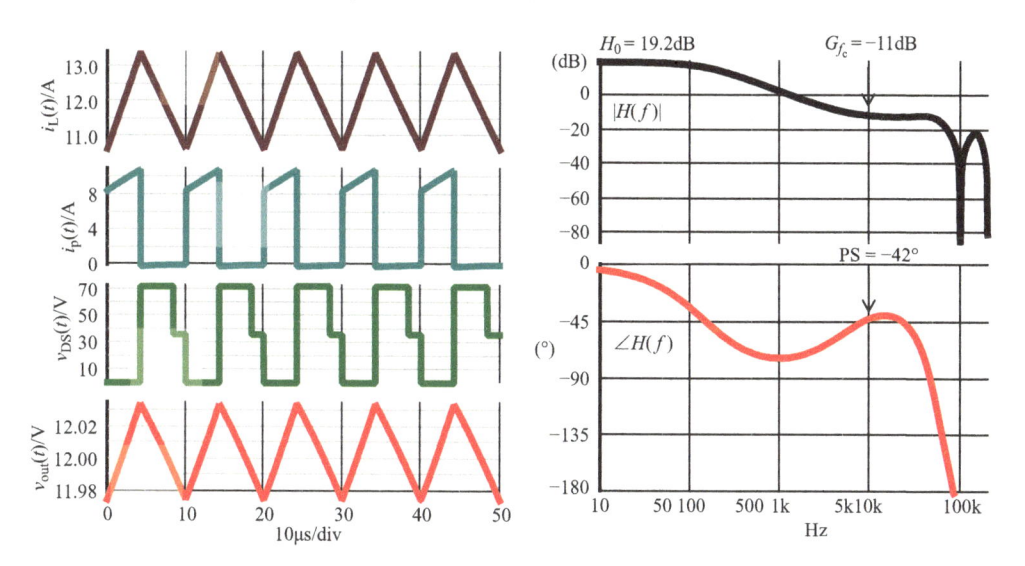

图 6-9 CM Forward 变换器功率级的交流响应

控制到输出的传递函数与 CM Buck 变换器相似,唯一不同的是直流增益 H_0,它考虑了匝比 N 以及运算放大器与峰值电流设定点之间的分压器:

$$H_0 = \frac{R_{\text{load}}}{Div \cdot R_i N_1} \frac{1}{1 + \frac{R_{\text{load}} T_{\text{sw}}}{l_1}[m_c(1-D) - 0.5]} = 9.241$$

(6-2)

$$20\log(H_0) = 19.315 \quad (6\text{-}3)$$

功率级的交流响应图显示出良好的幅值和相位响应。在 $F_{SW}/2$ 处的双极点得到了很好的阻尼，且没有出现峰值现象。

6.2.2 增益补偿

考虑到输出电容的等效串联电阻（ESR）在功率级响应中的作用，必须分别测试其最小值和最大值，并在所有极端条件下检查相位裕量。幸运的是，只要保持在连续导通模式（CCM），CM 操作可以确保增益不会随着输入电压的变化而波动。我们将为这款 100kHz 的变换器选择 10kHz 的穿越频率。宏自动计算参数值如图 6-10 所示。

```
* Rupper = 9500
* Rlower = 2500
* RLED = 2511.88643150958
* RMAX = 22978.7234042553
* C1 = 2.39259804989311e-09
* C2 = 1.11441490896282e-09
* Gcal = 3.98107170553497
* Boost = 20
* Fz = 7002.0753820971
* Fp = 14281.4800674211
* Sn = 21504
* Se = 7200
* kr = 0.072
*
```

考虑功率级的相位滞后为到45°以下，和60°的相位裕量目标相比，所需的相位提升是合适的。宏自动执行该过程，并相应地放置极点和零点。补偿后的环路增益非常好。

图 6-10　宏自动计算参数值

CM Forward 变换器补偿后的交流响应和负载阶跃响应如图 6-11 和图 6-12 所示。

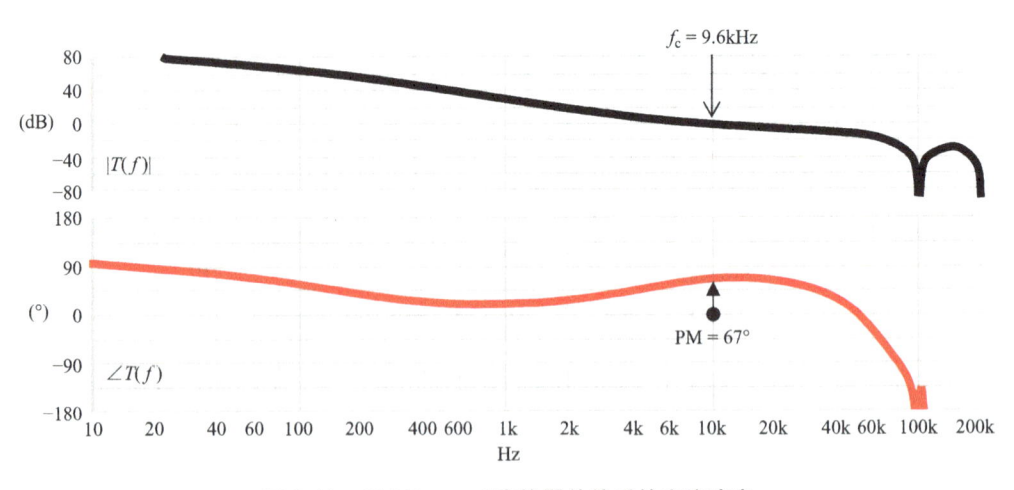

图 6-11　CM Forward 变换器补偿后的交流响应

瞬态响应快速且稳定，对于 3A 的负载阶跃（1A/μs），电压下冲小于 100mV。

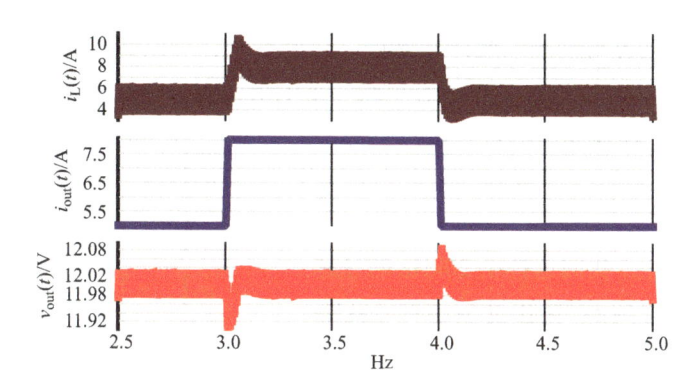

图 6-12　CM Forward 变换器补偿后的负载阶跃响应

6.3　电压模式有源箝位正激变换器

有源箝位 Forward 变换器具有一些有趣的特性，如扩展的占空比范围和在特定条件下实现的零电压开关（ZVS）或准零电压开关。它常被用于 DC—DC 砖块电源中，特别适用于输入电压范围为 36~75V 的电信应用。VM 有源箝位 Forward 变换器 SIMPLIS® 仿真如图 6-13 所示。

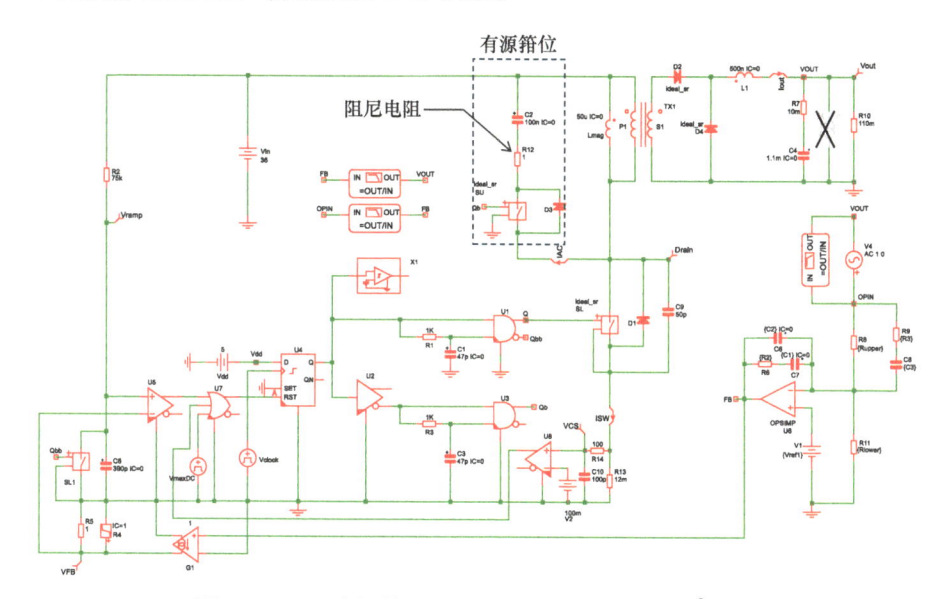

图 6-13　VM 有源箝位 Forward 变换器 SIMPLIS® 仿真

在上述电路中，额外的开关管用于变压器退磁，同时将变压器推入第三象限运行。该开关管可以是 N 通道高侧开关管（如图 6-14 所示），也可以是参考地的 P 通道开关管，在击穿电压低于 200V 时可选择这种 P 通道开关管。

有源箝位电容与励磁电感产生谐振。在谐振时，可以观察到幅值和相位响应中的失真（毛刺）。通过在箝位电容串联一个电阻，可以最小化相位失真，从而能够将穿越频率选择在此谐振点之后。

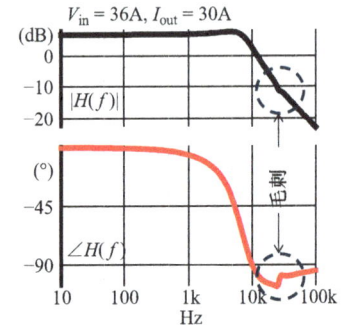

6.3.1 增益补偿

对于该设计，我们选择了 20kHz 的穿越频率，同时考虑到 LC 输出滤波器在 6.8kHz 处的谐振峰值。为确保良好的相位裕量，采用了 3 型补偿器。VM 有源箝位 Forward 变换器的工作点波形、交流响应、宏计算参数、负载阶跃响应如图 6-15 所示。显然，必须选择一款性能优良的运算放大器，以满足如此高的穿越频率要求。我记得成功测试过 LM8261，这款运算放大器在全温度范围内的增益带宽积（GBW）达到了 15MHz。

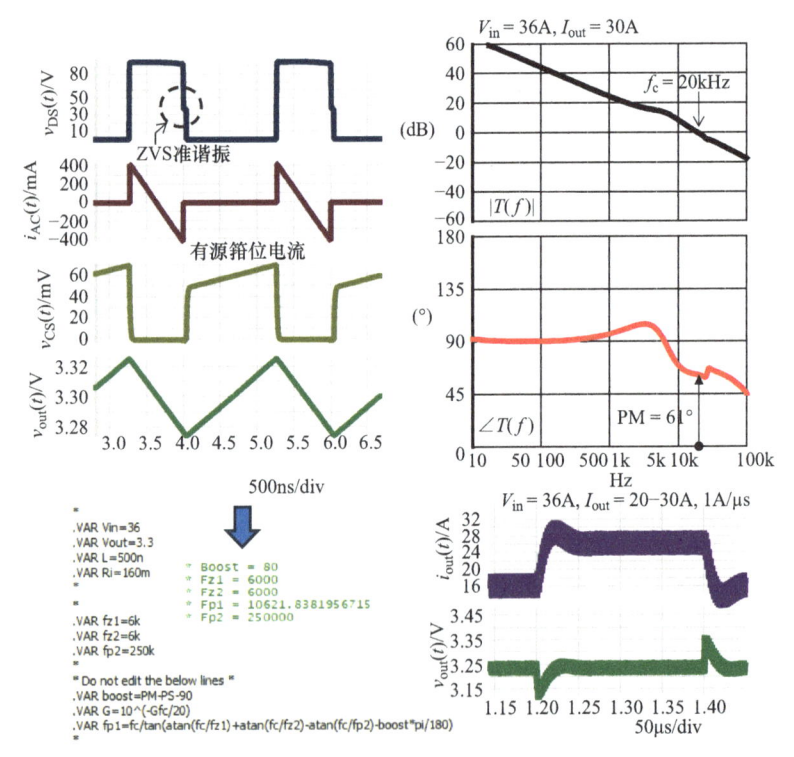

图 6-14 箝位电容与励磁电感发生谐振

图 6-15 VM 有源箝位 Forward 变换器的工作点波形、交流响应、宏计算参数、负载阶跃响应

当输出电流从 20A 跃升至 30A，输入电压为 36V 或 72V 时，瞬态响应表现出色。

第 7 章 全桥变换器

7.1 电流模式全桥变换器

同样属于降压派生系列,全桥(Full-Bridge)变换器能够输出超过千瓦级的功率。该系统由两个半桥构成,并需要合适的驱动器来驱动高侧晶体管。可以使用驱动变压器或自举结构来满足这一需求。图 7-1 是一个电流模式(CM)Full-Bridge 变换器,输入 24V,输出 5V/100A。

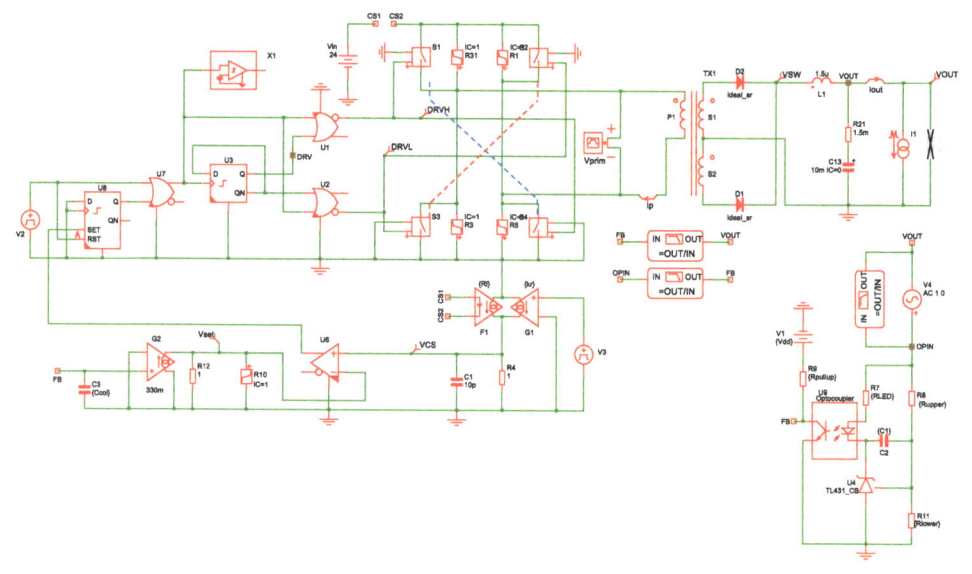

图 7-1 CM Full-Bridge 变换器 SIMPLIS® 仿真

一次电流通过高侧电流传感器测量,然后添加斜坡补偿以增强稳定性。利用一个 TL431 和光电耦合器构建 2 型补偿器来实现闭环调节。CM Full-Bridge 变换器的工作点波形和功率级交流响应如图 7-2 所示。

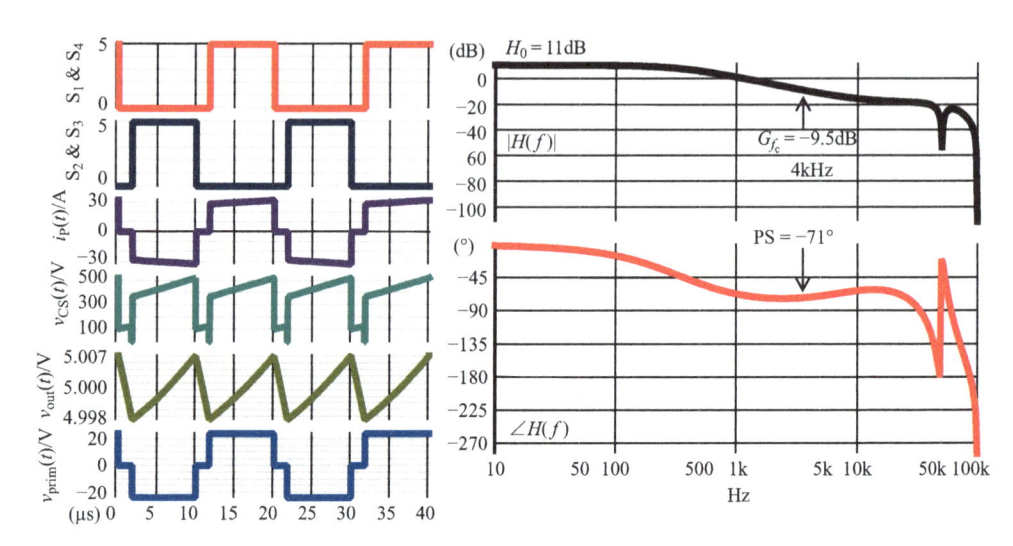

图 7-2　CM Full-Bridge 变换器的工作点波形和功率级交流响应

控制到输出的传递函数表现稳定，简化了补偿过程。

7.1.1　补偿和瞬态响应

Full-Bridge 变换器的交流响应与 Buck 变换器非常相似。补偿策略也很简单，我们将在穿越频率（4kHz）的两侧各放置一个零点和一个极点。在这个例子中我没有进行评估，但励磁电流同样会环流并抑制次谐波极点。因此，可以微调注入的补偿斜坡，以考虑其对系统的影响。CM Full-Bridge 变换器补偿后的交流响应和负载阶跃响应如图 7-3 和图 7-4 所示。

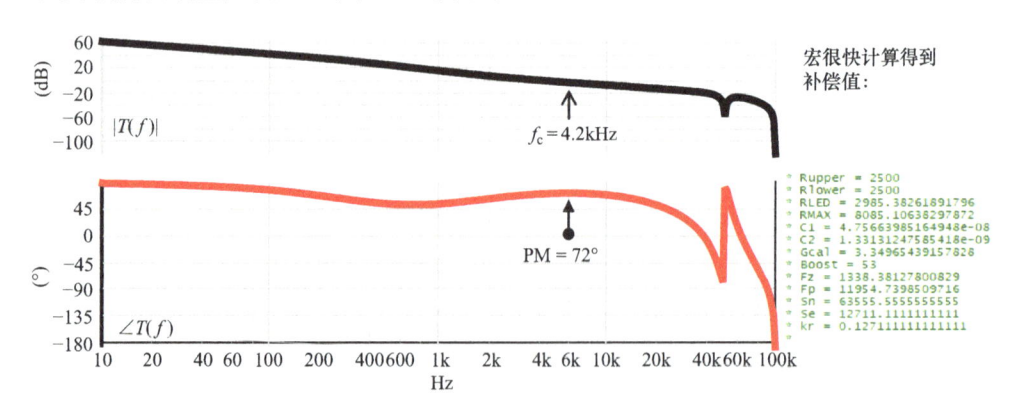

图 7-3　CM Full-Bridge 变换器补偿后的交流响应

瞬态响应非常出色，当输出电流以 1A/μs 的斜率从 80A 跃升至 100A 时，偏差保持在最低水平。

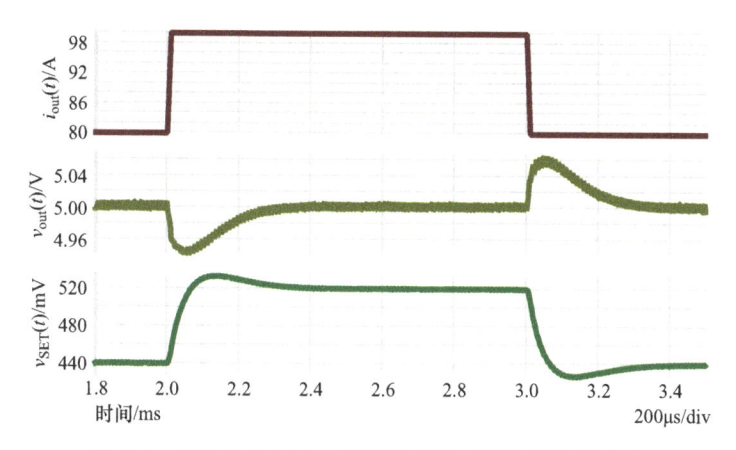

图 7-4　CM Full-Bridge 变换器补偿后的负载阶跃响应

7.2　电压模式移相全桥变换器

移相全桥（Phase-Shifted Full Bridge，PSFB）变换器以全桥结构运行，每个桥臂的占空比为 50%，在中点输出方波。当两个波形完全重叠时，施加在变压器上的差分电压为零。只有当这两个信号错开移相时，功率才被传输到二次侧。串联电感有助于在每个周期存储足够能量时实现零电压开关（ZVS）。VM PSFB 变换器 SIMPLIS® 仿真如图 7-5 所示。

$$H(s) = H_0 \frac{1 + \dfrac{s}{\omega_z}}{1 + \dfrac{s}{\omega_0 Q} + \left(\dfrac{s}{\omega_0}\right)^2} [e^{-s\Delta t}] \quad \text{延时}$$

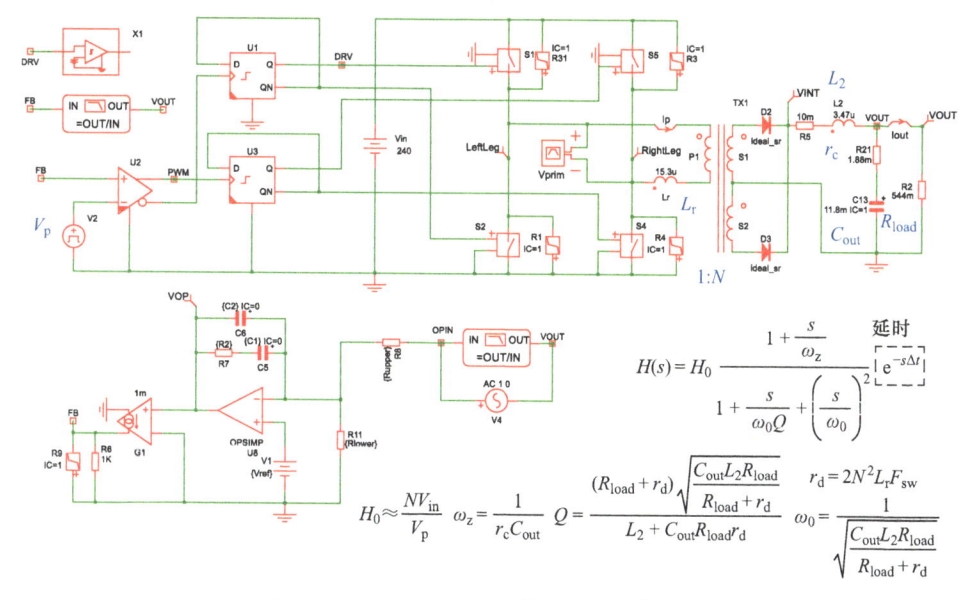

$$H_0 \approx \frac{NV_{in}}{V_p} \quad \omega_z = \frac{1}{r_c C_{out}} \quad Q = \frac{(R_{load} + r_d)\sqrt{\dfrac{C_{out} L_2 R_{load}}{R_{load} + r_d}}}{L_2 + C_{out} R_{load} r_d} \quad r_d = 2N^2 L_r F_{sw} \quad \omega_0 = \frac{1}{\sqrt{\dfrac{C_{out} L_2 R_{load}}{R_{load} + r_d}}}$$

图 7-5　VM PSFB 变换器 SIMPLIS® 仿真

99

二次侧整流管阴极连接处出现的电压持续时间由于一次侧电感的存在而缩短。该电感有助于实现零电压开关（ZVS），但会影响传输到负载的有效占空比。它会导致信息延迟一个时间量 Δt，该时间量包含在传输函数的指数项中。占空比丢失如图 7-6 所示。

$$\Delta D = \frac{N_1 \left[2I_{out} - \frac{1}{F_{sw}} \frac{V_{out}}{L_1} (1-d_1) \right]}{\frac{V_{in}}{L_{lk}} \frac{1}{F_{sw}}} \Rightarrow \Delta t = \Delta D T_{sw}$$

7.2.1 工作点和交流响应

仿真完成后，可以在顶部看到典型的一次侧励磁电流的波形，展示了一次侧串联电感的励磁和退磁周期。图 7-7 中清晰地显示了延时的影响。输出电压稳定在 12V，表现良好。VM PSFB 变换器的工作点波形和功率级交流响应如图 7-7 所示。

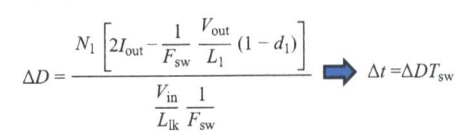

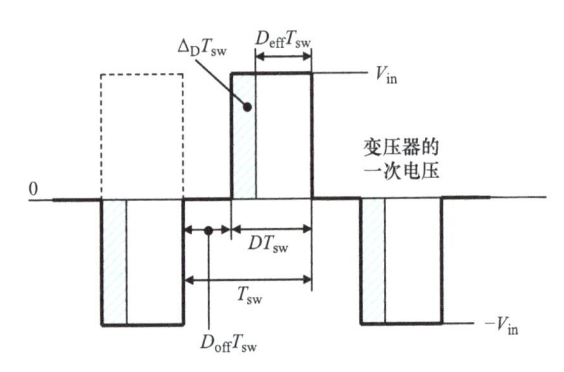

图 7-6 占空比丢失

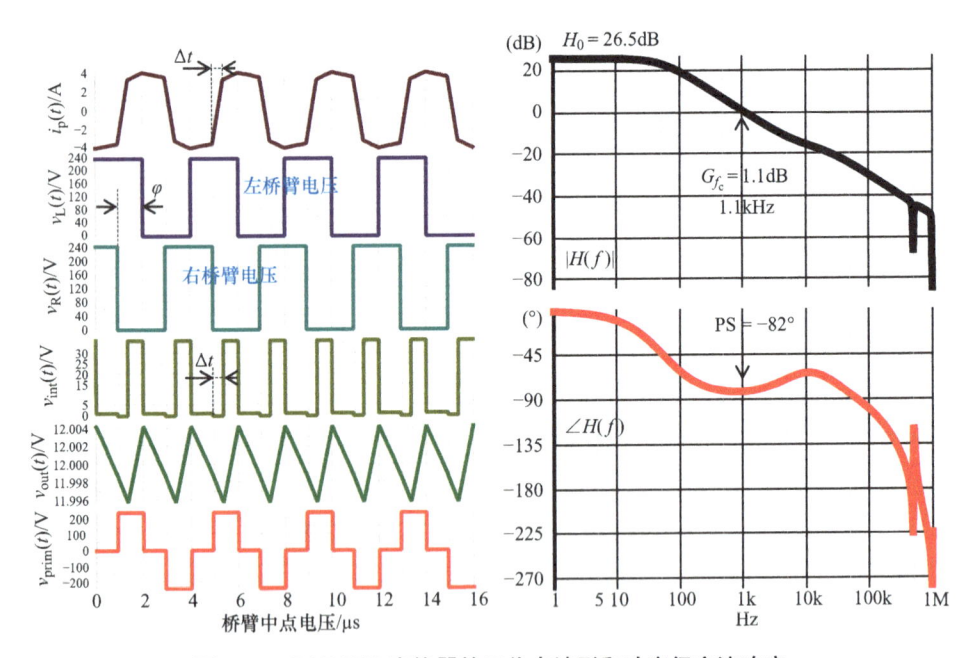

图 7-7 VM PSFB 变换器的工作点波形和功率级交流响应

传递函数表现稳定，尽管采用了 VM 控制，但没有出现峰值。这是因为串联电感通过 r_d 项提供了额外的阻尼。闭合控制环路时没有遇到特别困难。在 1kHz

时，相位移为 82°，因此 2 型补偿器非常适合这个 DC—DC 变换器，补偿器参数计算如图 7-8 所示。

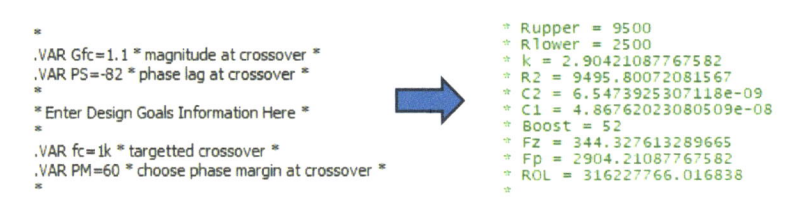

```
*
.VAR Gfc=1.1 * magnitude at crossover *
.VAR PS=-82 * phase lag at crossover *
*
* Enter Design Goals Information Here *
*
.VAR fc=1k * targetted crossover *
.VAR PM=60 * choose phase margin at crossover *
*
```

→

```
* Rupper = 9500
* Rlower = 2500
* k  = 2.90421087767582
* R2 = 9495.80072081567
* C2 = 6.5473925307118e-09
* C1 = 4.86762023080509e-08
* Boost = 52
* Fz = 344.327613289665
* Fp = 2904.21087767582
* ROL = 316227766.016838
```

图 7-8 补偿器参数计算

7.2.2 补偿和瞬态响应

VM PSFB 变换器补偿后的交流响应如图 7-9 所示，负载阶跃响应如图 7-10 所示。确认了所选的穿越频率，并具有良好的相位裕量。瞬态响应也非常出色，负载阶跃释放后没有出现太大的过冲。虽然所选示例采用的是运算放大器，当然也可以采用带光电耦合器的隔离版本。PSFB 广泛应用于大功率变换器。

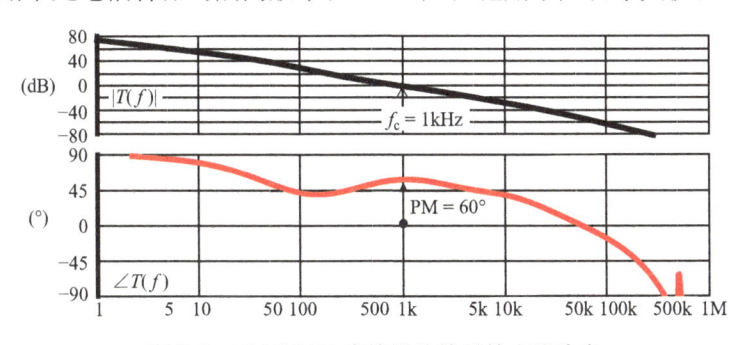

图 7-9 VM PSFB 变换器补偿后的交流响应

瞬态响应针对 7A 负载阶跃，斜率为 1A/μs。

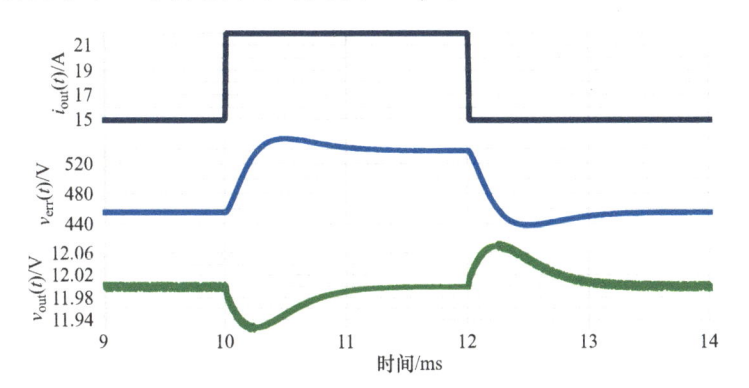

图 7-10 VM PSFB 变换器补偿后的负载阶跃响应

第 8 章
升压变换器

8.1 电压模式升压变换器

升压（Boost）变换器通过首先将能量存储在与电源串联的电感中来提升输入电压。然后，在退磁阶段将这些能量释放给负载。因此，对任何突然的输出功率增加无法立即响应，因为在这个两步转换过程中需要先存储更多的能量。电感的值和可用的伏—秒限制了电感中电流变化的速度，从而延迟提供更多输出电流。这一转换过程中的延时可以通过位于右半平面的零点进行建模。该右半平面零点在分子中带有负号，表明存在一个正根。下面是 VM Boost 变换器的控制到输出传递函数为

$$H(s) = \frac{V_{\text{out}}(s)}{V_{\text{err}}(s)} = H_0 \frac{\left(1 + \dfrac{s}{\omega_{z_1}}\right)\left(1 - \dfrac{s}{\omega_{z_2}}\right)}{1 + \dfrac{s}{\omega_0 Q} + \left(\dfrac{s}{\omega_0}\right)^2} \quad (8\text{-}1)$$

$$\omega_{z_1} = \frac{1}{r_c C_{\text{out}}} \quad (8\text{-}2)$$

$$\omega_0 \approx \frac{1-D}{\sqrt{L_1 C_{\text{out}}}} \quad (8\text{-}3)$$

$$H_0 \approx \frac{V_{\text{in}}}{V_p (1-D)^2} \quad (8\text{-}4)$$

$$\omega_{z_2} = \frac{(1-D)^2 R_{\text{load}}}{L_1} \quad (8\text{-}5)$$

$$Q = (1-D)R_{load}\sqrt{\frac{C_{out}}{L_1}} \tag{8-6}$$

VM Boost 变换器 SIMPLIS® 仿真如图 8-1 所示。

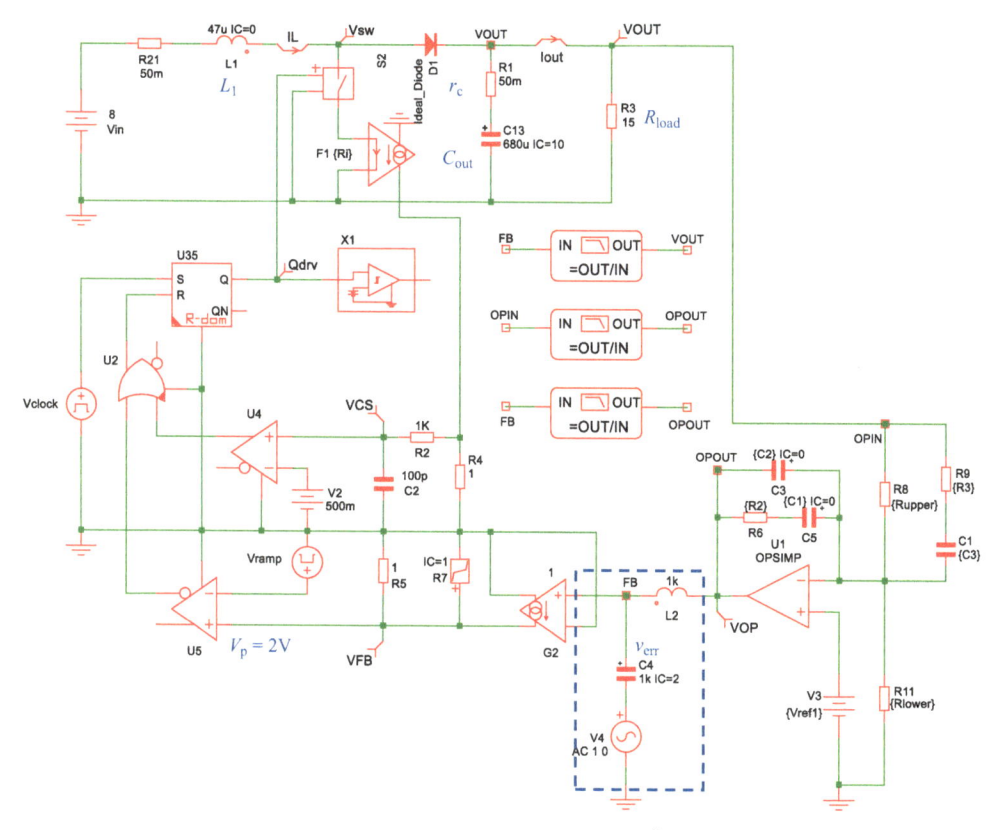

图 8-1 VM Boost 变换器 SIMPLIS® 仿真

在本例中，SIMPLIS® 无法在闭环条件下进行正确的仿真。必须利用 LC 滤波器，它在直流工作点仿真中闭合环路（用于偏置点计算），而在交流分析中断开环路。CM 中没有这个问题。

8.1.1 补偿电压模式升压变换器

Boost 变换器在 VM 控制下运行时，会表现出具有峰值的二阶响应，其谐振频率 f_0 随工作条件的不同而变化。加上右半平面零点（RHP 零点）带来的相位滞后，在选择穿越频率时需要考虑两个限制条件。在本例中，当输入电压为最低的 8V 时，谐振频率为 466Hz，而 RHP 零点则位于 14kHz。VM Boost 变换器右半平面零点和交流响应如图 8-2 和图 8-3 所示。

$r_L = 0.05\Omega$ $r_c = 0.05\Omega$ $C_2 = 680\mu F$ $L_1 = 47\mu H$ $V_{out} = V_{in}\dfrac{1}{1-D_0} = 15.267V$

$V_{in} = 8V$ $V_p = 1V$ $D_0 = 47.6\%$ $R_L = 15\Omega$ $H_0 = \dfrac{V_{in}}{V_p(1-D_0)^2} = 29.136$ 直流增益(dB)

$\omega_{z_1} = \dfrac{1}{r_c C_2}$ $f_{z_1} = \dfrac{\omega_{z_1}}{2\pi} = 4.681kHz$ $\omega_{z_1} = \dfrac{1}{r_c C_2}$ $20\log(H_0) = 29.289$

$\qquad\qquad\qquad\qquad\qquad\qquad\qquad\qquad\qquad\qquad\qquad f_{z_1} \approx 4.7kHz$ LHP零点

$\omega_{z_2} = \dfrac{R_L(1-D_0)^2}{L_1}$ $f_{z_2} = \dfrac{\omega_{z_2}}{2\pi} = 13.947kHz$ $\omega_{z_2} = \dfrac{R_L(1-D_0)^2}{L_1}$ $f_{z_2} \approx 14kHz$ RHP零点

$Q = (1-D_0)R_L\sqrt{\dfrac{C_2}{L_1}} = 29.897$ $\omega_0 = \dfrac{1-D_0}{\sqrt{L_1 C_2}}$ $f_0 = \dfrac{\omega_0}{2\pi} = 466.496Hz$ 让电感电流逐步建立

$3f_0 < f_c < 0.2f_{z_2} \rightarrow f_c = 2kHz$

图 8-2 VM Boost 变换器右半平面零点

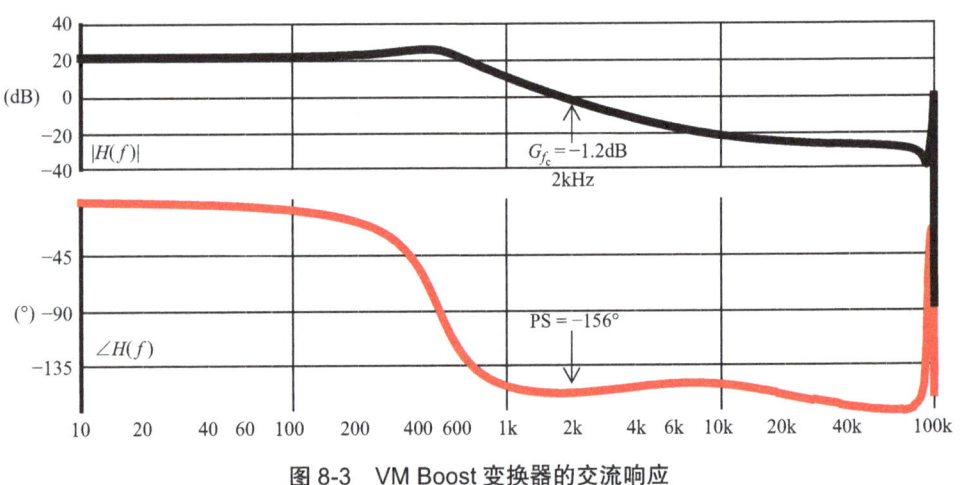

图 8-3 VM Boost 变换器的交流响应

在此补偿练习中，相位滞后在 2kHz 时非常明显，因此需要使用 3 型补偿器。该控制到输出的响应包含了 PWM 增益，在此示例中为 –6dB（2V 峰值）。

8.1.2 工作点和增益补偿

工作点确认占空比为 47%，输出电压稳定在 15V，电流为 1A，符合预期。VM Boost 变换器工作点波形和交流响应如图 8-4 所示。

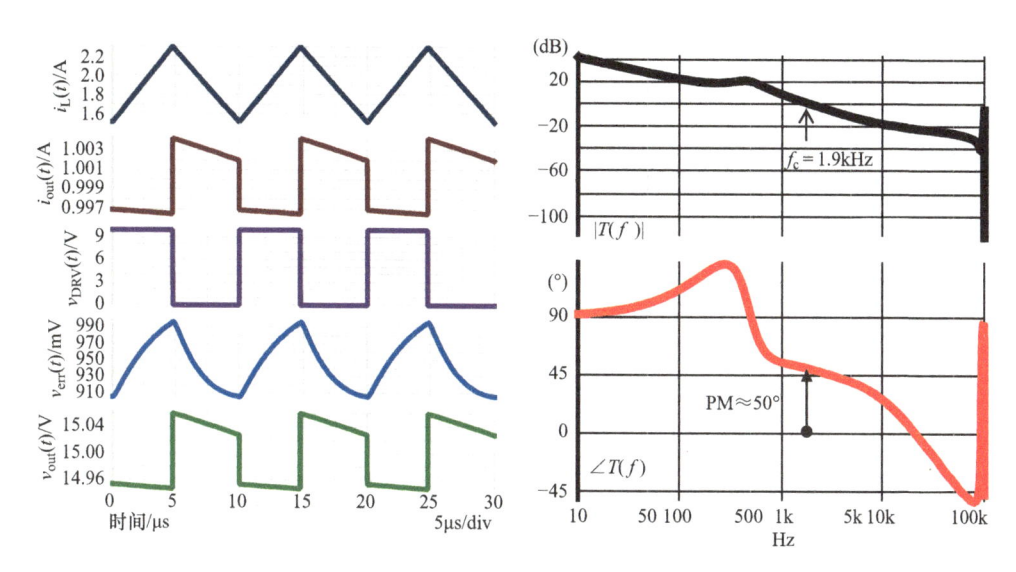

图 8-4　VM Boost 变换器工作点波形和交流响应

利用补偿参数值得到的穿越频率约为 2kHz，同时有 50° 的相位裕量。图 8-5 显示了在 1A/μs 斜率下，负载以 0.5A 阶跃变化时的瞬态响应。

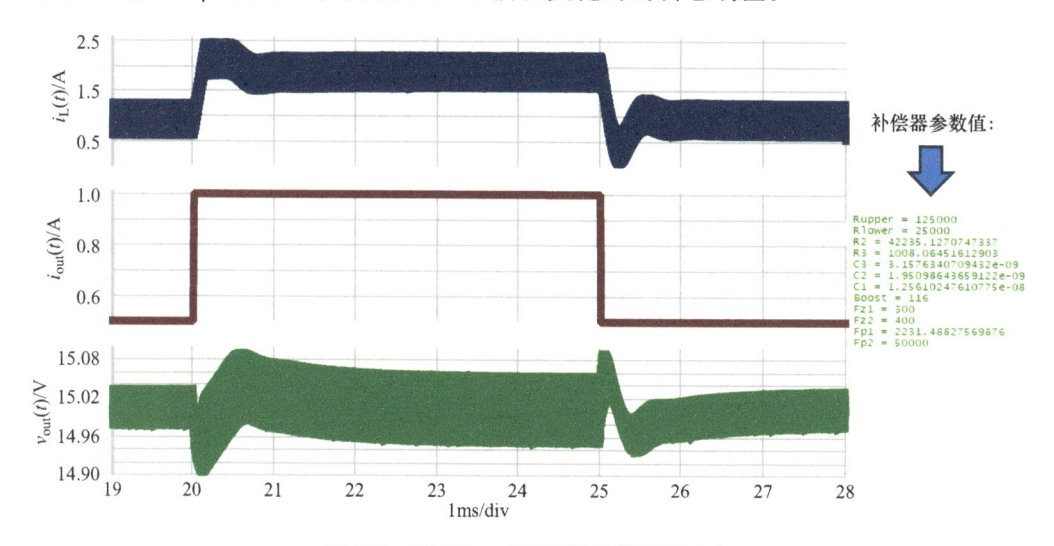

图 8-5　VM Boost 变换器负载阶跃响应

8.2　电流模式升压变换器

在 CM 控制下运行时，Boost 变换器的交流响应失去了其二阶峰值，但右半平面零点仍然存在。因此，穿越频率不能推得太高。此时的传递函数由一个三阶多项式描述，并且在二分之一开关频率处存在两个次谐波极点。

$$H(s) = H_0 \frac{\left(1+\dfrac{s}{\omega_{z_1}}\right)\left(1-\dfrac{s}{\omega_{z_2}}\right)}{1+\dfrac{s}{\omega_{p_1}}} \frac{1}{1+\dfrac{s}{\omega_n Q_p}+\left(\dfrac{s}{\omega_n}\right)^2} \qquad (8\text{-}7)$$

$$H_0 \approx \frac{R_{\text{load}}}{R_i} \frac{1}{2M+\dfrac{1}{\tau_L M^2}\left(\dfrac{1}{2}+\dfrac{S_e}{S_n}\right)} \qquad (8\text{-}8)$$

$$\omega_{z_1} = \frac{1}{r_c C_{\text{out}}} \qquad (8\text{-}9)$$

$$\omega_{z_2} \approx \frac{(1-D)^2 R_{\text{load}}}{L_1} \qquad (8\text{-}10)$$

$$\omega_{p_1} \approx \frac{\dfrac{2}{R_{\text{load}}}+\dfrac{T_{\text{sw}}}{L_1 M^3}\left(1+\dfrac{S_e}{S_n}\right)}{C_{\text{out}}} \qquad (8\text{-}11)$$

$$Q_p = \frac{1}{\pi(m_c D' - 0.5)} \qquad (8\text{-}12)$$

$$\omega_n = \frac{\pi}{T_{\text{sw}}} \qquad (8\text{-}13)$$

$$\tau_L = \frac{L_1}{R_{\text{load}} T_{\text{sw}}} \qquad (8\text{-}14)$$

$$m_c = 1 + \frac{S_e}{S_n} \quad \begin{array}{l}\text{— 外部斜坡 [V]/[s]}\\ \leftarrow S_n = \dfrac{V_{\text{in}}}{L_1} R_i\end{array} \qquad (8\text{-}15)$$

$$M = \frac{V_{\text{out}}}{V_{\text{in}}} \quad (8\text{-}16)$$

传统上，电流检测可以通过电阻完成，但我更倾向于使用电流源，因为它更容易与 SIMPLIS® 中的外部补偿斜坡 S_e 结合。CM Boost 变换器 SIMPLIS® 仿真如图 8-6 所示。

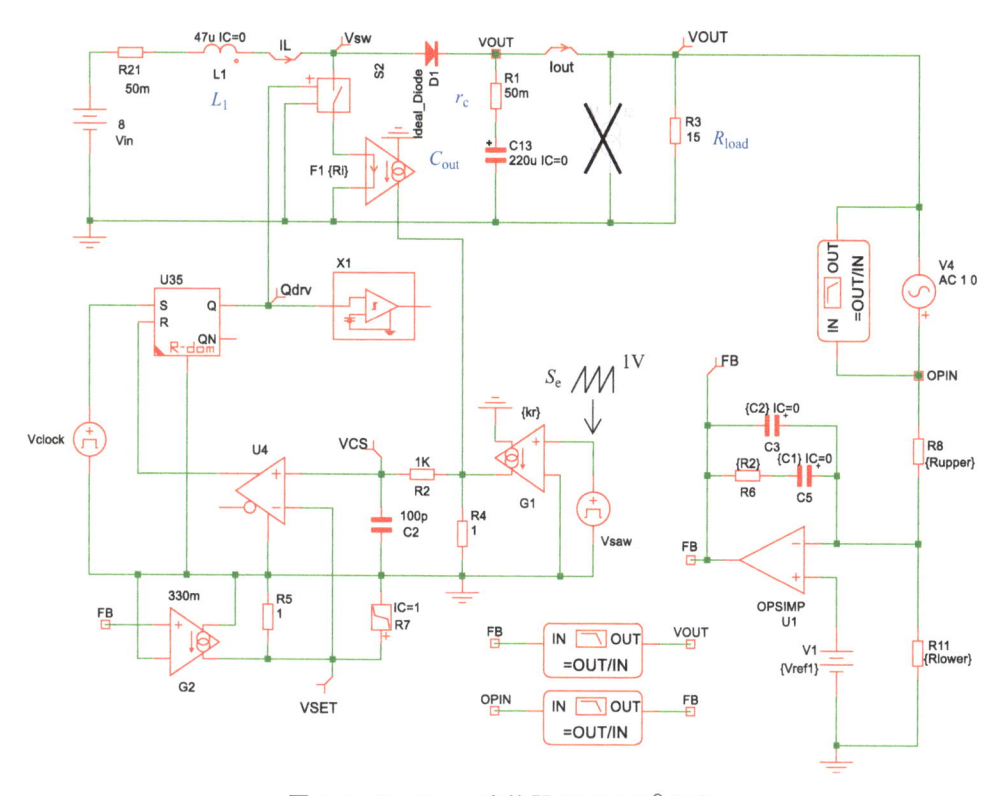

图 8-6　CM Boost 变换器 SIMPLIS® 仿真

8.2.1　功率级交流响应

在 CM 下补偿 Boost 变换器比在 VM 下更简单，因为控制到输出的传递函数中不再有可变峰值。尽管峰值消失了，但穿越频率仍然受到限制，必须低于最低右半平面零点的 20%，这意味着穿越频率 f_c 约为 2kHz。CM Boost 变换器功率级交流响应如图 8-7 所示，其补偿器计算和交流响应如图 8-8 所示。

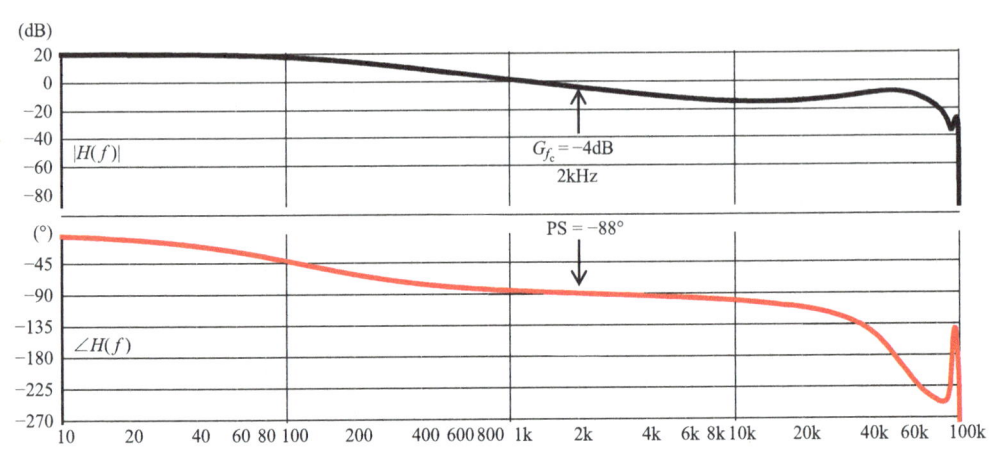

图 8-7 CM Boost 变换器功率级交流响应

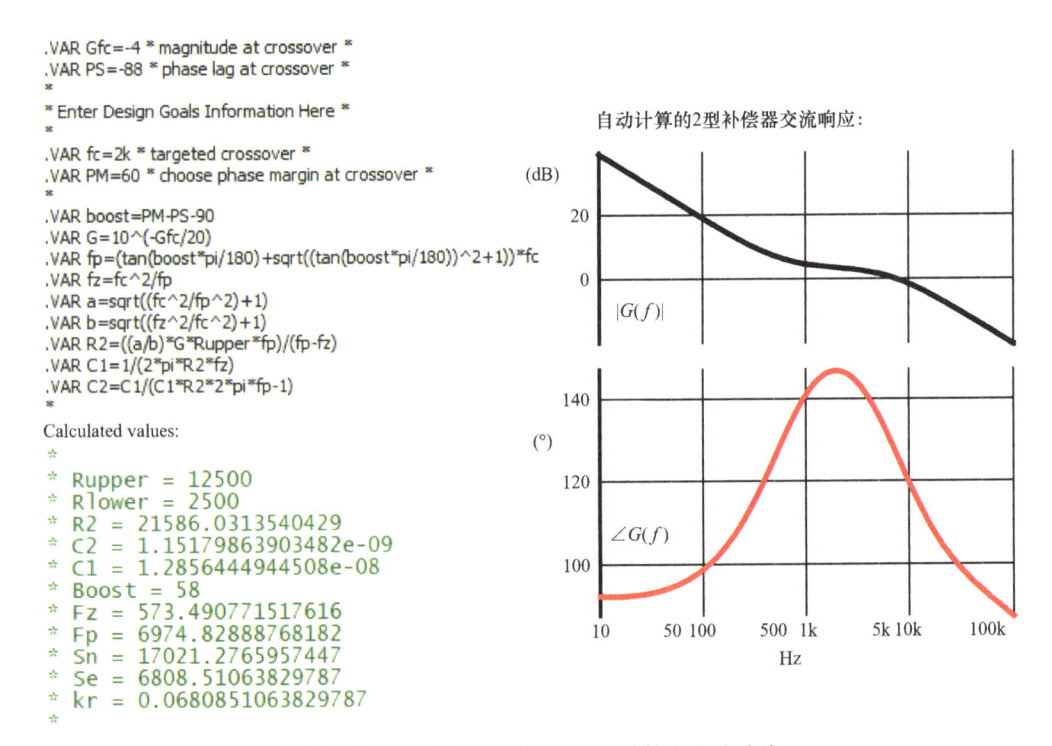

```
.VAR Gfc=-4 * magnitude at crossover *
.VAR PS=-88 * phase lag at crossover *
*
* Enter Design Goals Information Here *
*
.VAR fc=2k * targeted crossover *
.VAR PM=60 * choose phase margin at crossover *
*
.VAR boost=PM-PS-90
.VAR G=10^(-Gfc/20)
.VAR fp=(tan(boost*pi/180)+sqrt((tan(boost*pi/180))^2+1))*fc
.VAR fz=fc^2/fp
.VAR a=sqrt((fc^2/fp^2)+1)
.VAR b=sqrt((fz^2/fc^2)+1)
.VAR R2=((a/b)*G*Rupper*fp)/(fp-fz)
.VAR C1=1/(2*pi*R2*fz)
.VAR C2=C1/(C1*R2*2*pi*fp-1)
*
Calculated values:
*
* Rupper = 12500
* Rlower = 2500
* R2 = 21586.0313540429
* C2 = 1.15179863903482e-09
* C1 = 1.2856444944508e-08
* Boost = 58
* Fz = 573.490771517616
* Fp = 6974.82888768182
* Sn = 17021.2765957447
* Se = 6808.51063829787
* kr = 0.0680851063829787
*
```

图 8-8 CM Boost 变换器补偿器计算和交流响应

8.2.2 闭环瞬态响应

在 CM 下，Boost 变换器的工作点与 VM 下相同。然而，电流比较器在每个周期内都处于活动状态，而在 VM 控制中则保持静默。经过补偿后，环路增益确认了良好的穿越频率，并且相位裕量提高到 58°。CM Boost 变换器补偿后的交流响应如图 8-9 所示。

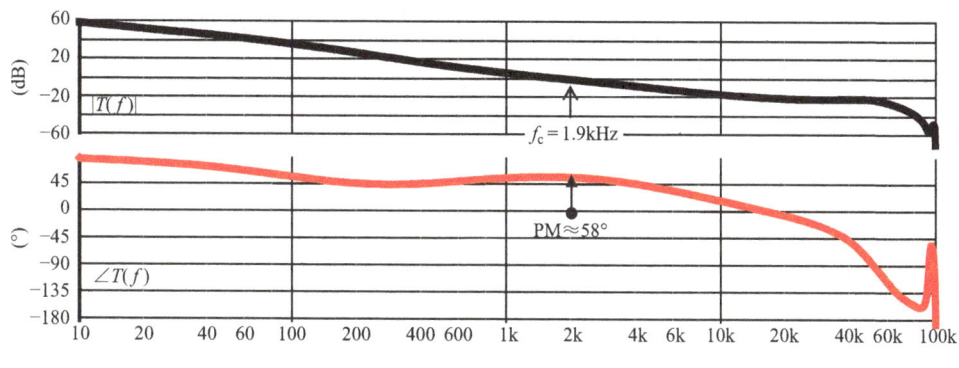

图 8-9 CM Boost 变换器补偿后的交流响应

瞬态响应非常稳定，输出电压仅出现 20mV 的小幅下降。CM Boost 变换器负载阶跃响应如图 8-10 所示。

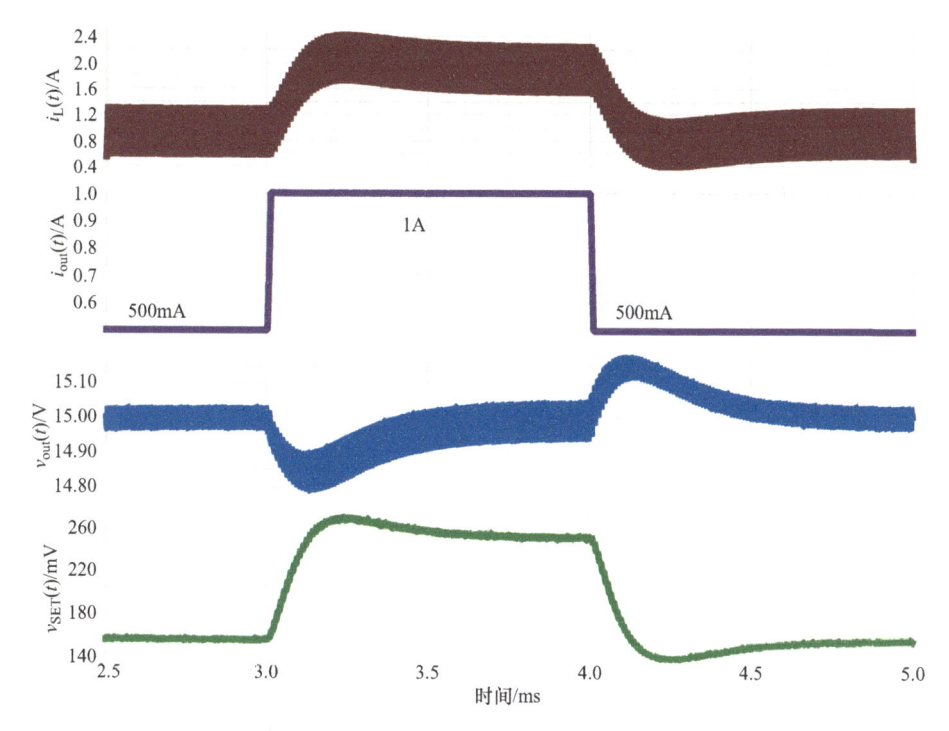

图 8-10 CM Boost 变换器负载阶跃响应

第 9 章
功率因数校正电路

9.1 临界导通模式功率因数校正器

功率因数校正（PFC）是一个典型的应用，对于 75W 以上的电源，Boost 变换器的 PFC 电路占据绝大部分市场份额。Boost 变换器通过强制吸收正弦波电流并将输出电压提升至 380V 或 400V，充当前级变换器，为后级的高压 DC—DC 变换器（例如 Flyback 变换器）供电。在低功率水平下（单开关管方案约 150W 以下），此 Boost 变换器可以在不检测输入电压的情况下，采用恒定导通时间控制并工作在边界导通模式（BCM）。为了仿真电路并提取控制到输出的传递函数，可以使用与 PFC 工作时的有效值相对应的直流电源为变换器供电。例如，如果想检查在 100V 有效值下的稳定性，只需使用 100V 直流电源为变换器供电。BCM PFC 的 SIMPLIS® 仿真如图 9-1 所示。

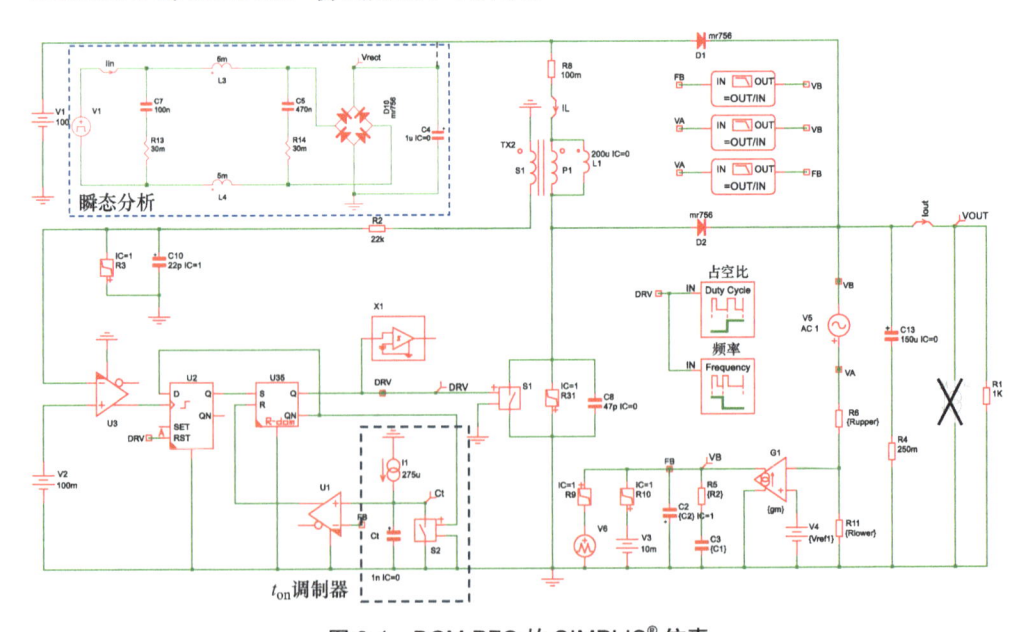

图 9-1 BCM PFC 的 SIMPLIS® 仿真

这种自由振荡的变换器中没有内部时钟：功率开关管会根据预设的持续时间 t_{on} 开启，当开关管关断时，辅助绕组会监测电感中的退磁信息。当磁心完全去磁时，经过一段时间的延时后（准零电压开关），会开启一个新的周期，它是一个自由运行的电路。

9.1.1 选择穿越频率

在 PFC 电路中，增益与输入电压的平方有关。因此，如果在 100V 有效值下选择穿越频率 f_c，那么在 230V 时，这个穿越频率将大约移动一个因子 $(230/100)^2 \approx 5$。在没有前馈项的情况下，我们应该在 230V 时选择 20Hz 的穿越频率，而在 100V 时降至 4~5Hz。尽管提高穿越频率会使环路反应更快，但 V_{FB} 中的更多波纹会对谐波失真产生不利影响。BCM PFC 功率级的交流响应如图 9-2 所示。

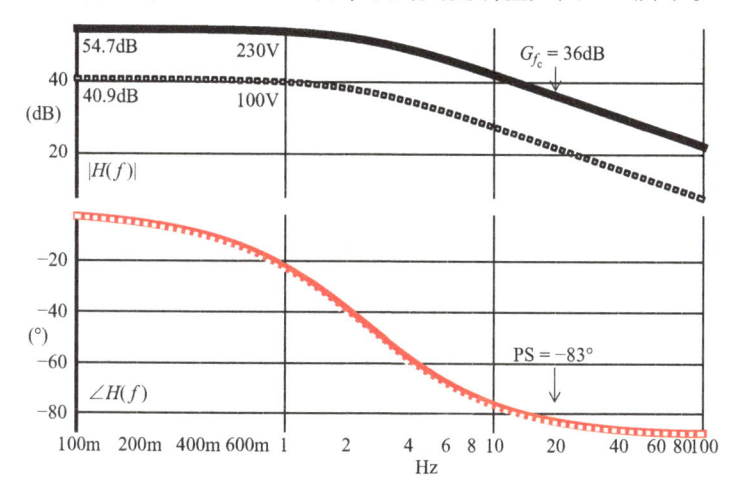

图 9-2 BCM PFC 功率级的交流响应

OTA 电路产生一种 2 型补偿器，其元器件值由宏自动调整，补偿器计算及交流响应如图 9-3 所示。

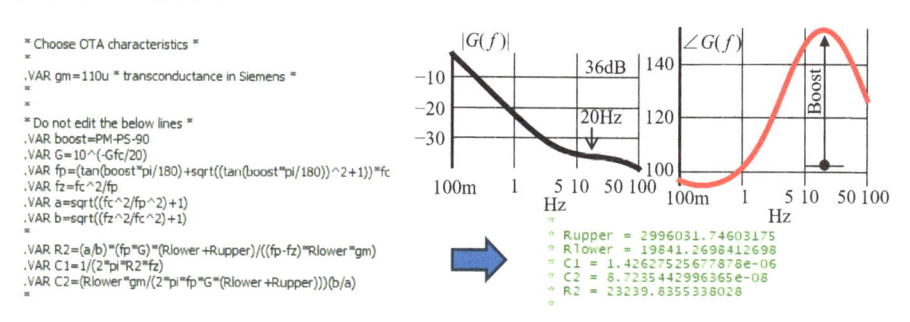

图 9-3 补偿器计算及交流响应

9.1.2 瞬态响应

补偿后，PFC 在 230V 输入电压下表现出 20Hz 的穿越频率，而在 100V 输入时降至 5Hz。一些 PFC 控制器会检测输入电压，并调整补偿器的中频增益，以补偿输入电压变化导致的增益变化，从而保持恒定的 f_c。两个穿越频率下的相位裕量都很好，BCM PFC 的交流响应如图 9-4 所示。

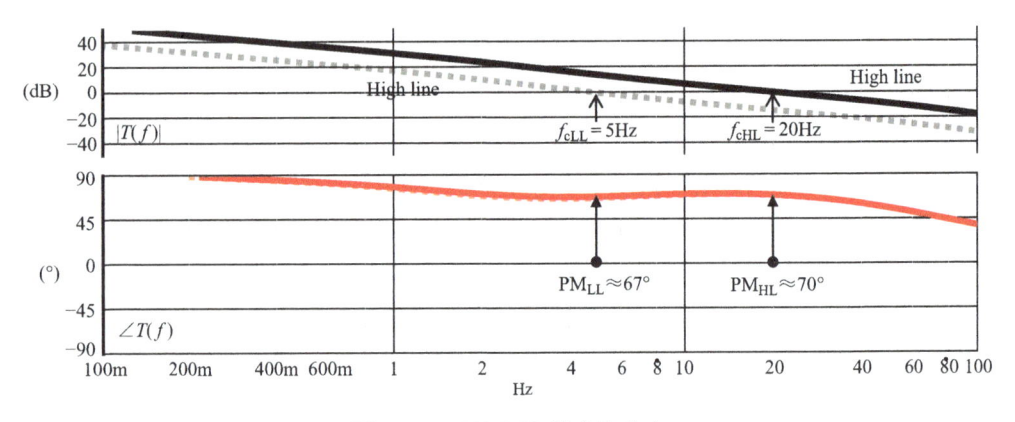

图 9-4　BCM PFC 的交流响应

仿真速度很快，在 100V 有效值输入下，THD 为 6.8%。BCM PFC 的工作点波形如图 9-5 所示。

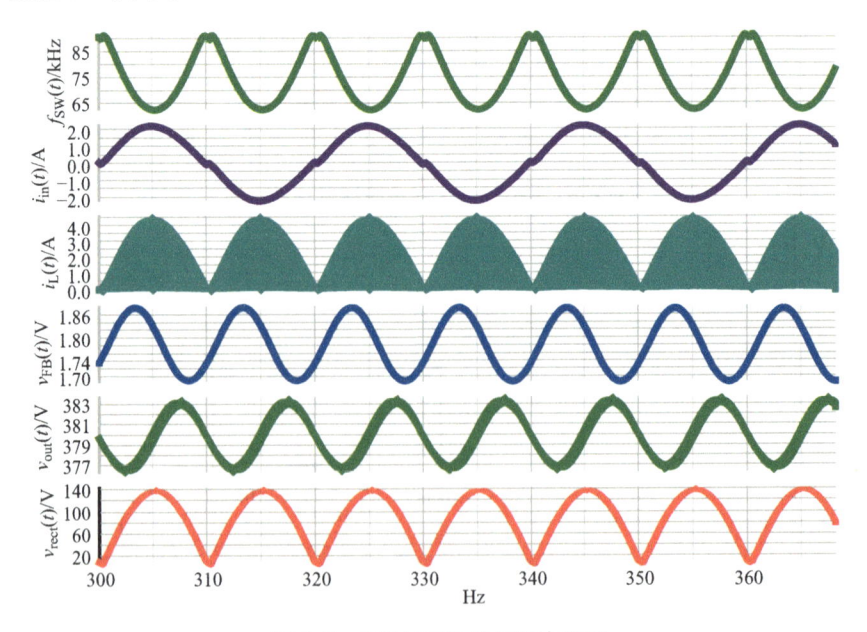

图 9-5　BCM PFC 的工作点波形

9.2 连续导通模式功率因数校正器

在较高功率水平下，可以采用连续导通模式（CCM）。有多种控制方式可以实现良好的输入电流谐波失真。经典的方法是使用一个乘法器来检测整流后的高电压输入，从而强制电感电流呈现正弦波形。在这些电路中，存在两个环路：一个带宽较高的环路通过平均模式控制来调整电流；另一个较慢的环路则负责调节输出电压。图 9-6 展示了实现这一操作方案的方法。

在这里，使用交流正弦波进行周期性工作点（POP）触发是可行的，前提是开关频率 F_{SW} 是线频的整数倍。

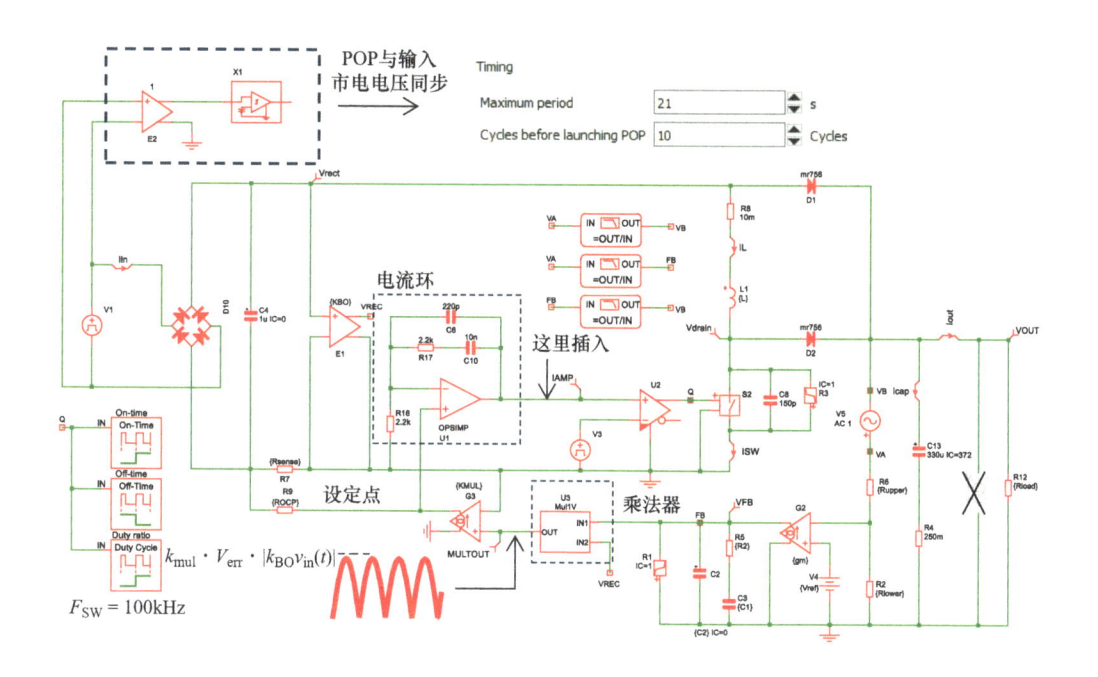

图 9-6　CCM PFC 的 SIMPLIS® 仿真

要稳定一个双环路系统，首先需要确保内环稳定，并具有足够的裕量，然后再考虑外环。可以通过在图 9-7 中指示的点插入交流激励信号，进行交流扫描。

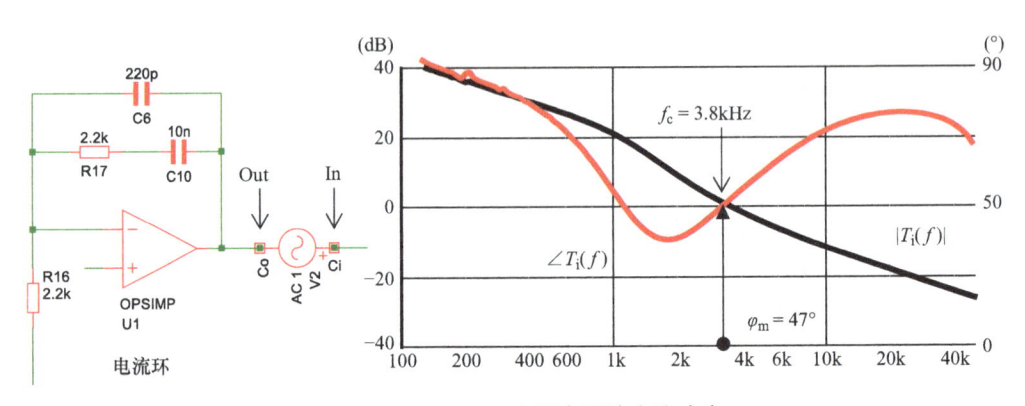

图 9-7 CCM PFC 电源内环的交流响应

9.2.1 总谐波失真

一旦电流环路稳定，就可以利用电网输入同步来触发 POP。工作点很快就会获得，显示在 100V 输入电压和 1.3kW 输出功率下，THD 为 2.7%。CCM PFC 工作点波形如图 9-8 所示。

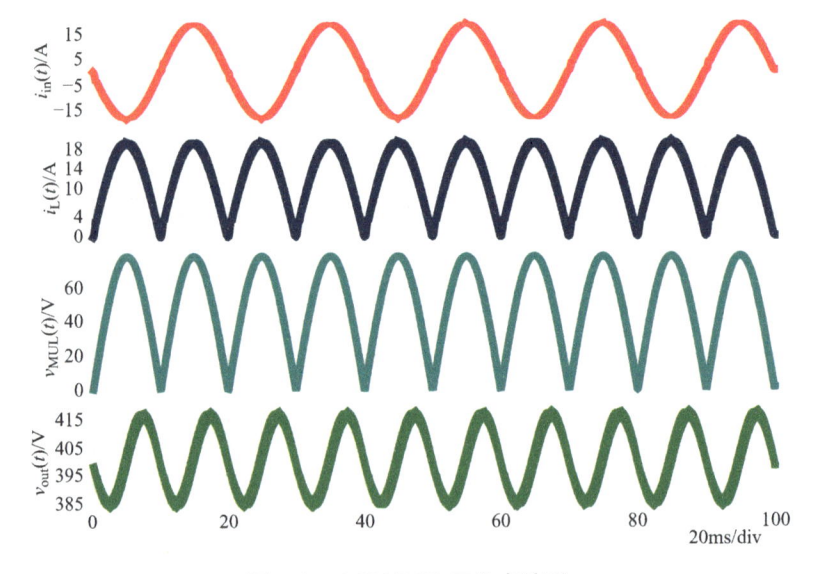

图 9-8 CCM PFC 工作点波形

电压环路的控制到输出传递函数在 5Hz 时显示出 55dB 的增益。在像 UC1854 这样的集成电路中，前馈是通过将乘法器的输出除以输入电压的二次方来实现的。但在这个例子中，我希望保持电路简单，因此没有采用这种方法。因此，该电路仅针对 100V 输入进行了优化。CCM PFC 电压环交流响应如图 9-9 所示。

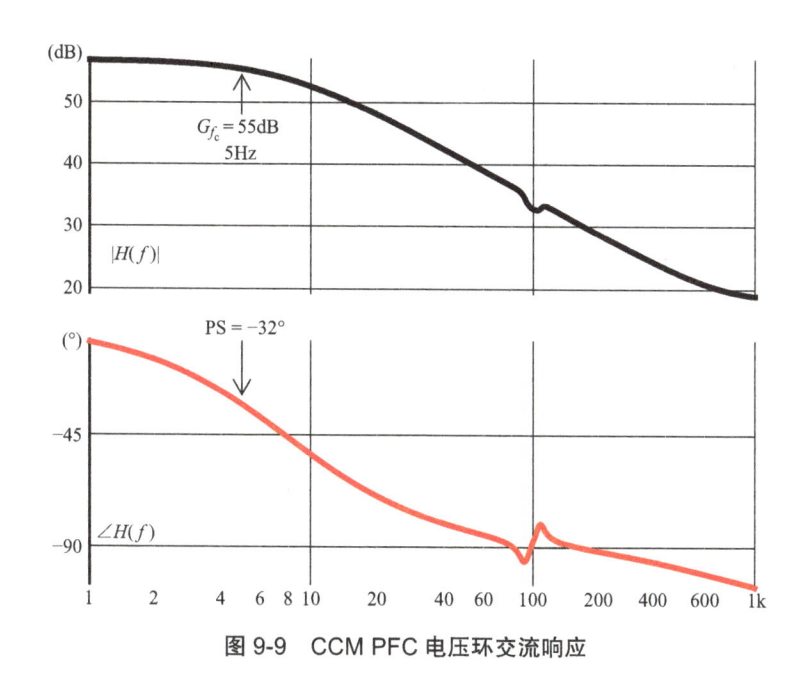

图 9-9 CCM PFC 电压环交流响应

9.2.2 补偿后的连续导通模式功率因数校正器

一旦设计好 2 型补偿器，我们可以在 100V 有效值输入下检查补偿后的环路增益。尽管 PFC 会在 230V 时进行调节，但如前所述，电路在这一电压水平上并未经过优化，CCM PFC 交流响应如图 9-10 所示。

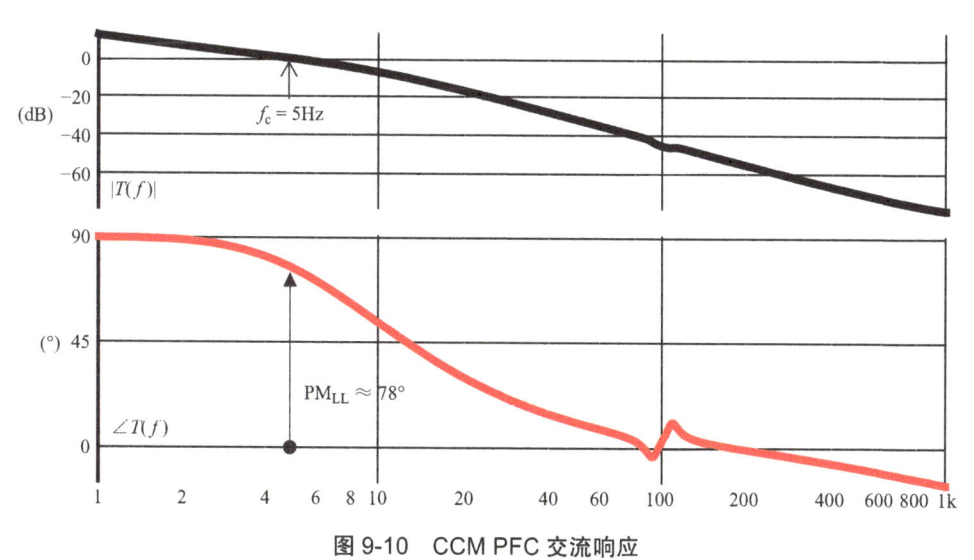

图 9-10 CCM PFC 交流响应

当负载从 1kW 变化到 1.5kW，且变化时间为 10μs 时，瞬态响应非常稳定。可以看到，乘法器的输入立即跟随由误差放大器提供的设定点。CCM PFC 负载阶跃响应如图 9-11 所示。

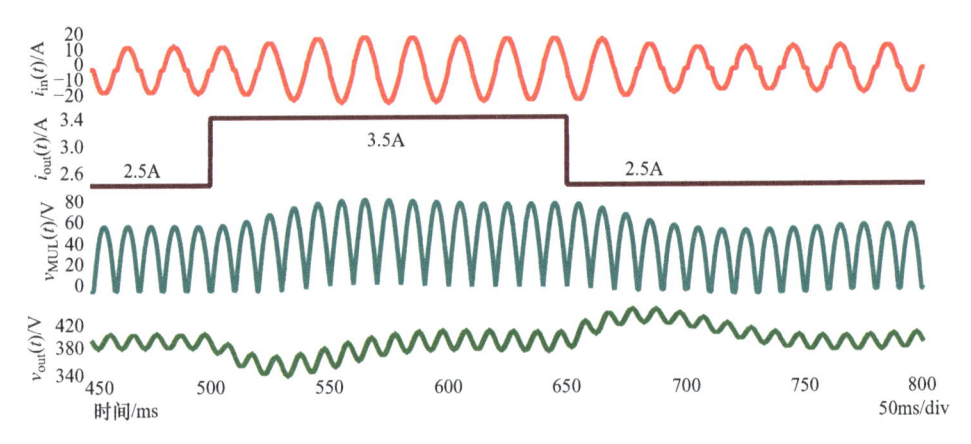

图 9-11　CCM PFC 负载阶跃响应

实现 CCM PFC 有多种不同的技术，包括操作模式的控制，多模式 PFC、边界导通模式（BCM）、断续导通模式（DCM）和连续导通模式（CCM），这些技术可以在宽负载范围内优化总谐波失真（THD）和效率。

第 10 章
降压—升压变换器

10.1 电压模式降压—升压变换器

该降压—升压（Buck—Boost）变换器能够根据占空比 D 调节输入电压的升降。在这个单开关变换器中，输出电压为负值。与 Boost 变换器相似，Buck—Boost 变换器的能量传输分为两个阶段：在导通期间，能量首先存储在电感中；而在关断期间，能量被释放到负载和输出电容中。转换过程中会产生延时，这种延时由右半平面的零点表示。控制到输出的传递函数如下：

$$H(s) = \frac{V_{\text{out}}(s)}{V_{\text{err}}(s)} = H_0 \frac{\left(1 + \frac{s}{\omega_{z_1}}\right)\left(1 - \frac{s}{\omega_{z_2}}\right)}{1 + \frac{s}{\omega_0 Q} + \left(\frac{s}{\omega_0}\right)^2} \quad (10\text{-}1)$$

$$\omega_{z_1} = \frac{1}{r_c C_{\text{out}}} \quad (10\text{-}2)$$

$$\omega_{z_2} = \frac{(1-D)^2 R_{\text{load}}}{DL_1} \quad (10\text{-}3)$$

$$Q \approx (1-D) R_{\text{load}} \sqrt{\frac{C_{\text{out}}}{L_1}} \quad (10\text{-}4)$$

$$H_0 \approx -\frac{V_{\text{in}}}{V_p (1-D)^2} \quad (10\text{-}5)$$

$$\omega_0 \approx \frac{1-D}{\sqrt{L_1 C_{\text{out}}}} \quad (10\text{-}6)$$

由于输出电压为负值，因此在将 V_{out} 传递到误差放大器之前，需要插入一个反相器。VM Buck—Boost 变换器 SIMPLIS® 仿真如图 10-1 所示。

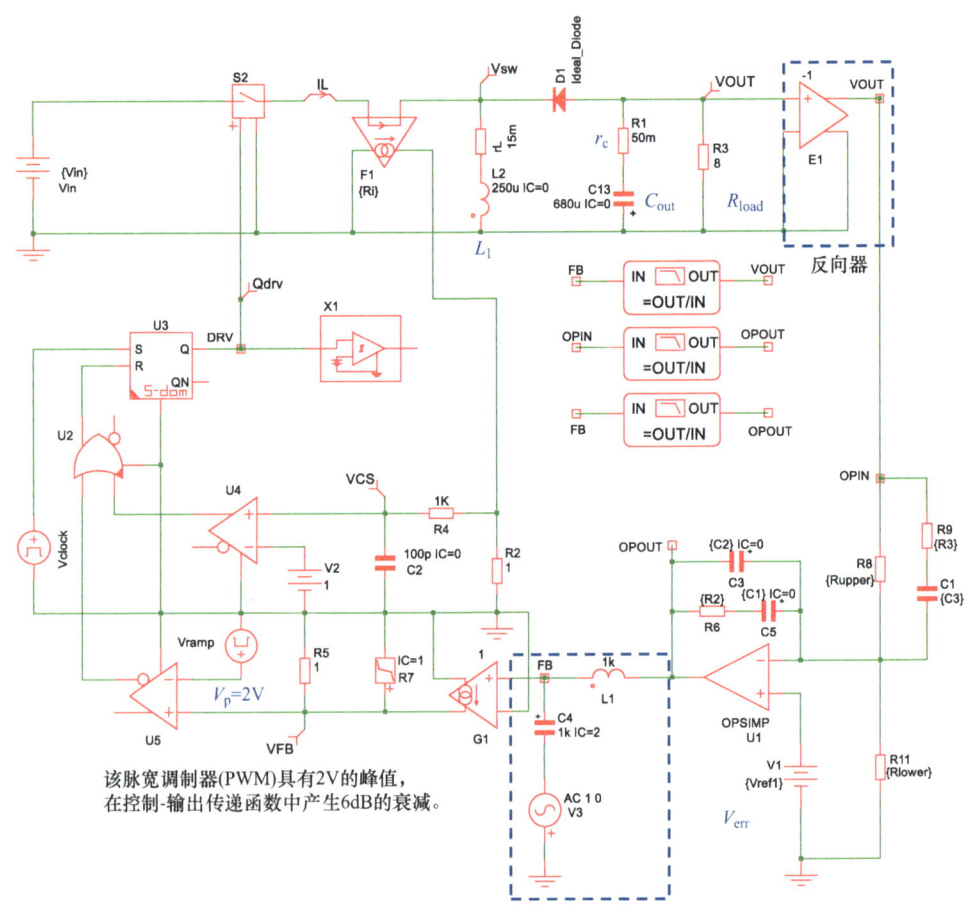

图 10-1　VM Buck—Boost 变换器 SIMPLIS® 仿真

与 Boost 变换器的例子一样，SIMPLIS® 无法在闭环条件下进行正确的仿真。我必须利用 LC 滤波器，它在直流工作点仿真中闭合环路（用于偏置点计算），并在交流分析中断开。CM 中不会有这个问题。

10.1.1　补偿后的电压模式降压—升压变换器

在 VM 控制下运行的 Buck—Boost 变换器与 Boost 变换器类似，表现出一个峰值较高的二阶响应，其谐振频率 f_0 会随工作条件变化。再加上右半平面零点（RHPZ）引入的相位滞后，选择穿越频率时受到这两方面的限制。在本例中，输入电压为40V，谐振频率为296Hz，RHPZ位于13kHz。因此，选择了2kHz的穿越频率。VM Buck—Boost变换器补偿器参数设计如图10-2所示，其功率级交流响应如图10-3所示。

$r_L = 0.05\Omega$　　　$r_c = 0.05\Omega$　　　$C_2 = 680\mu F$　　　$L_1 = 250\mu H$　　　$R_L = 8\Omega$

$v_{in} = 40V$　　　$v_p = 2V$　　　$D_0 = 23.2\%$　　　$v_{out_2} = -\left(v_{in}\dfrac{D_0}{1-D_0}\right) = -12.083V$

$H_0 = -\dfrac{v_{in}}{(1-D_0)^2}\dfrac{1}{v_p}$　　　$20\cdot\log(|H_0|) = 30.606$　　　直流增益(dB)

$\omega_{z_2} = \dfrac{(1-D_0)^2 R_L}{D_0 L_1}$　　　$f_{z_2} = \dfrac{\omega_{z_2}}{2\pi} = 12.948\text{kHz}$　　　$f_{z_1} \approx 4.7\text{kHz}$　LHP零点

$\omega_{z_1} = \dfrac{1}{r_c C_2}$　　　$f_{z_1} = \dfrac{\omega_{z_1}}{2\pi} = 4.681\text{kHz}$　　　$f_{z_2} \approx 13\text{kHz}$　RHP零点

$Q = (1-D_0)R_L\sqrt{\dfrac{C_2}{L_1}} = 10.133$　　　$\omega_0 = \dfrac{1-D_0}{\sqrt{L_1 C_2}}$　　　$f_0 = \dfrac{\omega_0}{2\pi} = 296.454\text{Hz}$

电感电流缓慢建立起来。

$3f_0 < f_c < 0.2 f_{z_2} \rightarrow f_c = 2\text{kHz}$

图10-2　VM Buck—Boost变换器补偿器参数设计

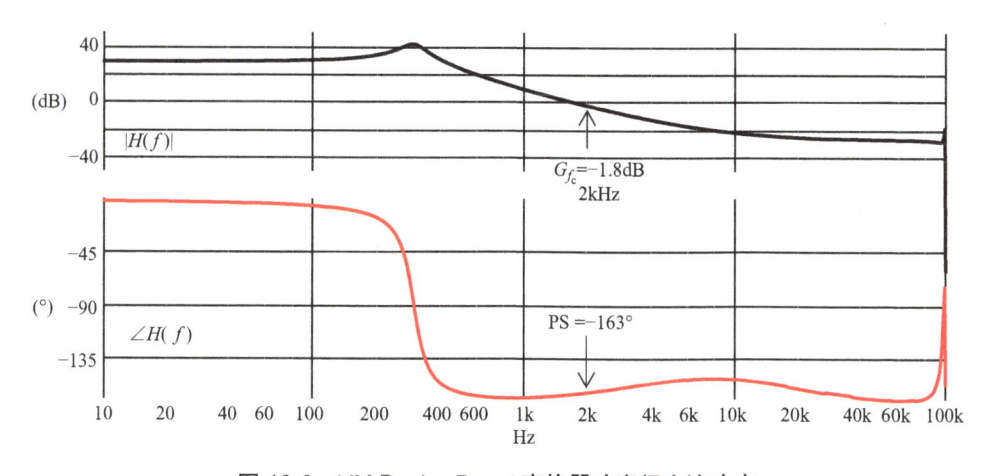

图10-3　VM Buck—Boost变换器功率级交流响应

Buck—Boost变换器的功率级响应与Boost变换器非常接近。为了满足VM控制下的相位裕量要求，需要使用3型补偿器。

10.1.2 工作点和增益补偿

工作点确认了占空比为 23%，输出电压稳定在 –12V，电流为 1.5A，符合预期。VM Buck—Boost 变换器工作点波形和交流响应如图 10-4 所示。

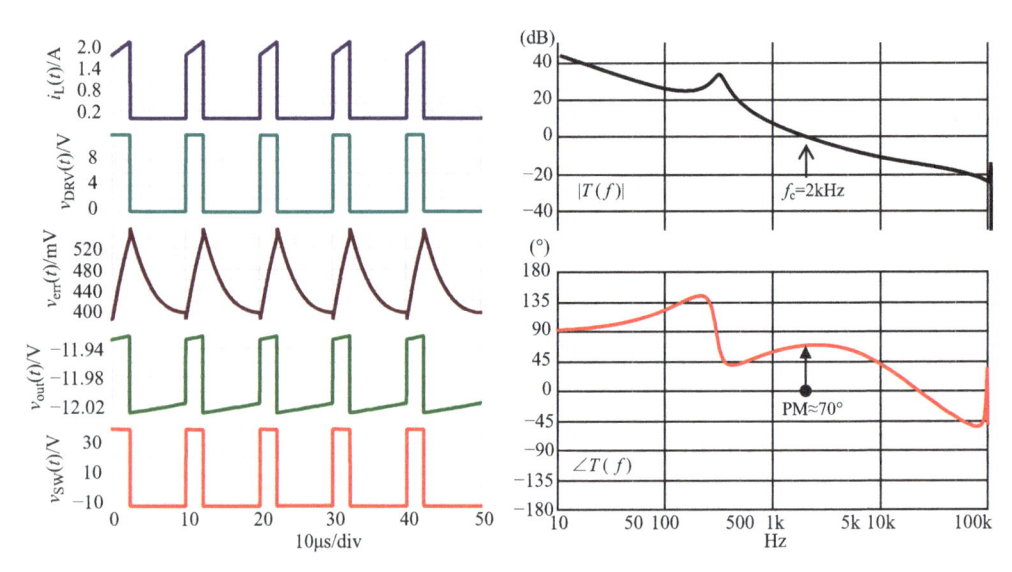

图 10-4 VM Buck—Boost 变换器工作点波形和交流响应

采用的补偿值得到了约 2kHz 的穿越频率和 70° 的相位裕量。图 10-5 展示了在 1A/μs 斜率时，0.5A 阶跃负载的阶跃（瞬态）响应。

补偿器参数值：

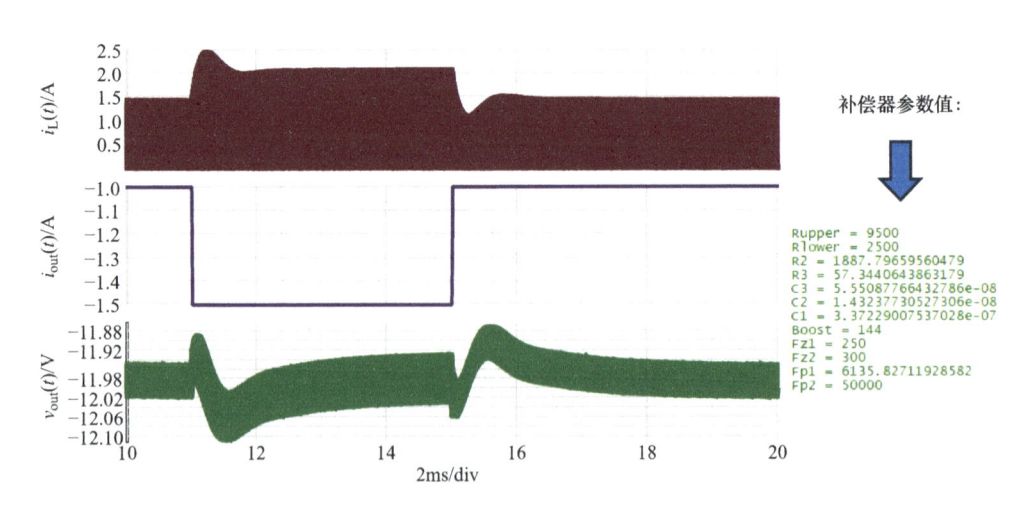

```
Rupper = 9500
Rlower = 2500
R2 = 1887.79659560479
R3 = 57.3440643863179
C3 = 5.55087766432786e-08
C2 = 1.43237730527306e-08
C1 = 3.37229007537028e-07
Boost = 144
Fz1 = 250
Fz2 = 300
Fp1 = 6135.82711928582
Fp2 = 50000
```

图 10-5 VM Buck—Boost 变换器负载阶跃响应

10.2 电流模式降压—升压变换器

在 CM 控制下运行时，(Buck—Boost) 变换器的交流响应不再出现峰值，因为低频谐振已消失。然而，右半平面零点仍然存在，并处于相似的位置。因此，穿越频率不能设定得过高。此时，传递函数由三阶多项式描述，并且经典理论上存在两个位于 $F_{sw}/2$ 的两个次谐波极点。这些极点通过增加补偿斜坡 S_e 来实现阻尼。

$$H(s) = H_0 \frac{\left(1+\dfrac{s}{\omega_{z_1}}\right)\left(1-\dfrac{s}{\omega_{z_2}}\right)}{1+\dfrac{s}{\omega_{p_1}}} \frac{1}{1+\dfrac{s}{\omega_n Q_p}+\left(\dfrac{s}{\omega_n}\right)^2} \quad (10\text{-}7)$$

$$H_0 \approx \frac{R_{load}}{R_i} \frac{1}{\dfrac{(1-D)^2}{2\tau_L}\left(\dfrac{1}{2}+\dfrac{S_e}{S_n}\right)+2M+1} \quad (10\text{-}8)$$

$$\omega_{z_1} = \frac{1}{r_C C_{out}} \quad (10\text{-}9)$$

$$\omega_{z_2} \approx \frac{(1-D)^2 R_{load}}{DL_1} \quad (10\text{-}10)$$

$$\omega_{p_1} \approx \frac{\dfrac{(1-D)^3}{2\tau_L}\left(1+2\dfrac{S_e}{S_n}\right)+1+D}{R_{load} C_{out}} \quad (10\text{-}11)$$

$$Q_p = \frac{1}{\pi(m_c D' - 0.5)} \quad (10\text{-}12)$$

$$\omega_n = \frac{\pi}{T_{sw}} \quad (10\text{-}13)$$

$$\tau_L = \frac{L_1}{R_{load} T_{sw}} \quad (10\text{-}14)$$

外部斜坡
[V]/[s]

$$m_c = 1 + \frac{S_e}{S_n} \leftarrow S_n = \frac{V_{in}}{L_1} R_i \quad (10\text{-}15)$$

$$M = \left| \frac{V_\text{out}}{V_\text{in}} \right| \qquad （10\text{-}16）$$

CM Buck—Boost 变换器 SIMPLIS® 仿真如图 10-6 所示。

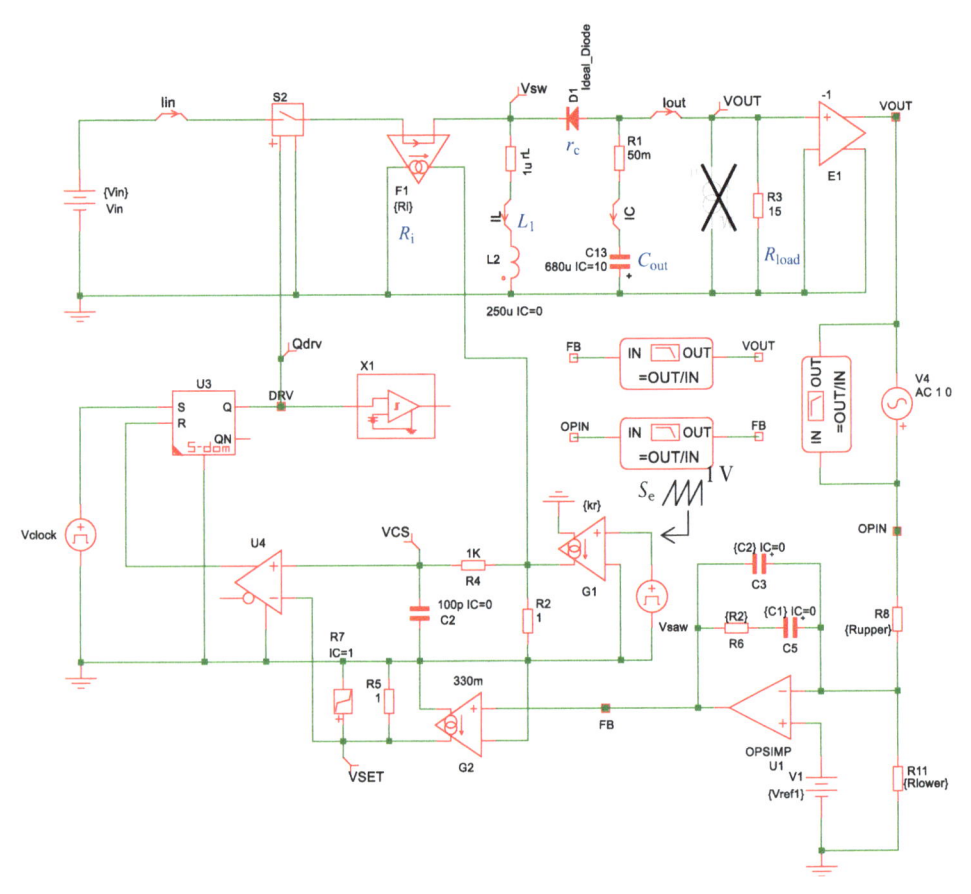

图 10-6　CM Buck—Boost 变换器 SIMPLIS® 仿真

10.2.1　功率级交流响应

CM 控制不再限制穿越频率的下限，但由于右半平面零点（RHPZ）仍然存在，上限仍然设定在其最低位置的 20%（最小输入电压 V_in 和最大输出电流 I_out）。在本例中，这意味着穿越频率为 2kHz。CM Buck—Boost 变换器功率级交流响应如图 10-7 所示，其补偿器参数设计如图 10-8 所示。

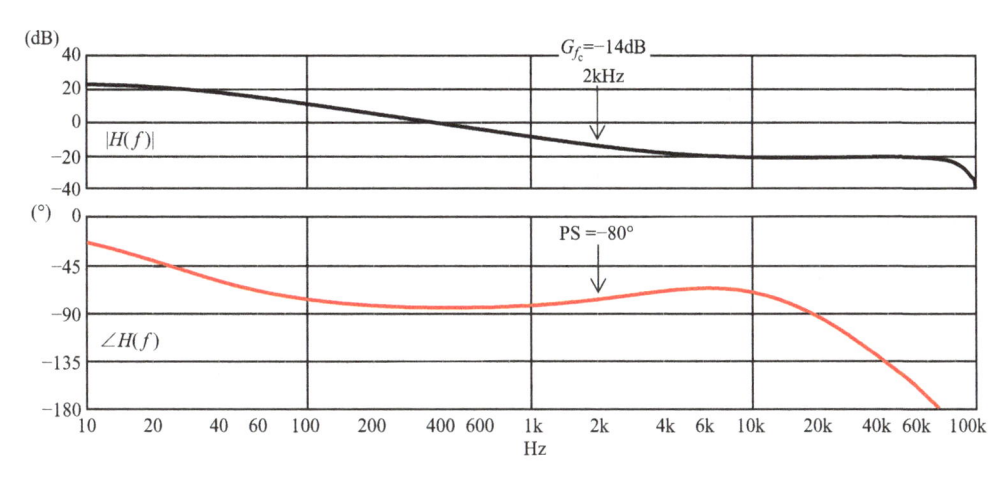

图 10-7 CM Buck—Boost 变换器功率级交流响应

```
*
.VAR Vin=40
.VAR Vout=12
.VAR L=250u
.VAR Ri=150m
.VAR Ts=10u * please update clock and ramp generators *
*
.VAR Gfc=-14 * magnitude at crossover *
.VAR PS=-80 * phase lag at crossover *
*
* Enter Design Goals Information Here *
.VAR fc=2k * targeted crossover *
.VAR PM=60 * choose phase margin at crossover *
*
.VAR Sn={((Vin)/L)*Ri}
.VAR Sramp={1/Ts}
.VAR mc=1.5 * set this value for ramp comp *
.VAR Se={(mc-1)*Sn}
.VAR kr={Se/Sramp}
*
计算值：
* Rupper = 9500
* Rlower = 2500
* R2 = 54883.4333319182
* C2 = 6.08320425404147e-10
* C1 = 3.98366670772094e-09
* Boost = 50
* Fz = 727.940468532405
* Fp = 5494.95483890924
* Sn = 24000
* Se = 12000
* kr = 0.12
```

自动计算的2型补偿器的交流响应：

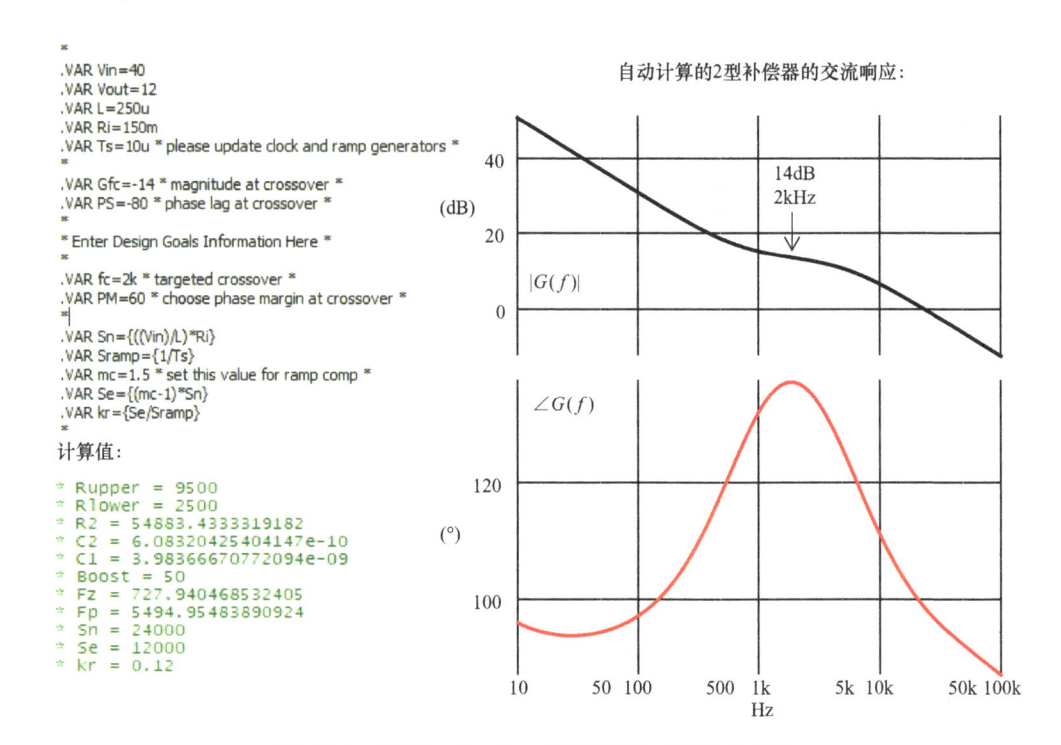

图 10-8 CM Buck—Boost 变换器补偿器参数设计

10.2.2 闭环瞬态响应

在 CM 下运行的 Buck—Boost 变换器的工作点与 VM 下的情况相似，唯一的区别是 CM 下比较器是周期性工作的。在经过补偿后，环路增益确认了 2kHz

的穿越频率，并具有良好的 62° 相位裕量。CM Buck—Boost 变换器交流响应如图 10-9 所示，其负载阶跃响应如图 10-10 所示。

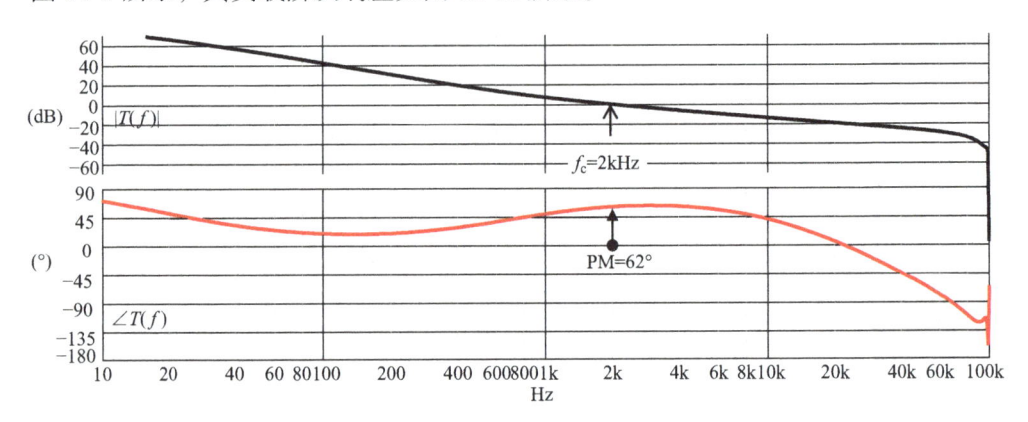

图 10-9　CM Buck—Boost 变换器交流响应

瞬态响应非常稳定，输出电压出现了小幅度的 20mV 下冲。输出电流以 1A/μs 的速率变化，时刻要记住，瞬态切换时必须指定斜率值。

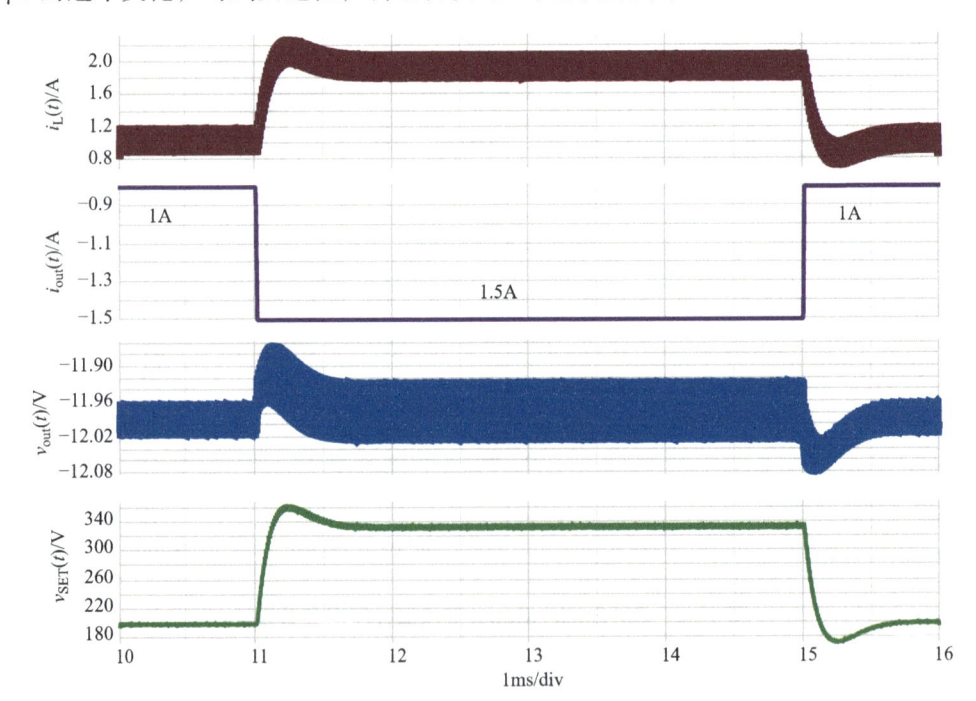

图 10-10　CM Buck—Boost 变换器负载阶跃响应

第 11 章 反激变换器

11.1 电压模式反激变换器

反激变换器（Fly—back）是 Buck—Boost 变换器的隔离版本。通过添加变压器，它能够提供单个或多个输出电压，且可以是正极性或负极性。Fly—back 变换器可能是消费类电子和工业应用中最流行的 AC—DC 拓扑。在大多数情况下，采用 CM 控制，而在 Power Integrations 公司的高压开关器件中，VM 控制则是首选方案。与 CM 控制不同，VM 控制无需斜坡补偿。VM Fly—back 变换器 SIMPLIS® 仿真如图 11-1 所示。

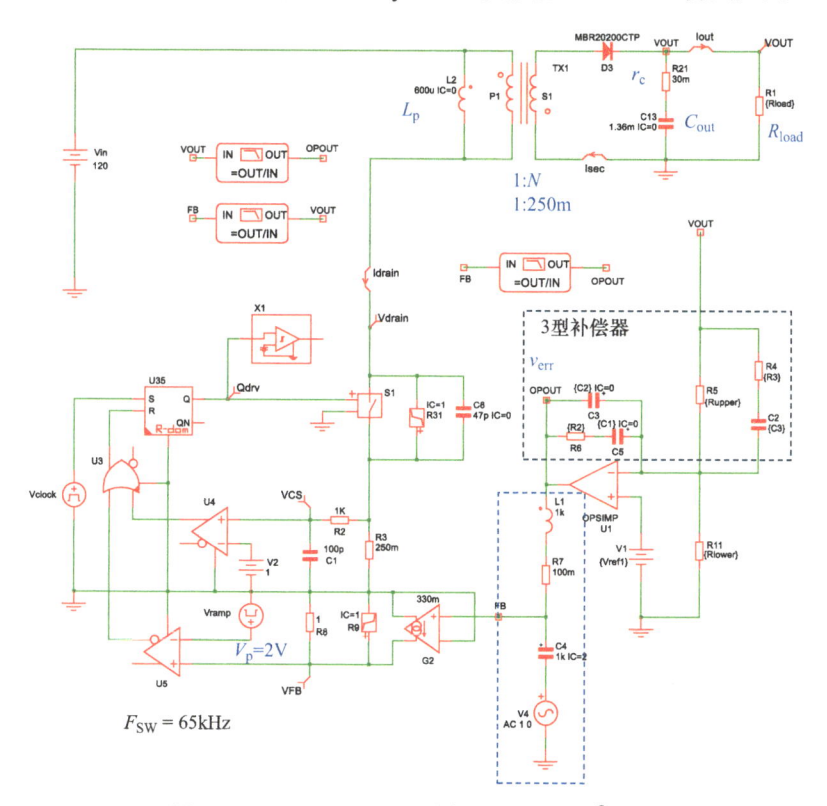

图 11-1 VM Fly—back 变换器 SIMPLIS® 仿真

这个 19V/60W 的适配器需要使用 3 型补偿器来闭合环路。脉宽调制器以经典方式使用 2V 的峰值锯齿波。变压器模型非常简单，以确保最佳的收敛性。它将一个直流子电路与用于逐周期存储和释放能量的一次侧电感 L_p 结合在一起。

11.1.1 电压模式的功率级响应

尽管存在变压器，Fly—back 变换器的控制到输出的传递函数仍然与 Buck—Boost 变换器相似。在这个隔离结构中，起作用的电感是 Fly—back 变压器的一次侧电感，通常标记为 L_p。VM Fly—back 变换器功率级交流响应如图 11-2 所示。

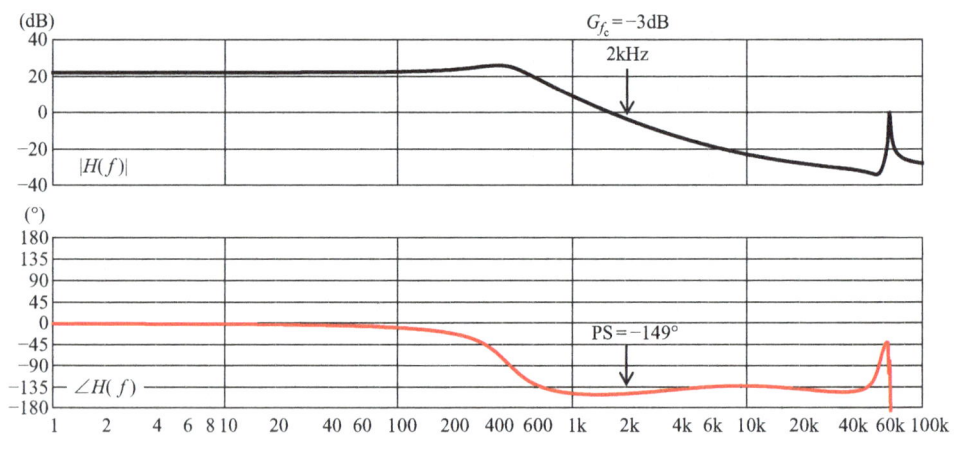

图 11-2　VM Fly—back 变换器功率级交流响应

对于本次练习，控制到输出的传递函数是在最低输入电压和最大电流下提取的。如果这是一个从整流市电供电的高压电源，则应选择一个直流偏置 V_in，它等于整流后电压谷值并留有一定余量，例如在 85V 交流电输入，V_in 选择 70V。首先，在这种最坏情况下，确定谐振频率和右半平面零点的位置：

$$f_0 = \frac{1-D}{N\sqrt{L_\text{p}C_\text{out}}} \frac{1}{2\pi} \approx 430\text{Hz} \tag{11-1}$$

$$f_\text{RHPZ} = \frac{(1-D)^2 R_\text{load}}{DL_\text{p}N^2} \frac{1}{2\pi} \approx 24.6\text{kHz} \tag{11-2}$$

我们将选择 2kHz 的穿越频率。

该宏计算右半平面零点（RHPZ）的位置以及谐振频率。穿越频率选择为 RHP 零点的 20%，并且远高于谐振峰值。补偿器参数设计如图 11-3 所示。

```
*
.VAR Vin=120                                    *  Rupper  =  66000
.VAR Vout=19                                    *  Rlower  =  10000
.VAR Lp=600u                                    *  R2 = 36691.9518364894
.VAR Cout=1.36m                                 *  R3 = 1808.21917808219
.VAR Ri=250m                                    *  C3 = 2.93391688022938e-09
.VAR N=250m                                     *  C2 = 5.80072137767065e-10
.VAR Rload=6                                    *  C1 = 5.42199771087195e-09
.VAR Ts=15u * please update clock and ramp generators  * Boost = 119
                                                *  Fz1 = 800
.VAR D=Vout/(Vout+N*Vin) * duty ratio calculation *  Fz2 = 800
.VAR fRHPZ={((1-D)^2*Rload/(D*Lp*N^2))/(2*pi)}  *  Fp1 = 8277.68749141228
.VAR fcMAX=0.2*fRHPZ                            *  Fp2 = 30000
.VAR fo=((1-D)/(N*sqrt(Lp*Cout)))/(6.28)        *  FRHPZ = 24616.8762677045
*                                               *  FCMAX = 4923.37525354091
                                                *  fo = 431.69840384445
```

图 11-3 补偿器参数设计

11.1.2 补偿后的环路增益

补偿已针对 2kHz 的穿越频率完成，相位裕量接近 60°，表现优异。通过对两个输入电压进行快速瞬态测试，可以评估设计的有效性。VM Fly—back 变换器交流响应、工作点波形和负载阶跃响应如图 11-4 ～图 11-6 所示。

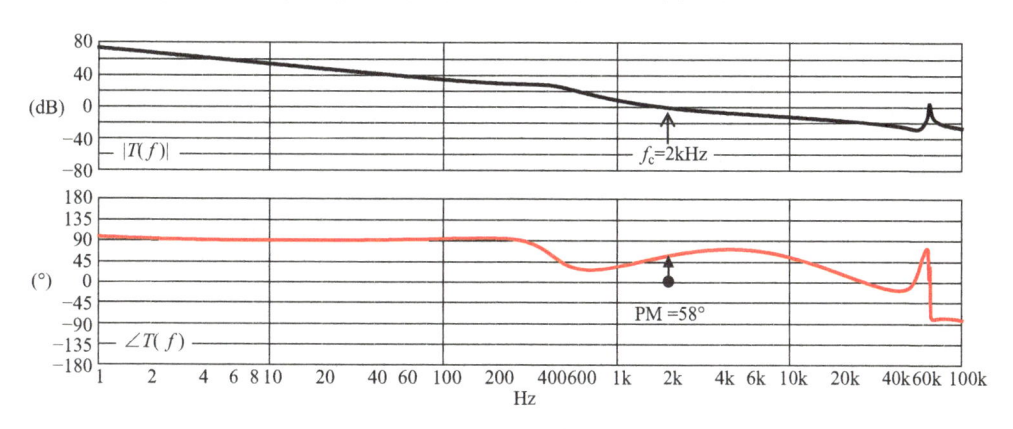

图 11-4 VM Fly—back 变换器交流响应

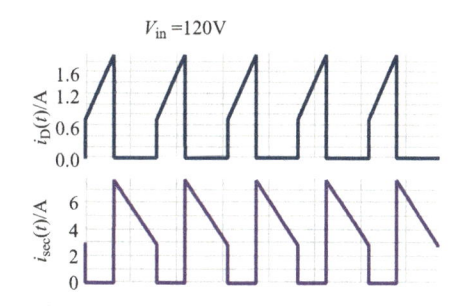

图 11-5 VM Fly—back 变换器工作点波形

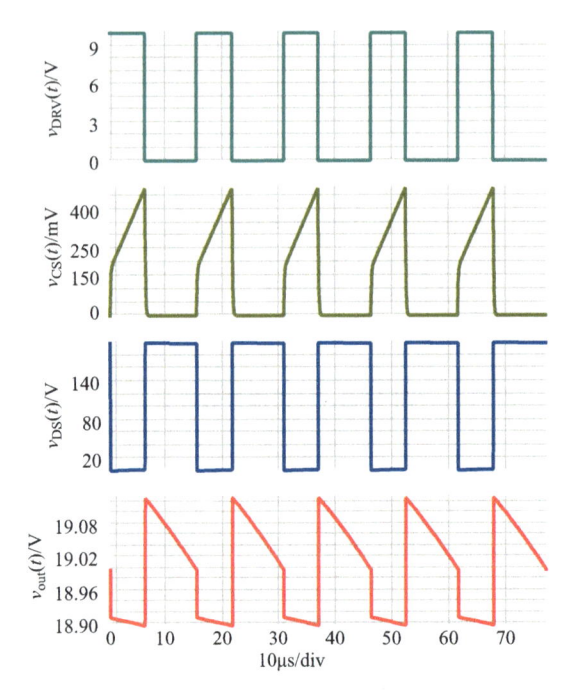

图 11-5　VM Fly—back 变换器工作点波形（续）

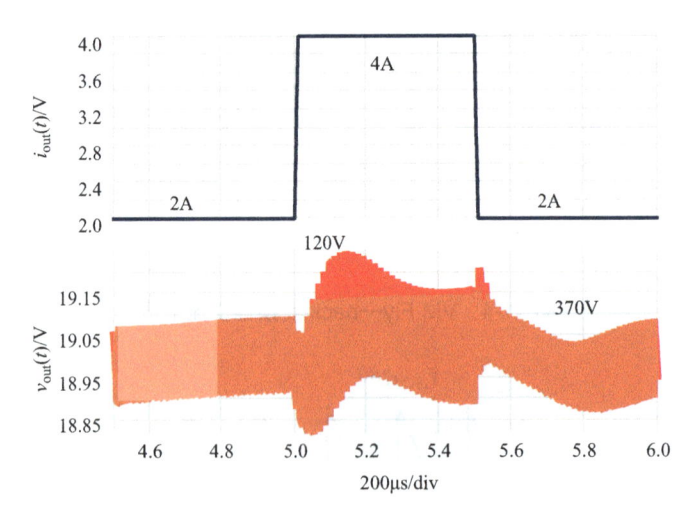

图 11-6　VM Fly—back 变换器负载阶跃响应

负载阶跃测试验证了在两个输入电压极值下的稳定响应。从低输入电压下获得的直流工作点（左侧），可以提取有效值和平均值，以便选择元器件，例如输出电容 C_{out}。

11.2 电流模式反激变换器

CM 控制的 Fly—back 变换器在 AC—DC 应用中相比 VM 控制具有更好的输入线性抑制能力。100Hz 或 120Hz 的纹波需要被有效抑制，而 CM 控制自然对输入电压变化具有免疫力。检测电阻和变压器中的最大峰值电流必须根据最低输入电压进行合理设计，例如整流后的电压谷值。补偿方案需要适当的斜坡补偿水平，并通常使用 2 型补偿器，这在离线式变换器应用中通常与 TL431 和光电耦合器结合使用。CM Fly—back 变换器 SIMPLIS® 仿真如图 11-7 所示。

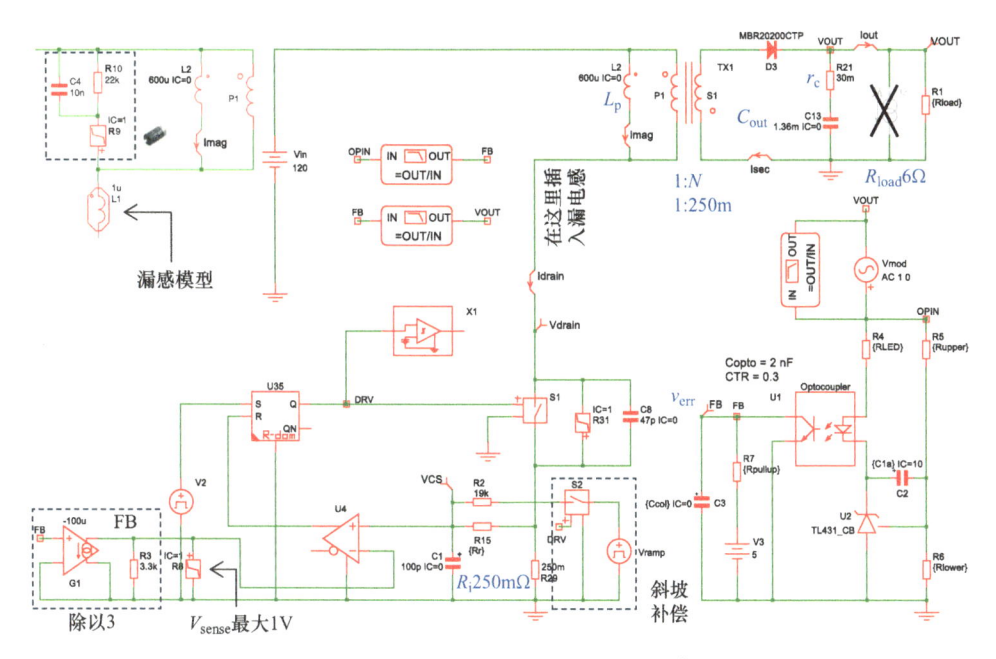

图 11-7　CM Fly—back 变换器 SIMPLIS® 仿真

可以看到该配置中缺少 RCD 箝位网络，其存在可能会干扰 POP 算法。如果想添加 RCD 网络，请选择具有损耗的电感模型来表示漏感，因为它比简单的电感元件具有更好的收敛性，如原理图 11-7 的左上角所示。三分之一的分压模块在这些控制器中是经典做法：假设最大检测电压为 1V，那么在正常工作时，你不希望补偿器的输出在 0～1V 波动。通过插入这个模块，运算放大器或光电耦合器的输出将在 0～3V 波动，从而提供更好的动态响应和噪声抑制能力。

11.2.1 一阶响应

在 CM 控制下,系统呈现出三阶响应特性,包括一个位于低频的主极点和两个在 $F_{sw}/2$ 处的二个次谐波极点。一旦这些次谐波极点通过适当的斜坡补偿水平得到了有效阻尼,可以将功率级的交流响应视为低频下的一阶系统。因此,2 型补偿器非常适合进行补偿,因为在 VM 控制下观察到的峰值已消失,但右半平面零点 (RHPZ) 仍然位于类似位置。图 11-8 显示了功率级响应。

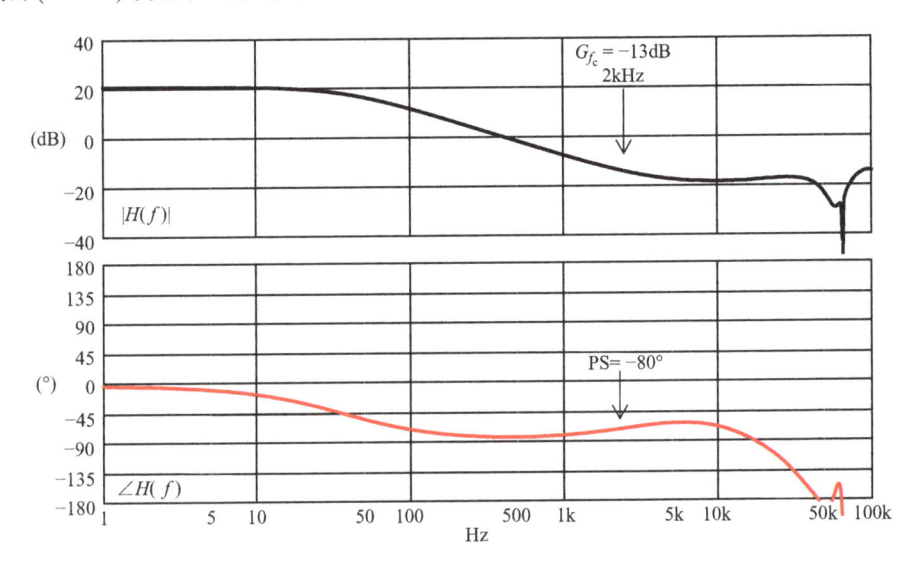

图 11-8 CCM Fly—back 变换器功率级交流响应

在连续导通模式(CCM)下,控制到输出的传递函数不仅依赖于一次侧电感 L_p,还涉及变匝 N 和检测电阻 R_i:

$$H(s) = H_0 \frac{\left(1+\dfrac{s}{\omega_{z_1}}\right)\left(1-\dfrac{s}{\omega_{z_2}}\right)}{1+\dfrac{s}{\omega_{p_1}}} \frac{1}{1+\dfrac{s}{\omega_n Q_p}+\left(\dfrac{s}{\omega_n}\right)^2} \quad (11\text{-}3)$$

$$H_0 \approx \frac{R_{\text{load}}}{NR_i} \frac{1}{\dfrac{(1-D)^2}{2\tau_L}\left(1+2\dfrac{S_e}{S_n}\right)+2M+1} \quad (11\text{-}4)$$

$$\omega_{p_1} \approx \frac{\frac{(1-D)^3}{2\tau_L}\left(1+2\frac{S_e}{S_n}\right)+1+D}{R_{load}C_{out}} \tag{11-5}$$

$$Q_p = \frac{1}{\pi(m_c D' - 0.5)} \tag{11-6}$$

$$\omega_n = \frac{\pi}{T_{sw}} \tag{11-7}$$

$$m_c = 1 + \frac{S_e}{S_n} \underset{\leftarrow}{\overset{\text{外部斜坡}}{}} S_n = \frac{V_{in}}{L_p}R_i \quad [V]/[s] \tag{11-8}$$

$$\omega_{z_1} = \frac{1}{r_c C_{out}} \tag{11-9}$$

$$\omega_{z_2} \approx \frac{(1-D)^2 R_{load}}{D L_1 N^2} \tag{11-10}$$

$$\tau_L = \frac{L_1 N^2}{R_{load} T_{sw}} \tag{11-11}$$

$$M = \frac{V_{out}}{NV_{in}} \tag{11-12}$$

11.2.2 设计补偿器

右半平面零点（RHPZ）在电压模式（VM）和电流模式（CM）控制下的位置相同，自然限制了穿越频率的选择。在本例中，我们也将选择 2kHz。环路通过 TL431 和光电耦合器闭合，我们已对其进行了充分表征 [以揭示其极点位置和电流传输比（CTR）]。该宏考虑了元器件在集电极和发射极之间存在的寄生电容。如果未能正确考虑，可能会显著影响相位裕量。在本例中，极点的测量值为 6kHz，应该没有问题。如果宏计算的最终电容值为负，说明需要将光电耦合器的极点提高（如果可能，通过减少上拉电阻）或选择更低的穿越频率。关于与 TL431 配合使用的 2 型补偿器，请确保 LED 串联电阻（设定中频增益）低于计算的最大值。不过，在 19V 的输出电压下，这应该不会成为问题。补偿器参数设计如图 11-9 所示。

```
*
.VAR Vin=120
.VAR Vout=19
.VAR Lp=600u
.VAR Ri=250m
.VAR N=250m
.VAR Rload=6
*
.VAR Ts=15u * please update clock and ramp generators *
*
.VAR D=Vout/(Vout+N*Vin) * duty ratio calculation *
.VAR mc=0.818/(1-D) * recommended compensation value for a Q of 1 *
.VAR Sn={(Vin/Lp)*Ri}
.VAR Sramp={2.5/Ts} * 2.5 V over Ts - check your IC specs *
.VAR mc=1.5 * set this value for ramp comp *
.VAR Se={(mc-1)*Sn}
.VAR Rr={(Se/Sramp)*19k+1m}
.VAR fRHPZ={((1-D)^2*Rload/(D*Lp*N^2))/(2*pi)}
.VAR fcMAX=0.3*fRHPZ
*
* Enter values extracted from the plant Bode plot *
*
.VAR Gfc=-13 * magnitude at crossover *
.VAR PS=-80 * phase lag at crossover *
*
* Enter Design Goals Information Here *
*
.VAR fc=2k * targeted crossover *
```

```
* Rupper  = 66000
* Rlower  = 10000
* C2      = 1.44819154804453e-09
* C1      = 3.31268645711794e-09
* Ccol    = 1.2190035561207e-10
* Boost   = 50
* Fz      = 727.940468532405
* Fp      = 5494.95483890924
* Sn      = 50000
* Se      = 25000
* D       = 0.387755102040816
* Mc      = 1.5
* Rramp   = 2850.001
* RLED    = 1477.5559514551
* Rmax    = 24995.7446808511
* FRHPZ   = 24616.8762677045
* FcMAX   = 7385.06288031136
```

这个电容将放在反馈和接地引脚之间，在PCB上需要靠近控制器引脚。负值表示光电耦合器极点频率 f_c 过高或过低。

TL432和光电耦合器很好地构建了一个2型补偿器，而无须使用额外的器件。

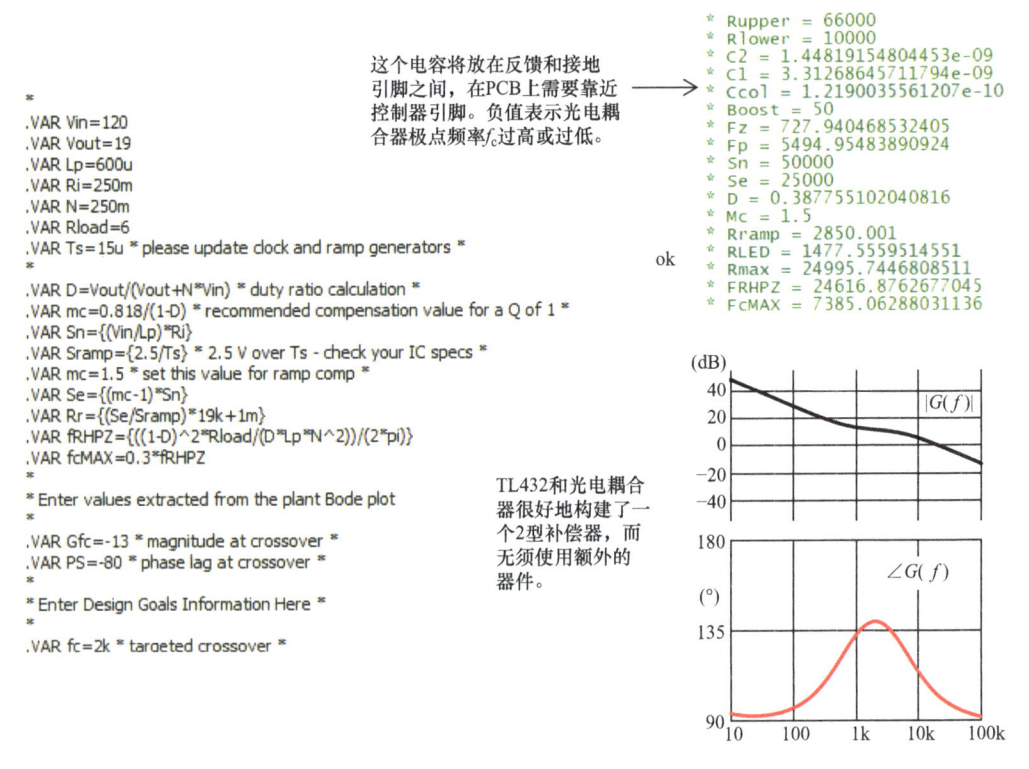

图 11-9 补偿器参数设计

这个电容将放在反馈和接地引脚之间，在 PCB 上需要靠近控制器引脚。负值表示 f_c 过高或光电耦合器极点频率过低。

TL431 和光电耦合器很好地构建了一个 2 型补偿器，而无需使用额外的元器件。

11.2.3 补偿后的环路增益

我们现在可以在不同输入电压下运行 CM Fly—back 变换器，并验证穿越频率和相位裕量是否符合我们设定的目标值。CM Fly—back 变换器交流响应、工作点波形和负载阶跃响应如图 11-10 和图 11-11 所示。

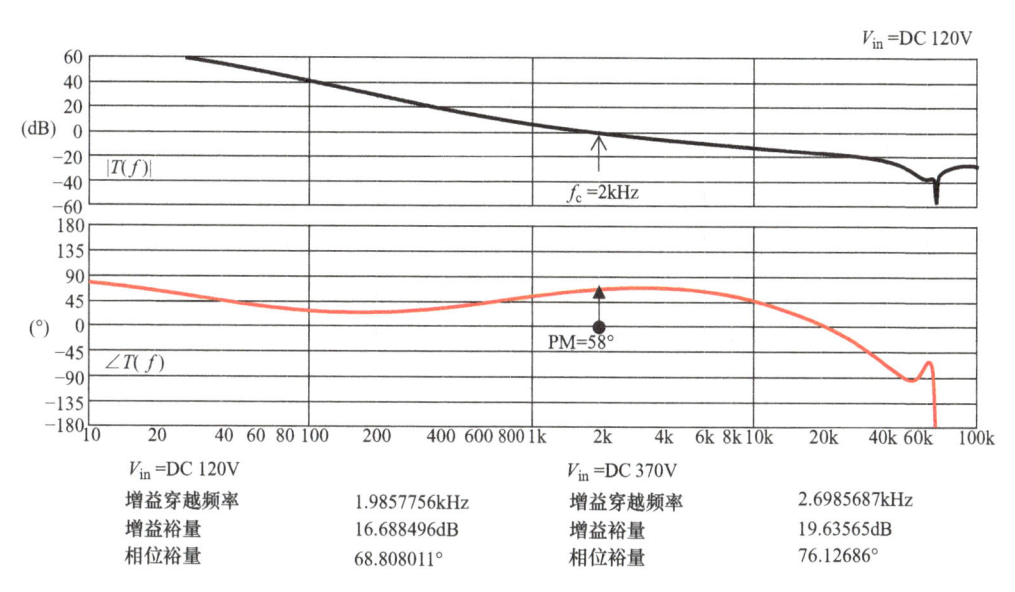

图 11-10　CM Fly—back 变换器交流响应

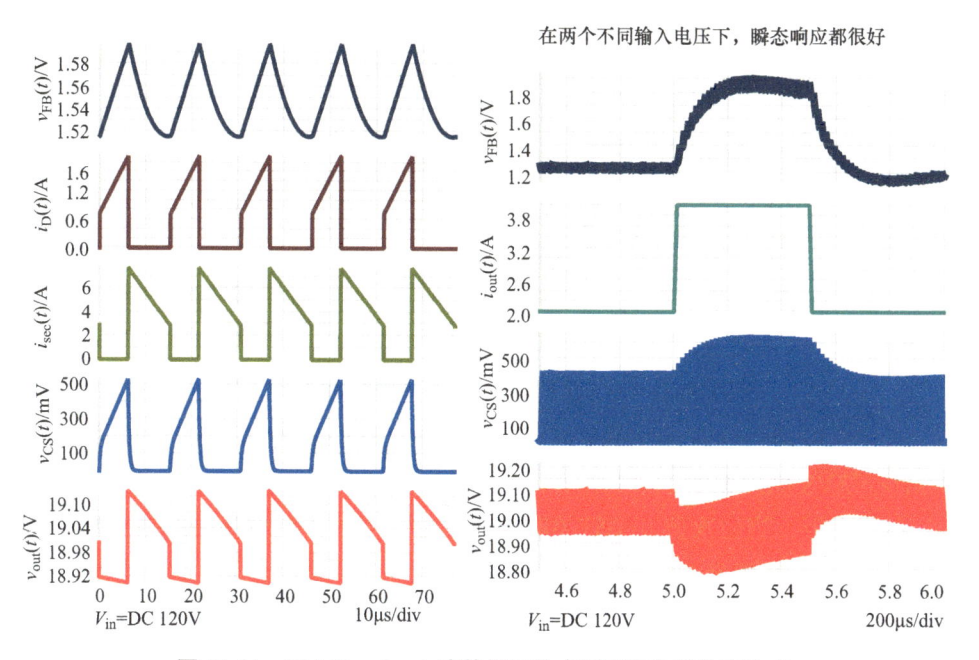

V_{in}=DC 120V		V_{in}=DC 370V	
增益穿越频率	1.9857756kHz	增益穿越频率	2.6985687kHz
增益裕量	16.688496dB	增益裕量	19.63565dB
相位裕量	68.808011°	相位裕量	76.12686°

图 11-11　CM Fly—back 变换器工作点波形和负载阶跃响应

11.3　电流模式准谐振反激变换器

Fly—back 变换器可以在准方波谐振模式下运行，也称为准谐振（QR）模式。这种模式类似于在 PFC（功率因数校正）阶段中 Boost 变换器的临界工作模式。开关频率会随着工作条件变化而变化，并且有多种方案可以控制它。在某些控制器中，当进入轻载工作状态时，压控振荡器（VCO）会发挥作用。VCO 通过增加开关周期来减少损耗，并随着负载减轻提高效率。如果在开始新周期前插入死区时间，可以实现零电压开关（ZVS）或准 ZVS，从而进一步提高整体效率。图 11-12 展示了一个工作在 CM 下的准谐振反激（QR Fly—back）变换器，该电路依赖一次侧的辅助绕组来逐周期检测磁心退磁。

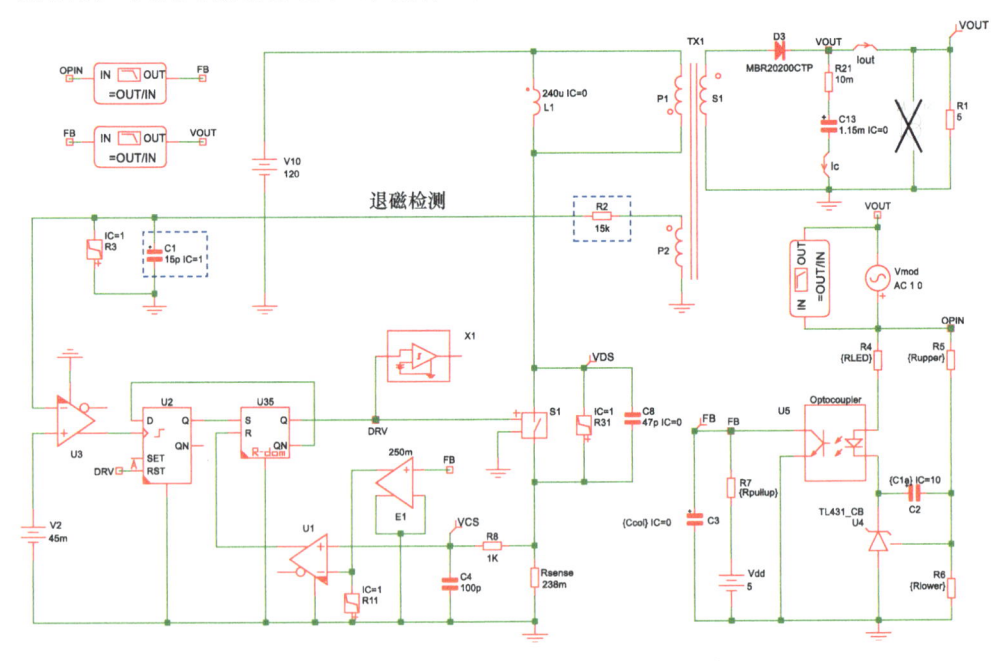

图 11-12　CM QR Fly—back 变换器 SIMPLIS® 仿真

通过 R_2C_1 插入了一个小的延时，在该工作点确保了 ZVS，此时的开关频率为 108kHz。ZVS 原理如图 11-13 所示。

在稳态下，当二次侧开关管关断时，输出电压不再反射到一次侧，漏极电压开始下降。当电压经过谷底时，晶体管重新导通，此时 $V_{DS}(t)$ 为零，消除了导通时的开关损耗。

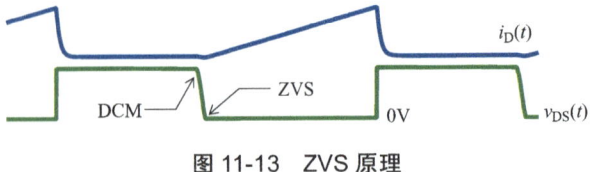

图 11-13　ZVS 原理

11.3.1 一阶响应

工作在准谐振（QR）模式和 CM 下的 Fly—back 变换器表现出具有高频右半平面零点（RHP）的一阶响应，因此可以自然地将穿越频率提升。图 11-14 展示了交流响应，并通过围绕 TL431 和光电耦合器构建的 2 型补偿器轻松进行补偿，补偿器参数和负载阶跃响应如图 11-15 所示。在此示例中，穿越频率 f_c 选择为 1kHz。

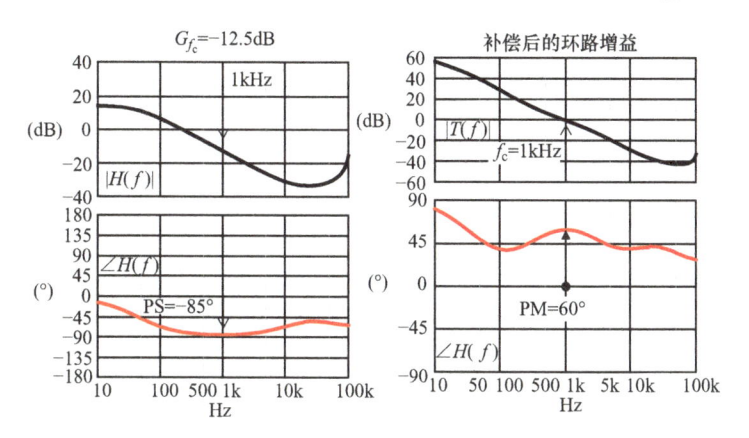

图 11-14　CM QR Fly—back 变换器交流响应

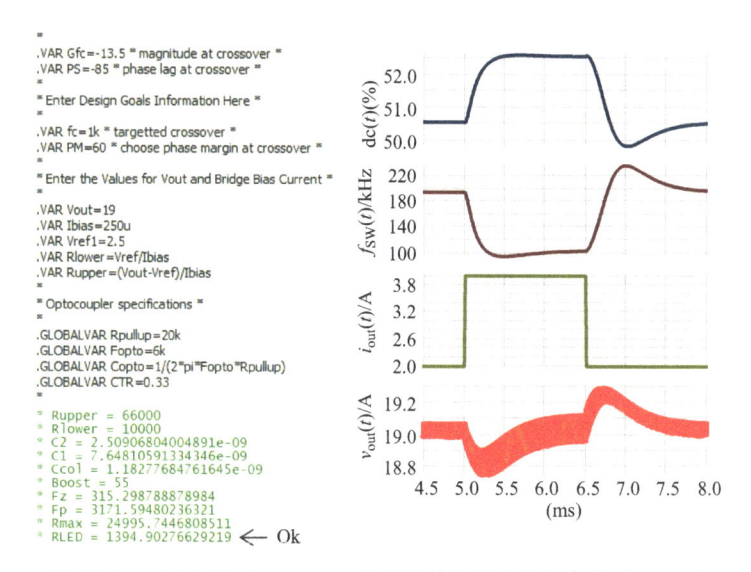

图 11-15　CM QR Fly—back 变换器补偿器参数和负载阶跃响应

该补偿器在 3.1kHz 处放置了一个极点，在 315Hz 处放置了一个零点。反馈引脚上的电容为 1.2nF，而 LED 的串联电阻远低于允许的最大值。该电路的瞬态响应表现良好，但频率变化范围较大。

11.4 多路输出准谐振反激变换器

多路输出拓扑的仿真电路基本保持不变。你只需在变压器上增加绕组数量并调整匝比。图 11-16 展示了一个典型的准谐振（QR）Fly—back 变换器，具有辅助绕组和两个输出：12V/500mA 和 5V/1A。稳压通过辅助绕组实现（V_{cc}=15V），二次绕组则通过将 12V 输出串联在 5V 输出之上实现交叉调节，其工作点波形如图 11-17 所示。

多输出变压器采用了简化建模，未包含所有绕组间的漏感，这对于准确预测耦合绕组的交叉调节至关重要。交流信号通过辅助绕组 V_{aux} 的串联部分注入。

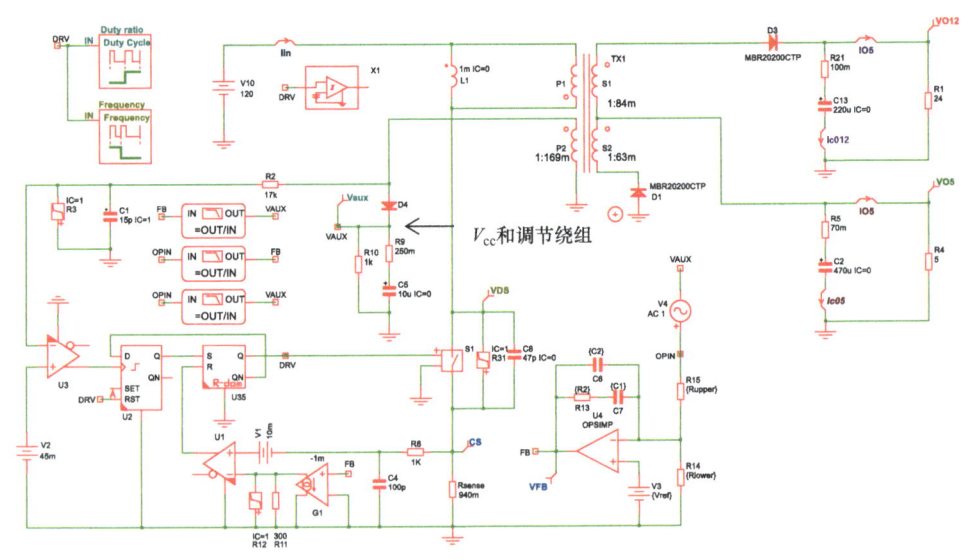

图 11-16　CM 多路输出 QR Fly—back 变换器 SIMPLIS® 仿真

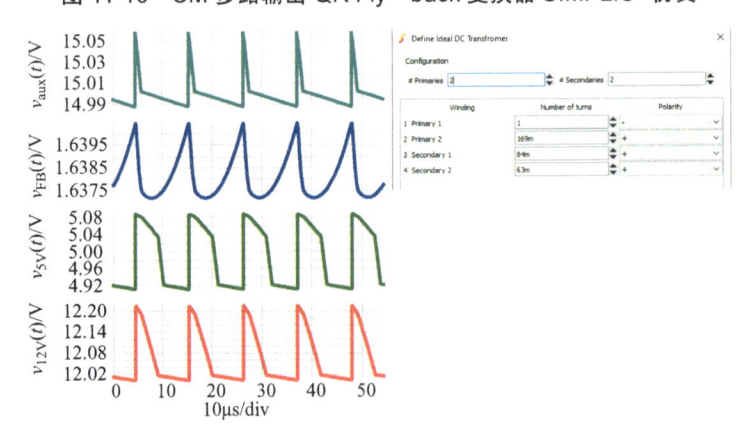

图 11-17　CM 多路输出 QR Fly—back 变换器工作点波形

11.4.1 补偿多路输出准谐振反激变换器

补偿过程与之前的示例相同，采用的自动化宏和 k 因子法也保持不变。在此，选择了1kHz 的穿越频率，并设定了 60° 的相位裕量目标。CM 多路输出 QR Fly—back 变换器交流响应和负载阶跃响应如图 11-18 和图 11-19 所示。

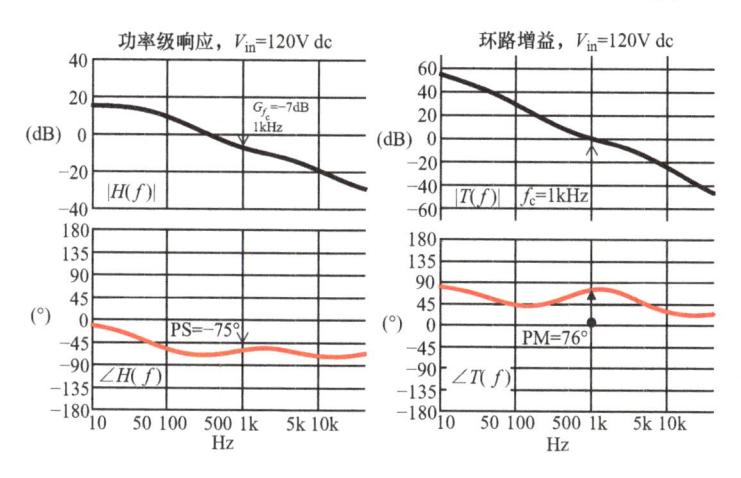

图 11-18　CM 多路输出 QR Fly—back 变换器交流响应

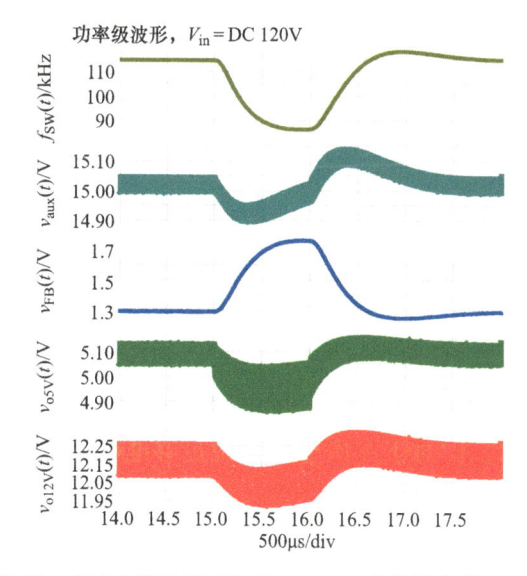

图 11-19　CM 多路输出 QR Fly—back 变换器负载阶跃响应

对于 5V 输出，负载电流 0.5A 逐渐提升至 1.1A，斜率为 1A/μs。电压下降幅度保持在可接受范围内，但正如所强调的，这一仿真仅为理论性验证，旨在检查不同工作点下的稳定性。由于使用了简单的变压器子电路，无法准确建模该变换器的交叉稳压性能。更复杂的模型,例如科罗拉多电力电子研究中心(CoPEC)的悬臂模型,将更适合这项分析。

11.4.2 反激多路输出加权反馈控制

对于需要更好交叉调节的多路输出应用,可以采用所谓的加权反馈原理。该原理根据每个输出的重要性分配权重。在我们的两路输出的准谐振(QR)示例中,假设 5V 是最重要的输出,因此我们将其权重设为 75%,而 12V 的权重设为 25%。这些权重的分配通过增加额外的采样电阻来实现,如图 11-20 所示。

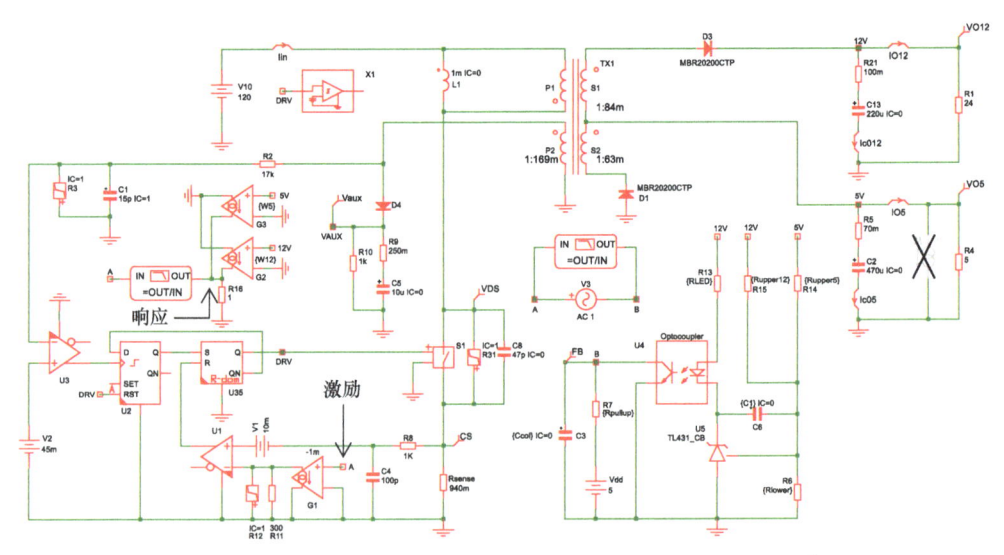

图 11-20 双路输出 QR Fly—back 变换器加权反馈控制 SIMPLIS® 仿真

该电路的小信号分析会非常复杂,因为需要考虑两个加权输出对补偿器的驱动以及 12V 输出贡献的 LED 电流。在这个电路中,我通过结合两个输出对功率级响应进行了近似重构,并通过源 G2 和 G3 相应加权,近似重构了功率级响应。关于补偿器,用于确定电容值 C3 的电阻是将 12V 和 5V 的电阻并联得出的。这虽然是一个近似值,但对于本次分析来说足够准确。权重分配和参数设计如图 11-21 所示。

图 11-21 权重分配和参数设计

11.4.3 补偿环路和瞬态阶跃

通过使用两个加权控制源重构响应，可以初步了解功率级的控制到输出的传递函数。这使我们能够进行初步分析，以便为宏输入增益/衰减，以及选定1kHz穿越频率下的相位值。一旦获得补偿后的环路增益，就能手动调整补偿器的输入数据，直到获得正确的穿越频率。在第一次测试后，为了精确达到1kHz，需进行3dB的衰减。加权控制交流响应如图 11-22 所示。

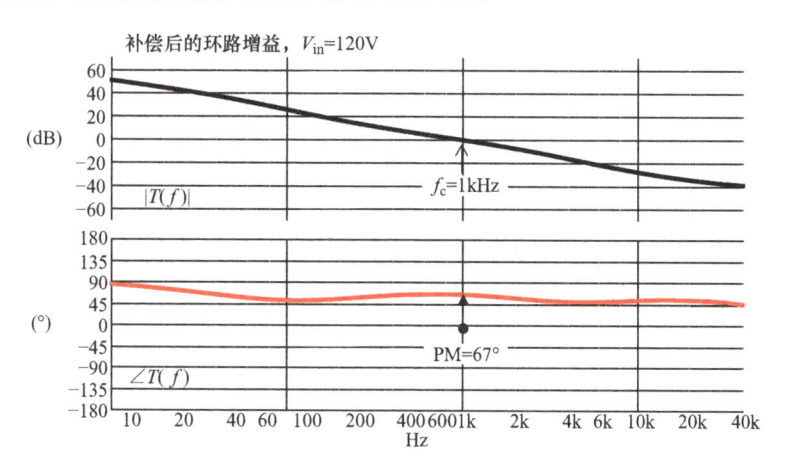

图 11-22　加权控制交流响应

对于 5V 输出，负载电流 0.5A 逐渐提升至 1.1A，斜率为 1A/μs。电压下降幅度保持在可接受范围内，但正如所强调的，这一仿真仅为理论性验证，旨在检查不同工作点下的稳定性。由于使用了简单的变压器子电路，无法准确建模该变换器的交叉稳压性能。更复杂的模型，例如 CoPEC 的悬臂模型，将更适合这项分析。加权控制负载阶跃响应如图 11-23 所示。

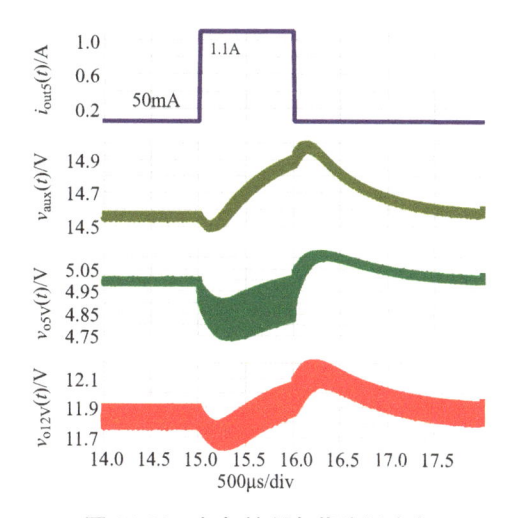

图 11-23　加权控制负载阶跃响应

CHAPTER 12

第 12 章
第二级 LC 滤波器

在 AC—DC 适配器中，常常会看到这种结构：在主电容之后放置一个小电感，与最后一个电容结合形成低通滤波器。这种滤波器可以在将电源供应给后级电路之前，减少输出上的差模纹波电压。不过，如果不采取预防措施，这个额外滤波器的交流响应可能会影响环路的稳定性。特别需要注意的是，LED 电流必须在 LC 滤波器之前提供，以避免引入零点。相反，输出电压的检测仍然是在滤波器之后进行的。

对于这个 LC 滤波器的经验法则是，保持其谐振频率至少高于零点频率 10 倍[10]（在图 12-1 的示例中为 300Hz）。变换器加入滤波器后的交流响应如图 12-1 所示。

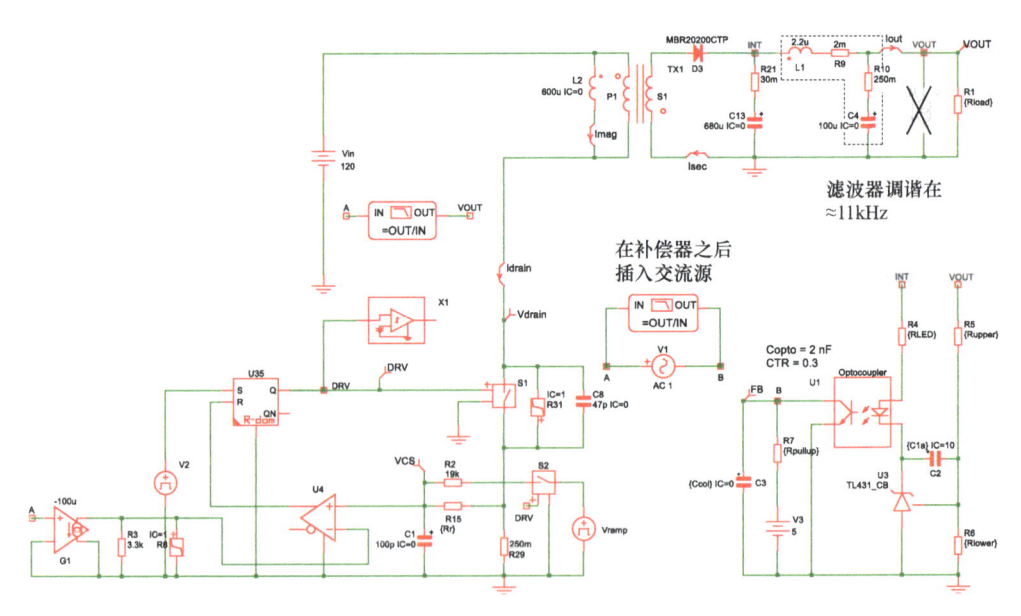

图 12-1 输出端加入滤波器

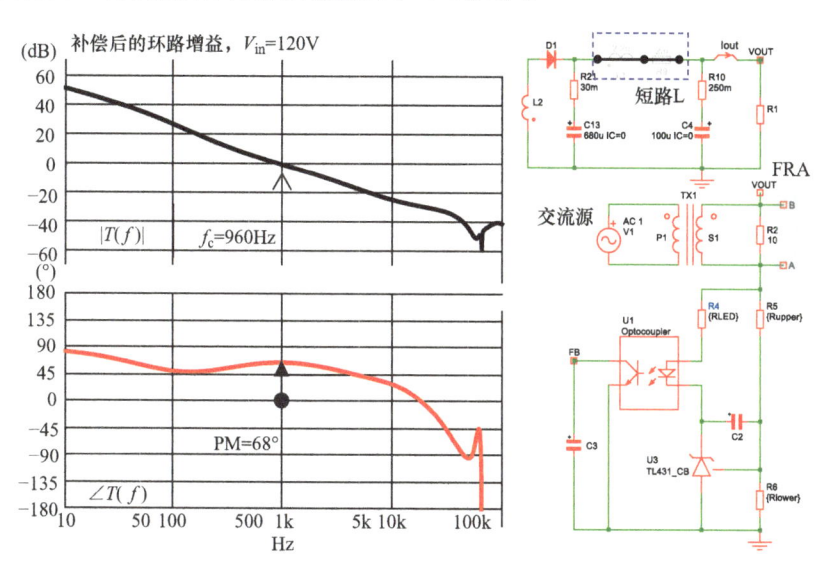

变换器加入滤波器后的交流响应如图 12-2 所示。

图 12-2　变换器加入滤波器后的交流响应

在使用频率响应分析仪（FRA）进行环路测量时，需要短路电感，并将 INT 和 VOUT 节点连接在一起以确保正确注入。如果单独对其中一个进行扫描，将导致错误的响应曲线。

第 13 章
UC384X 控制器

13.1 斜坡补偿与 UC384X 控制器

UC384X PWM 控制器是一款流行的集成电路，由 Unitrode 公司在 20 世纪 80 年代推出（后来被德州仪器收购），如今仍可以从许多不同的供应商处获得。该控制器最初采用双极性工艺，但为了降低功耗并提高性能，现在也有使用 BiCMOS 工艺的版本。需要注意的是，UC384X 不具有前缘消隐（LEB）或斜坡补偿功能，因此必须在外部提供补偿斜坡。在斜坡补偿设计方面，我不建议使用 Unitrode 的方法，因为这可能会干扰振荡器的正常工作。斜坡补偿方案如图 13-1 所示。

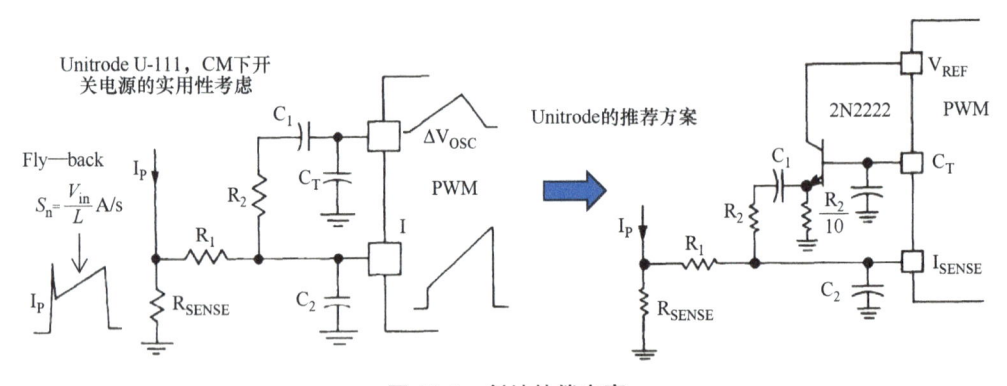

图 13-1 斜坡补偿方案

相反，来自低阻抗驱动引脚的 RCD 网络能够提供一个原始的锯齿波，可用于斜坡补偿[6]，其设计如图 13-2 所示。

根据驱动电压和随意选择的 300kV/s 外部斜坡，宏计算会自动更新。

第 13 章 UC384X 控制器

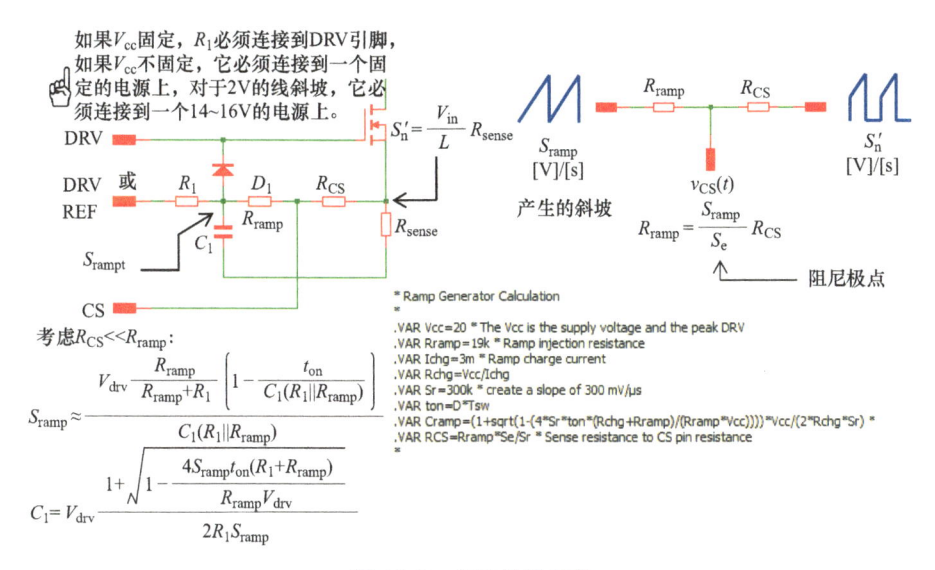

如果 V_{cc} 固定，R_1 必须连接到 DRV 引脚，如果 V_{cc} 不固定，它必须连接到一个固定的电源上，对于 2V 的线斜坡，它必须连接到一个 14~16V 的电源上。

$$S_n' = \frac{V_{in}}{L} R_{sense}$$

S_{ramp} [V]/[s] — 产生的斜坡

$$R_{ramp} = \frac{S_{ramp}}{S_e} R_{CS}$$

S_n' [V]/[s] — 阻尼极点

考虑 $R_{CS} \ll R_{ramp}$：

$$S_{ramp} \approx \frac{V_{drv} \frac{R_{ramp}}{R_{ramp}+R_1}\left(1-\frac{t_{on}}{C_1(R_1\|R_{ramp})}\right)}{C_1(R_1\|R_{ramp})}$$

$$C_1 = V_{drv} \frac{1+\sqrt{1-\frac{4S_{ramp}t_{on}(R_1+R_{ramp})}{R_{ramp}V_{drv}}}}{2R_1 S_{ramp}}$$

```
* Ramp Generator Calculation
*
.VAR Vcc=20  * The Vcc is the supply voltage and the peak DRV
.VAR Rramp=19k  * Ramp injection resistance
.VAR Ichg=3m  * Ramp charge current
.VAR Rchg=Vcc/Ichg
.VAR Sr=300k  * create a slope of 300 mV/µs
.VAR ton=D*Tsw
.VAR Cramp=(1+sqrt(1-(4*Sr*ton*(Rchg+Rramp)/(Rramp*Vcc))))*Vcc/(2*Rchg*Sr)
.VAR RCS=Rramp*Se/Sr  * Sense resistance to CS pin resistance
*
```

图 13-2　斜坡补偿设计

13.2　基于 UC384X 的非隔离反激变换器

下面是非隔离 Fly—back 变换器的描述。该变换器使用了集成电路的内部运算放大器，其同相输入端的偏置电压为 2.5V。输入电压为 120V，输出电压为 19V，输出电流为 3A。基于 UC384X 的非隔离 Fly—back 变换器及其负载阶跃响应如图 13-3 和图 13-4 所示。

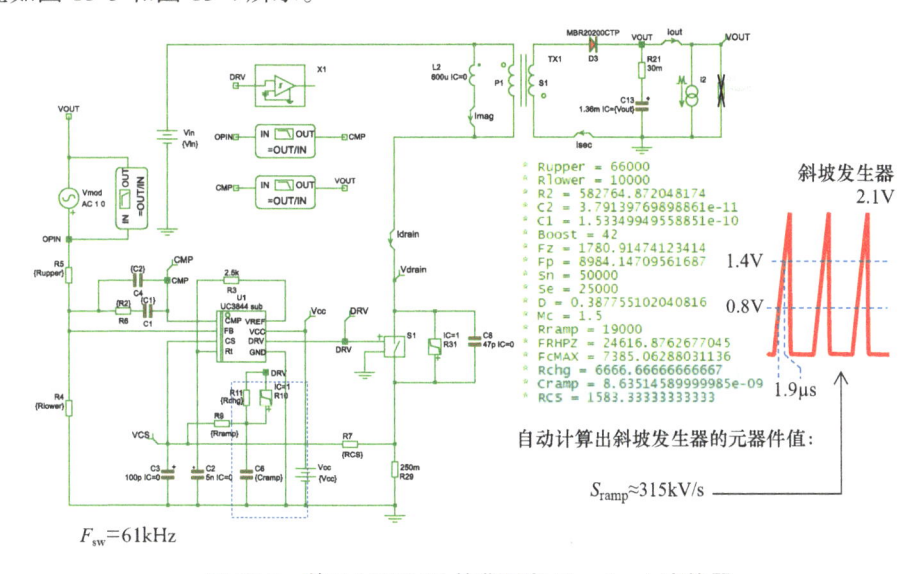

```
Rupper = 66000
Rlower = 10000
R2 = 582764.872048174
C2 = 3.791397969898861e-11
C1 = 1.53349949558851e-10
Boost = 42
Fz = 1780.91474123414
Fp = 8984.14709561687
Sn = 50000
Se = 25000
D = 0.387755102040816
Mc = 1.5
Rramp = 19000
FRHPZ = 24616.8762677045
FcMAX = 7385.06288031136
Rchg = 6666.66666666667
Cramp = 8.63514589999985e-09
RCS = 1583.33333333333
```

斜坡发生器 2.1V / 1.4V / 0.8V / 1.9µs

自动计算出斜坡发生器的元器件值：

$$S_{ramp} \approx 315kV/s$$

$F_{sw} = 61kHz$

图 13-3　基于 UC384X 的非隔离 Fly—back 变换器

143

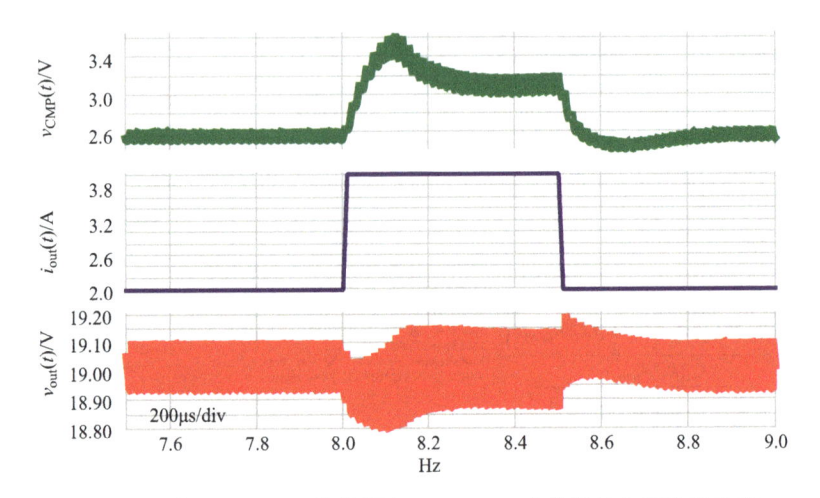

图 13-4 基于 UC384X 的非隔离 Fly—back 变换器的负载阶跃响应

瞬态响应表现出稳定性，波形局部放大显示后没有任何次谐波不稳定的迹象。

13.3 基于 UC384X 的隔离反激变换器

之前例子中的变换器是一个非隔离的 Fly—back 变换器。然而，UC 系列控制器非常适合构建隔离电路，例如使用 TL431 和光电耦合器。在这种情况下，我建议将 FB 引脚接地，并通过上拉电阻将 CMP 引脚连接到参考电压，以此来完全禁用内部运算放大器。这个上拉电阻会影响光电耦合器的寄生极点，如果希望将其位置提高到足够高，可以选择 4.7～10kΩ 的电阻，但需注意，这样做会增加待机功耗。基于 UC384X 的隔离 Fly—back 变换器 SIMPLIS® 仿真如图 13-5 所示。

UC384X 系列包括一个除以 3 的电路模块，可以改善运算放大器的动态性能。当压降约为 1.2V 时，可以实现 0V 的设定点。此外，芯片在轻载条件下具备跳周期功能。对于电流采样电压 V_{CS} 为 1V 的情况，CMP 或 COMP 引脚上的电压将达到 4.2V。在轻载条件下，由于 V_{COMP} 低于 1.2V，芯片将输出占空比为 0。运算放大器的最大输出电流为 1mA，因此可以通过光电耦合器直接安全地控制 CMP 或 COMP 引脚。UC384X 芯片内部框图如图 13-6 所示。

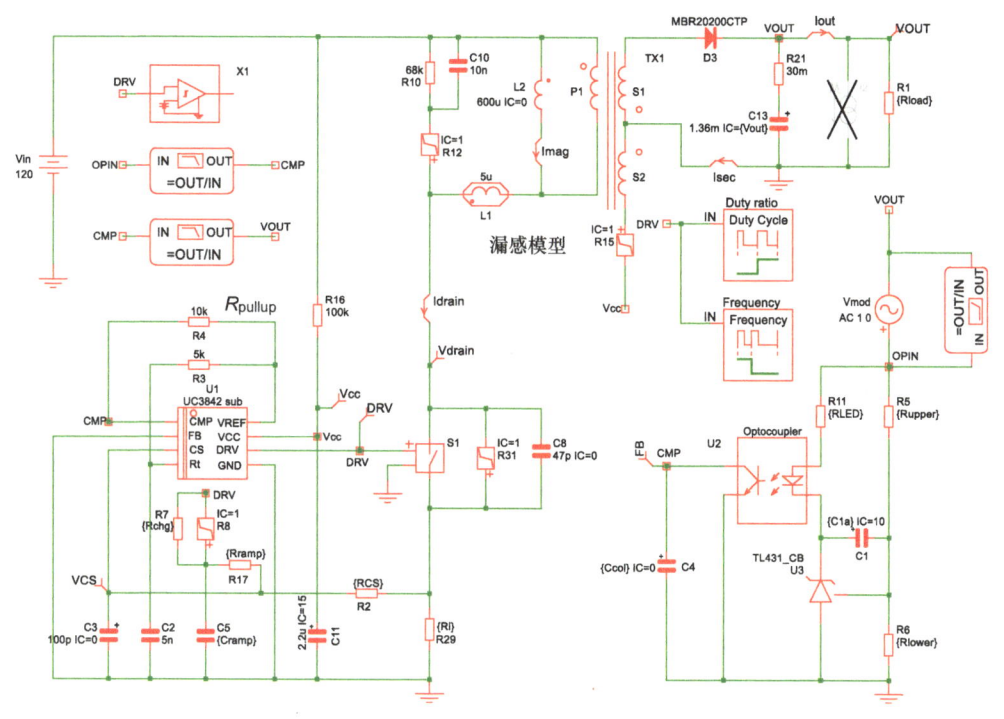

图 13-5　基于 UC384X 的隔离 Fly—back 变换器 SIMPLIS® 仿真

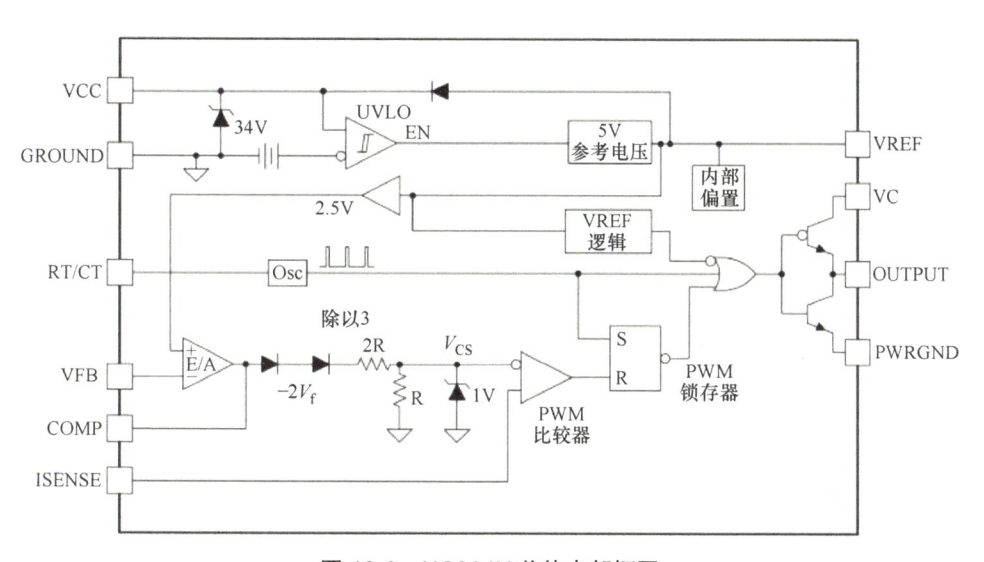

图 13-6　UC384X 芯片内部框图

第 14 章
单级功率因数校正电路

14.1 单级功率因数校正反激变换器

一个单级变换器将功率因数校正（PFC）和 DC—DC 变换的功能结合在一个拓扑中，其中 Fly—back 变换器非常适合这种应用，因此在照明电路中非常流行。其结构与经典的 Fly—back 变换器相似，唯一的不同之处在于没有前端的大电解电容。高压母线实际上是整流后的正弦波，在隔离的直流输出端则有一个大的电解电容，用于减少 100Hz 或 120Hz 的纹波。在图 14-1 所示的电路中，使用一个乘法器来建立峰值电流设定值，该设定值由一个低频反馈环路进行调整。为了简单起见，该电路没有隔离。

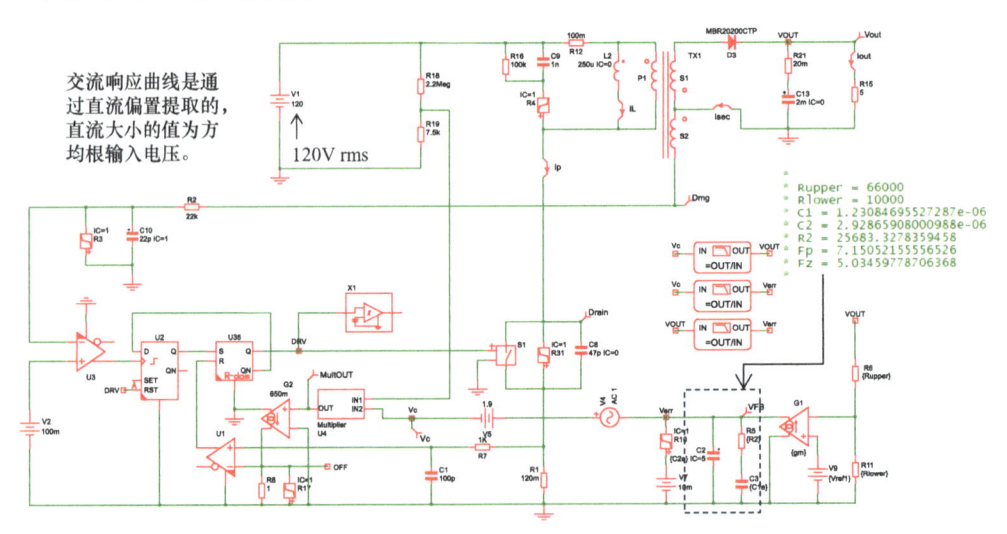

图 14-1 单级 PFC Fly—back 变换器 SIMPLIS® 仿真（直流输入）

使用运算跨导放大器（OTA）进行补偿的过程简单而直接，最终得到的穿越频率 f_c 为 6.5Hz。单级 PFC Fly—back 变换器交流响应如图 14-2 所示。

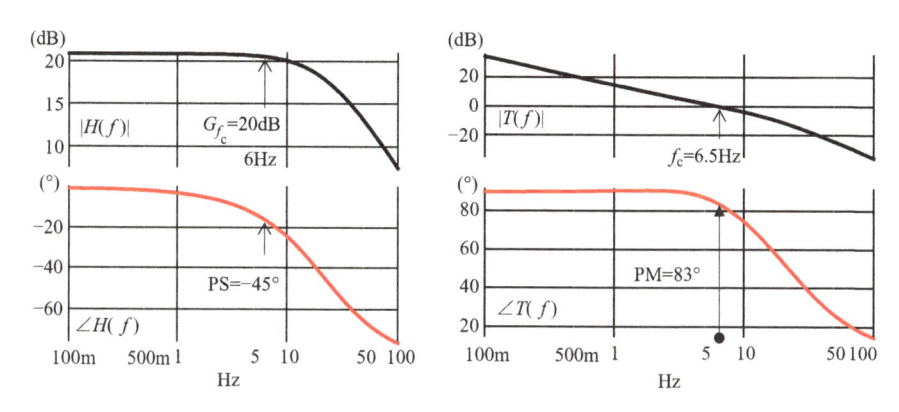

图 14-2 单级 PFC Fly—back 变换器交流响应

14.2 工作点波形

一旦变换器在直流条件下稳定工作，我们就可以使用正弦电压源来运行整个电路，以检查启动时序和稳态信号。在 CM 下，需要检测输入电压信号并将其送入乘法器；而在 VM 下，则不需要高压输入电压检测网络，这使得电路设计更加简化。单级 PFC Fly—back 变换器 SIMPLIS® 仿真如图 14-3 所示，其工作点波形如图 14-4 所示。

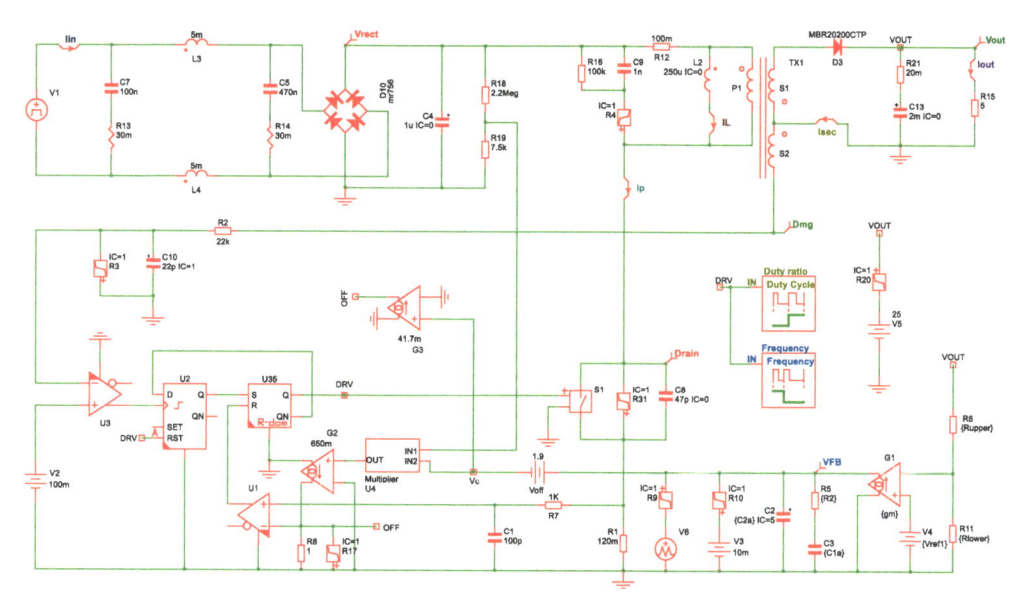

图 14-3 单级 PFC Fly—back 变换器 SIMPLIS® 仿真（交流输入）

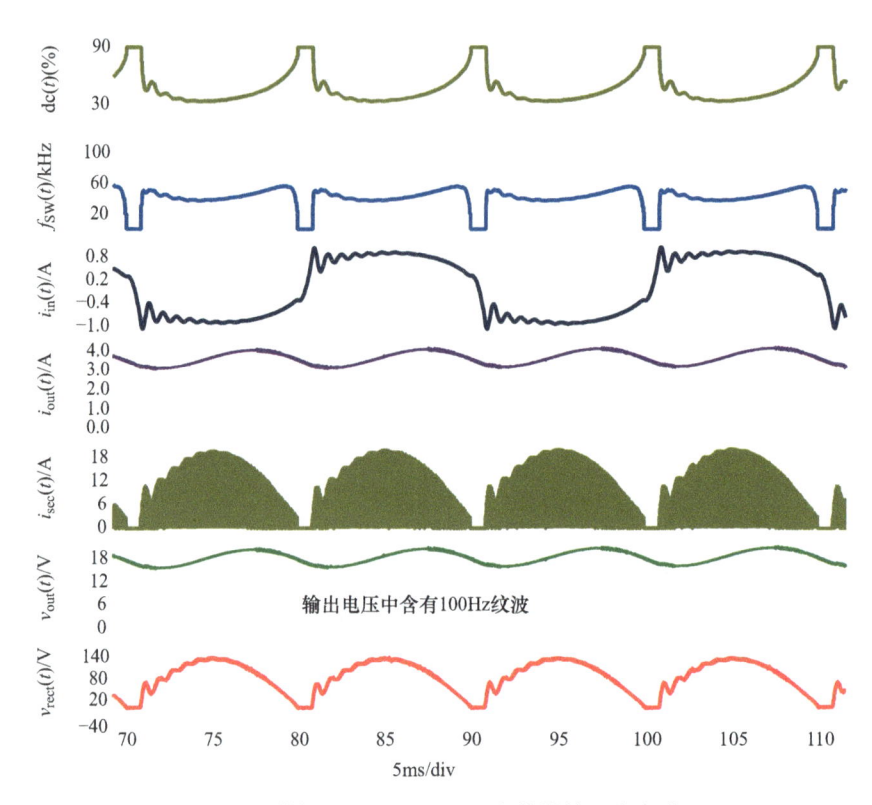

图 14-4　单级 PFC Fly—back 变换器的工作点波形

输入电流接近正弦波形，但总谐波失真（THD）仍高达 27%，表明存在较大的失真。目前，市场上新发布的集成电路专门为单级变换器设计，能够提供更优的 THD 性能。然而，由于功率晶体管在功率因数校正（PFC）和 Fly—back 工作模式下面临额外负担，这限制了单级 PFC 的应用，通常只能在小功率范围内使用。

第 15 章
电流模式单端初级电感变换器

这一章我们介绍单端初级电感变换器（Single-Ended Primary Inductance Converter，SEPIC），电感变换器可以视为一个前端Boost变换器，耦合到一个反向Buck—Boost变换器。它可以利用耦合或非耦合电感以不同方式组合，并在VM 或 CM 控制下运行。即使在 CM 条件下，它仍然是一个五阶系统，因此在闭合控制环路时需要格外小心。在 SIMPLIS® 中，耦合电感需要建模，不能使用耦合因子 k，因为 k 仅在 SIMetrix® 中可用。可以通过一个具有漏感的等效变压器进行建模，或者使用关键字 M，该关键字表示关联两个电感的互感。接下来，我们将首先确定互感 M，并在控制窗口中添加其值。互感的定义如图 15-1 所示。

```
.VAR k=0.96                            18 + CYCLES_BEFORE_LAUNCH=2700
.VAR L1=100u                           19 + TD_RUN_AFTER_POP_FAILS=-1
.VAR L2=100u                           20 *.tran 20m 9m
.VAR M={k*sqrt(L1*L2)}                 21
*                          * M = 9.6e-05    22 M-L1-L2 96u
{'*'}                                  23 .simulator DEFAULT
{'*'} M = {M}                          24
{'*'}
```

图 15-1 互感定义

下面的 SEPIC 的输入电压范围为 10～20V，输出电压为 15V，输出电流为 3A。耦合系数为 0.96，相应的互感为 96μH。SPEIC SIMPLIS® 仿真如图 15-2 所示。

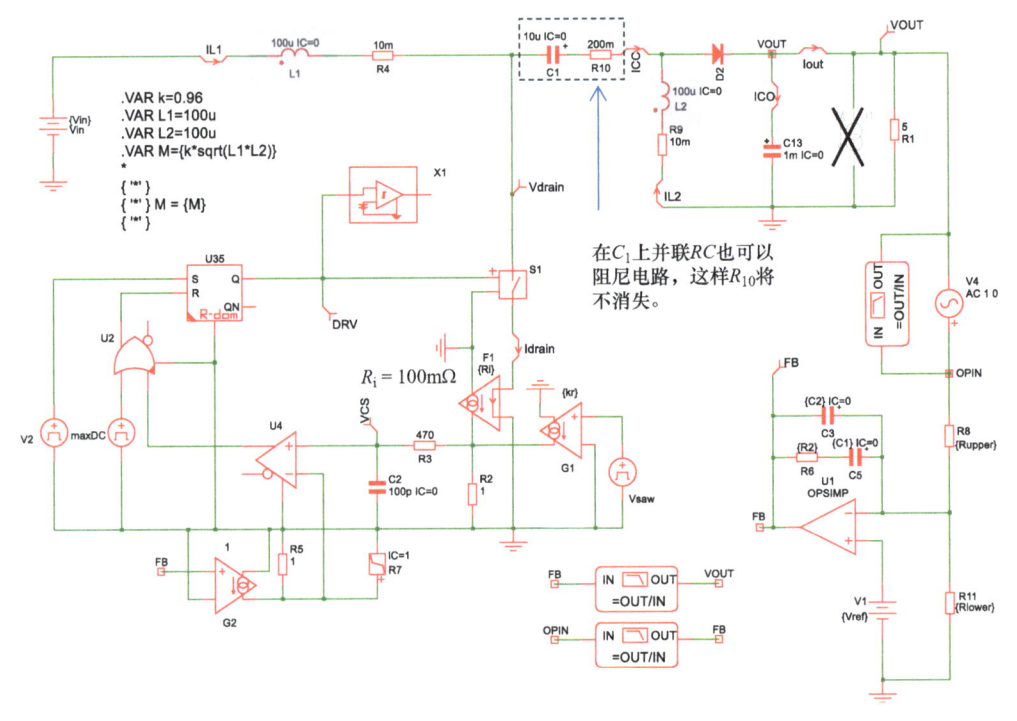

图 15-2　SPEIC SIMPLIS® 仿真

15.1　工作点波形

在 10V 输入和 3A 输出时，该电路的占空比超过 50%。在此输入电压下，耦合电容中的均方根电流较高，达到 4A，而串联的阻尼电阻 R_{10} 会消耗较大的功率。此外，输出电容中的纹波电流也接近 4A，这要求在选择这些器件时必须格外小心，以确保其性能和可靠性。

2 型补偿器将在 70Hz 处放置零点，并在 2.3kHz 处放置极点，这样可以实现 70° 的相位提升。当输入电压较高（如 20V）时，功率级的幅值将略微增加，这会自然导致右半平面零点（RHPZ）频率的上升，从而进一步提高相位裕量。SPEIC 的工作点波形和功率级交流响应如图 15-3 和图 15-4 所示，斜坡补偿和穿越频率计算如图 15-5 所示。

图 15-3　SPEIC 工作点波形

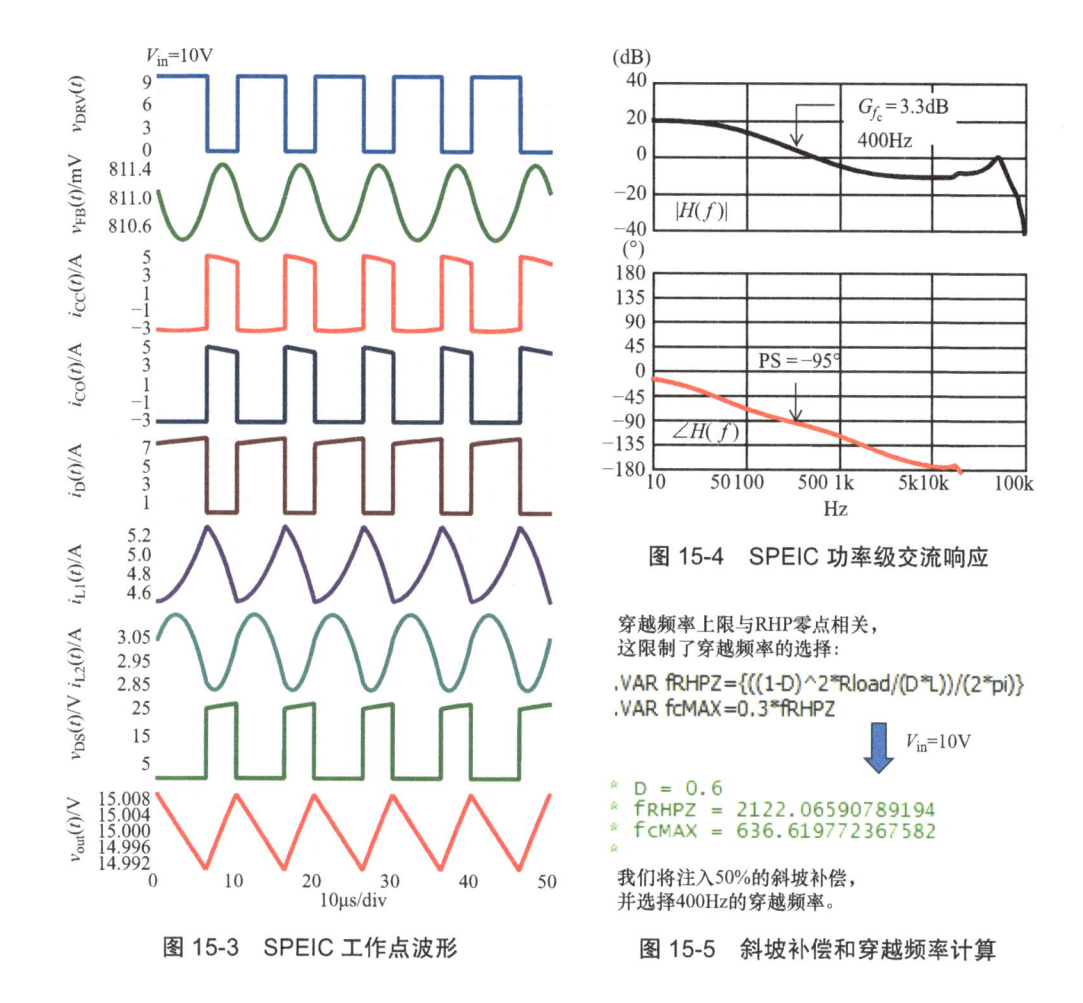

图 15-4　SPEIC 功率级交流响应

穿越频率上限与RHP零点相关，这限制了穿越频率的选择：

.VAR fRHPZ={((1-D)^2*Rload/(D*L))/(2*pi)}
.VAR fcMAX=0.3*fRHPZ

V_{in}=10V

* D = 0.6
* fRHPZ = 2122.06590789194
* fcMAX = 636.619772367582

我们将注入50%的斜坡补偿，并选择400Hz的穿越频率。

图 15-5　斜坡补偿和穿越频率计算

15.2　交流响应和瞬态阶跃响应

SEPIC 已经完成补偿，在输入电压为 10V 时，穿越频率为 400Hz，此时的相位裕量是可接受的。当输入电压提高至 20V 时，穿越频率 f_c 略有上升，此时相位裕量接近 70°。SEPIC 的交流响应和负载阶跃响应如图 15-6 和图 15-7 所示。

当输入电压为 20V 时，输出电流从 2A 阶跃至 3A，斜率为 1A/μs。在这种情况下，瞬态响应显示出下冲为 250mV。

当 SEPIC 的输入电压降至 10V 时，下冲增加至约 340mV。在此过程中，从降压模式过渡到升压模式的切换非常平滑，表现出无缝的转换特性。

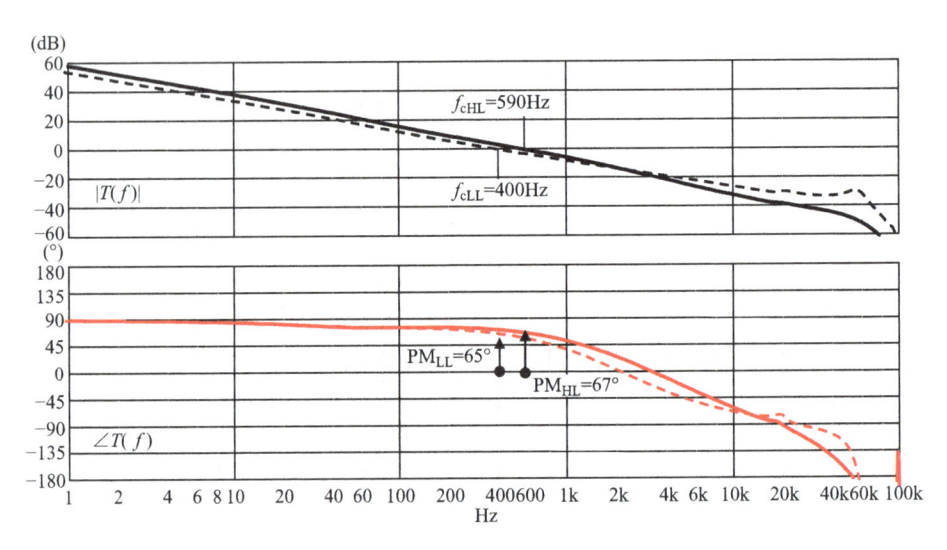

图 15-6 SEPIC 的交流响应

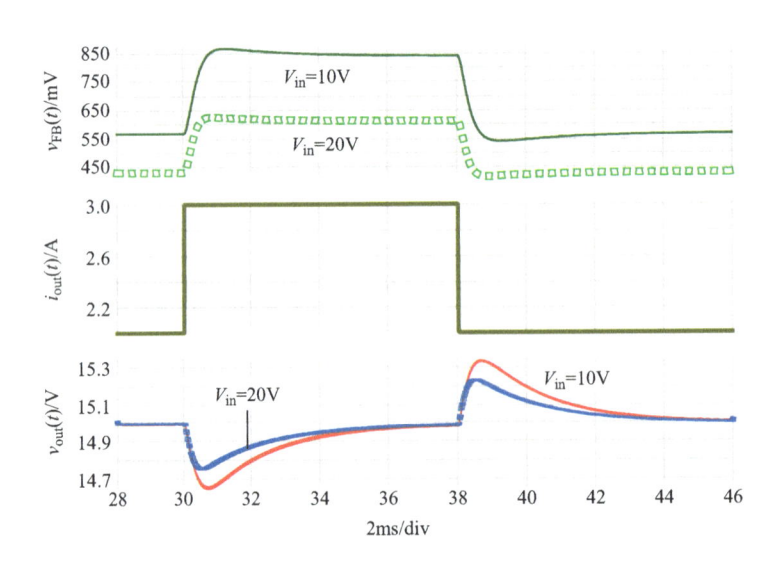

图 15-7 SEPIC 的负载阶跃响应

第 16 章
LLC 变换器

16.1 直接变频控制的 LLC 变换器

LLC 变换器是一种基于三个储能元件的谐振变换器：一个谐振电容 C_r、变压器的励磁电感 L_m，以及另一个谐振电感 L_r。L_r 可以是变压器的漏感，也可以通过外部添加来实现。这种谐振变换器的特点是具有一个谐振频率点 F_0，变换器可以在谐振频率以下、以上或正好在 F_0 处工作。在这几种工作模式下，变换器展现出不同的开关特性，影响其性能和效率。

LLC 变换器的控制变量是开关频率 F_{sw}，其下偏移限值由所选控制器精确设定。由于我们的误差放大器输出一个电压，因此使用电压控制振荡器（VCO）来驱动功率级。VCO 的斜率以 Hz/V 表示，作为调制器增益，它必须在稳定性分析中予以考虑。

需要注意的是，LLC 变换器的小信号分析不能仅依赖平均建模。在这种谐振结构中，功率是通过电流和电压的基波与谐波传递的，而不是通过其平均值。因此，需要特定的分析方法，如扩展描述函数（EDF），这会导致较为复杂的模型。对于我来说，这种方法较难使用，尤其是因为方程会随谐振频率的工作点而变化。在这种情况下，我们只剩下两个选择：进行硬件测量，这需要一个可以正常工作的原型样机，或使用 SIMPLIS® 进行仿真。我们将从 VCO 模块开始，这对我们的变换器至关重要。LLC 变换器 SIMPLIS® 功率级仿真如图 16-1 所示，VCO 模块的特性如图 16-2 所示。

将最小频率参数设置为 60kHz，电流源 I_1 的参数为 {IFMIN}。当 V_{FB} 达到 5V 时，频率可升至最大 175kHz。此时，频率会随着通过 G2 注入的电流增加而上升。因此，VCO 的斜率可以计算为 (175–60)/5=23kHz/V。这意味着每增加 1V 的输入电压，频率将提高 23kHz。

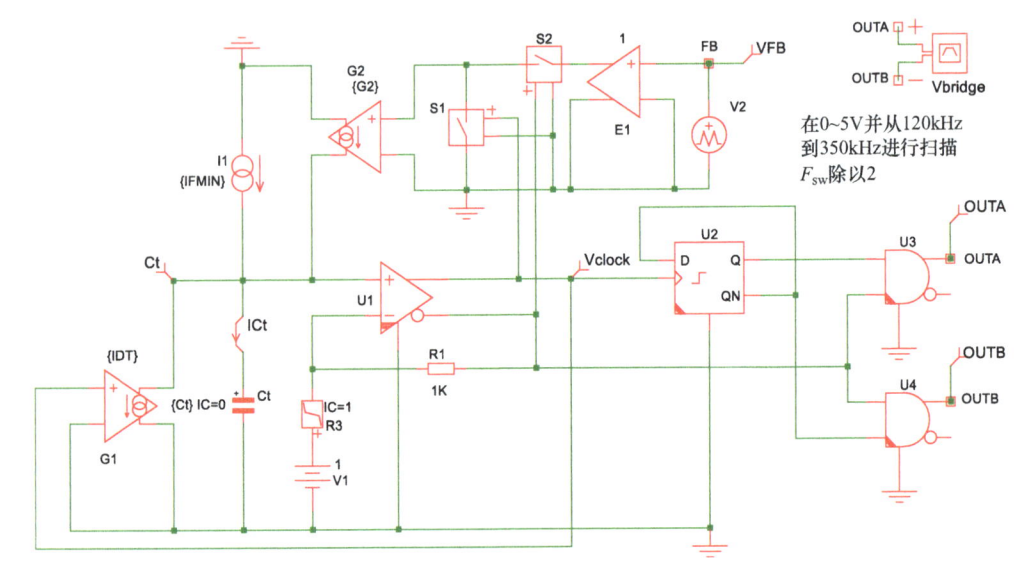

图 16-1　LLC 变换器 SIMPLIS® 功率级仿真

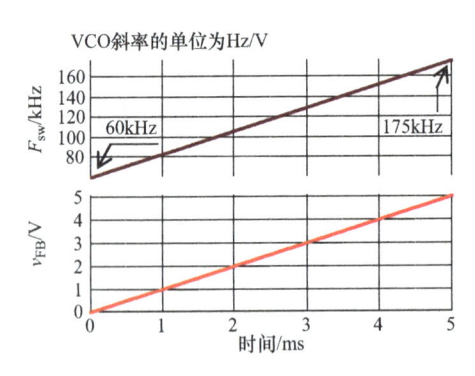

图 16-2　VCO 模块的特性

16.2　功率级响应

　　VCO 对频率的直接控制会导致多种控制到输出的传递函数，这些传递函数使得环路补偿变得困难。根据谐振腔的设计、负载条件和输入电压的大小，LLC 变换器可能会跨越不同的工作模式，这些变化都会导致不同的交流响应。因此，变换器必须在所有这些模式下保持稳定。测试电路如下所示：PFC 前级的输出电压为 400V，而 LLC 变换器的输出为 24V/10A。然而，为了满足保持时间的要求，LLC 变换器在输入电压降至 340V 时仍需保持正常运行。LLC 变换器 SIMPLIS® 仿真如图 16-3 所示。

第 16 章　LLC 变换器

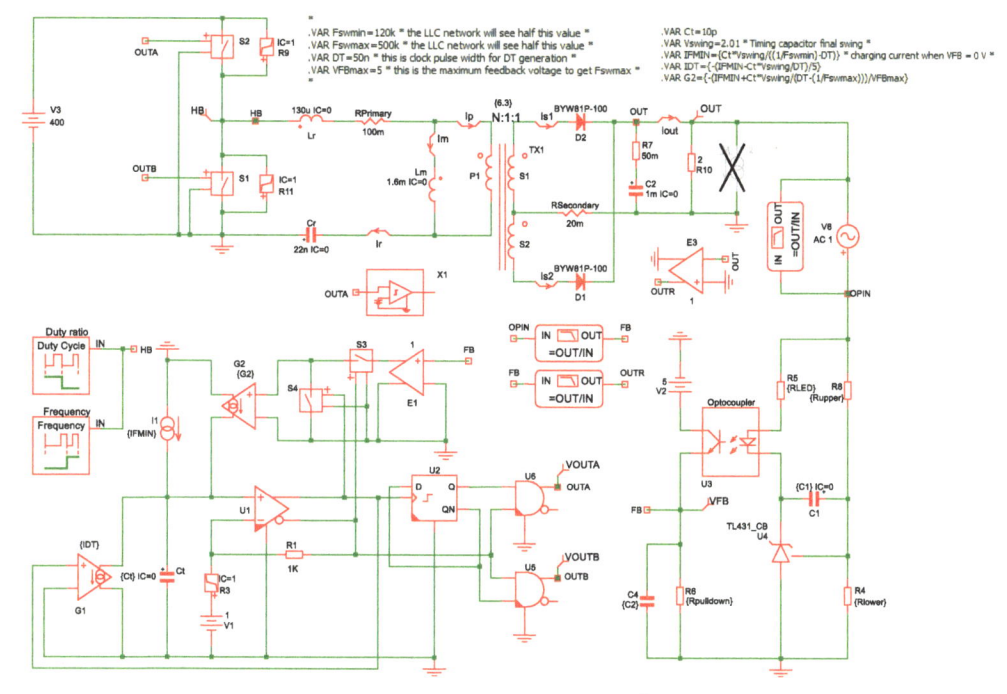

图 16-3　LLC 变换器 SIMPLIS® 仿真

为了展示输入和输出条件的影响，可以进行多步分析。使用 SIMPLIS® 软件对 2～12Ω 的负载进行 10 次扫描，并记录功率级的响应。在此过程中，输入电压将在恒定负载下从 340V 调整到 400V。这种分析方法能够有效地评估不同负载和输入电压条件下系统的性能变化。多步扫描仿真设置如图 16-4 所示。

图 16-4　多步扫描仿真设置

155

16.3　交流响应的高度可变性

根据操作点的不同，功率级的交流响应会发生显著变化，尤其是在环路闭合后，这些变化将直接影响穿越频率。由于这种动态特性，电路在不同操作条件下表现出明显的频率和增益变化。因此，必须仔细设计补偿器，以确保在不同的工作点和负载情况下保持稳定性。图 16-5 展示了该电路拓扑在各种操作点下的极端可变性，强调了频率响应、增益，以及相位裕量的显著波动。这种变异性进一步凸显了适应性补偿设计的重要性，以便在大范围的工作条件下维持足够的控制裕量。

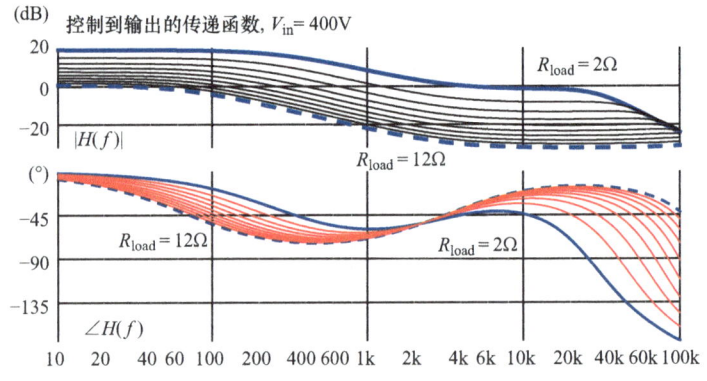

图 16-5　LLC 变换器控制到输出传递函数多步仿真的交流响应

输入电压现在在 360～400V 波动，相较于负载变化，其变异性较小。根据图 16-6 所示曲线进行分析，1kHz 的穿越频率似乎是一个合适的选择，既能保证系统的稳定性，又能在不同的输入条件下保持良好的性能。需要注意的是，如果设计不同的谐振网络（如匝比、L_m/L_r 比），系统的响应也会发生变化，这会带来一组新的曲线，包括峰值幅度响应和拍频等特性。因此，在设计和调整过程中，必须根据不同的谐振参数重新评估系统的动态性能和稳定性，确保补偿设计能够适应新的谐振条件。

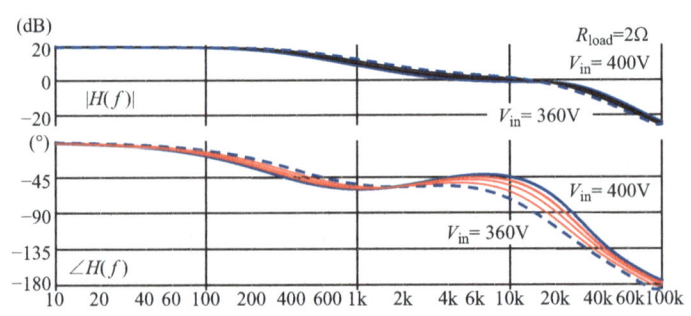

图 16-6　LLC 变换器开环多步仿真的交流响应

16.4 闭环响应

我们已经实现了一个驱动光电耦合器的 2 型补偿器。由于功率级的幅值变化，穿越频率会受到显著影响，尤其是在轻载情况下。因此，确保系统在各种极端条件下（如轻载或空载）保持足够的相位和增益裕量非常重要。在轻载或空载状态下，许多 LLC 开关控制器通过编程跳周期的方式来限制最大频率偏移，从而减少高频损耗并控制不稳定性。因此，在设计和验证过程中，应特别关注这些工作模式下的稳定性，确保补偿器能适应频率变化并保持系统在安全的范围内工作。LLC 变换器的闭环多步仿真的交流响应和闭环负载阶跃响应如图 16-7 和图 16-8 所示。

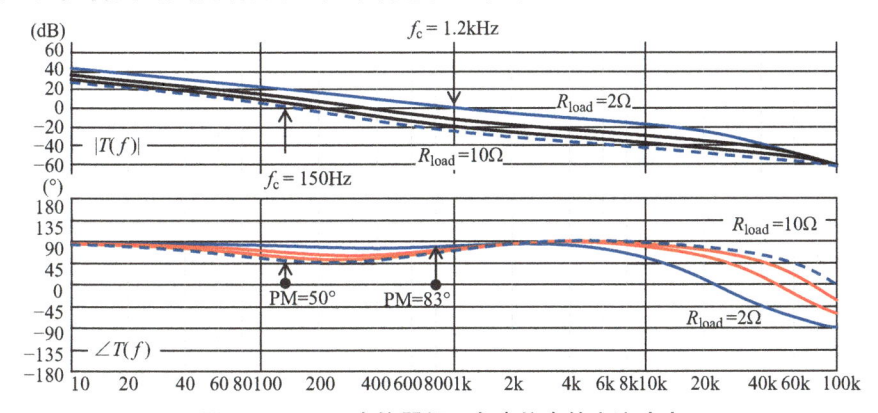

图 16-7 LLC 变换器闭环多步仿真的交流响应

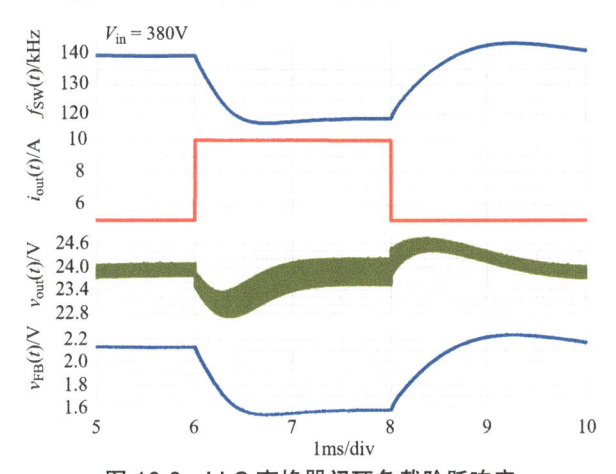

图 16-8 LLC 变换器闭环负载阶跃响应

当负载从 5A 阶跃到 10A，斜率为 1A/μs 时，输出电压下冲为标称电压的 5%。如果穿越频率无法提升，就必须增加输出电容的值以减少下冲量。通过将穿越频率提高到 2kHz，并使用 2.2mF 的输出电容，可以将电压下冲限制在输出标称电压的 3% 以内。这样能有效改善动态负载响应，减少电压波动。

16.5 Bang-Bang 电荷控制的 LLC 变换器

在直接频率控制（DFC）模式下运行的 LLC 变换器，其控制到输出的传递函数比较复杂，使得环路补偿变得困难。与 DFC 不同的是，通过监测谐振电容的峰值和谷值电压，可以更直接地调整传输功率。这样一来，误差电压逐周期地决定了从一次侧到二次侧传递的能量，同时间接地设置了工作频率。这一技术通过电容电压的调节，简化了功率控制的过程。女王大学（加拿大金斯顿）的研究人员在 2013 年发表的一篇论文中详细描述了这种基于电容电压调节的功率控制方法[7]。电容电压调节的波形如图 16-9 所示。

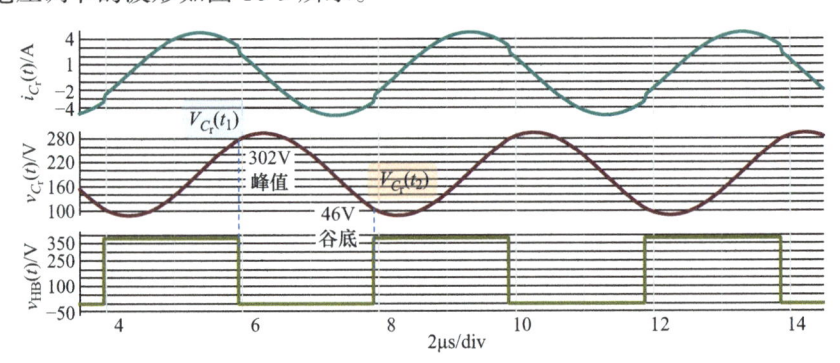

图 16-9 电容电压调节的波形

在图 16-9 的波形中，可以观察到谐振电容 C_r(36nF) 的电压变化，呈现出峰值和谷值。通过公式 $P_{in}=\Delta Q \times F_{SW} \times V_{in}$，可以计算功率，其中 $\Delta Q = (302V–46V) \times 36n = 9.22\mu C$。根据开关频率和 350V 的输入母线电压，这个电荷对应的处理功率约为 268W。NXP（恩智浦）已经发布了采用 Bang-Bang 电荷控制的专用控制器，该控制器通过对调制器的对称缩放，调整电容峰谷电压来控制传输功率，其原理如图 16-10 所示。此外，TI（德州仪器）也提供了类似但稍有不同的版本，采用混合滞环模式，其中检测到的电容电压会加入一个人工斜坡，以实现更精确的控制。

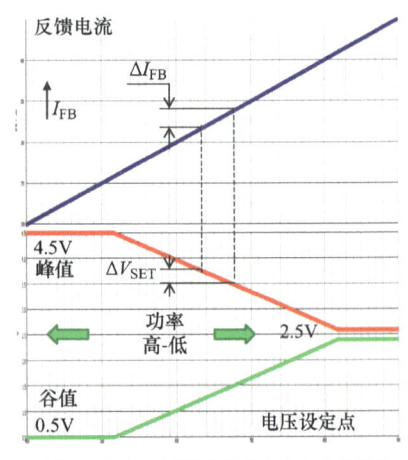

调制器调整按比例缩小的电容电压的峰值和谷值电压。

图 16-10 电容电压调节控制传输功率原理

16.5.1 功率级特性

该技术的目的是获得一个易于补偿的简化的控制到输出传递函数。作者已经证明,Bang-Bang 控制的 LLC 变换器的传递函数可以简化为一阶表达式,这使得控制系统的设计和补偿更为直观和高效。

$$H(s) = H_0 \frac{1+\dfrac{s}{\omega_z}}{1+\dfrac{s}{\omega_p}} \quad H_0 = \frac{k_{sen}V_{in}R_{load}C_rF_{sw}}{V_{out}} \quad \omega_p = \frac{1}{C_{out}R_{load}} \quad \omega_z = \frac{1}{C_{out}r_c} \quad (16\text{-}1)$$

k_{sen} 为输入电压缩放系数

这是 TEA2017 的一个应用实例(见图 16-11),它包括一个前级功率因数校正(PFC)电路以及一个电荷控制的功率调制器。该实例适用于 500W 的变换器设计,其工作点波形如图 16-12 所示。

在 385V 直流输入时,开关频率约为 250kHz。为了优化该变换器的性能,选择 2 型补偿器是一个良好的方案。具体而言,补偿器的一个零点设置在 2.2kHz,一个极点设置在 45kHz,从而实现 10kHz 的目标穿越频率。然而,采用直接频率控制的 LLC 方案无法实现这个穿越频率。

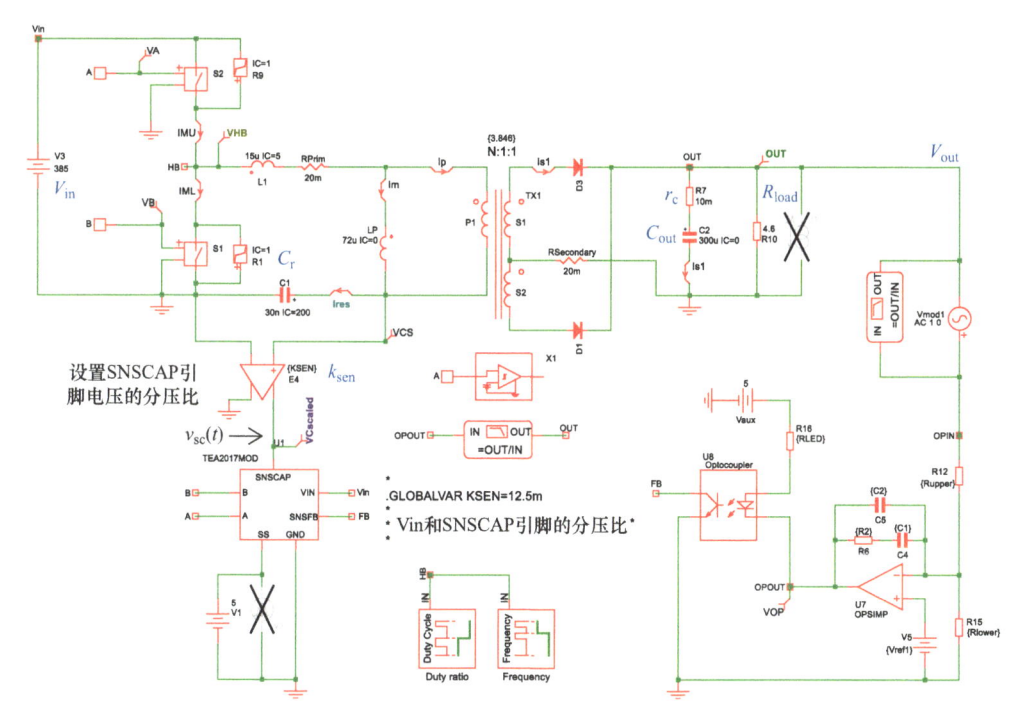

图 16-11 Bang-Bang 控制的 LLC 变换器 SIMPLIS® 仿真

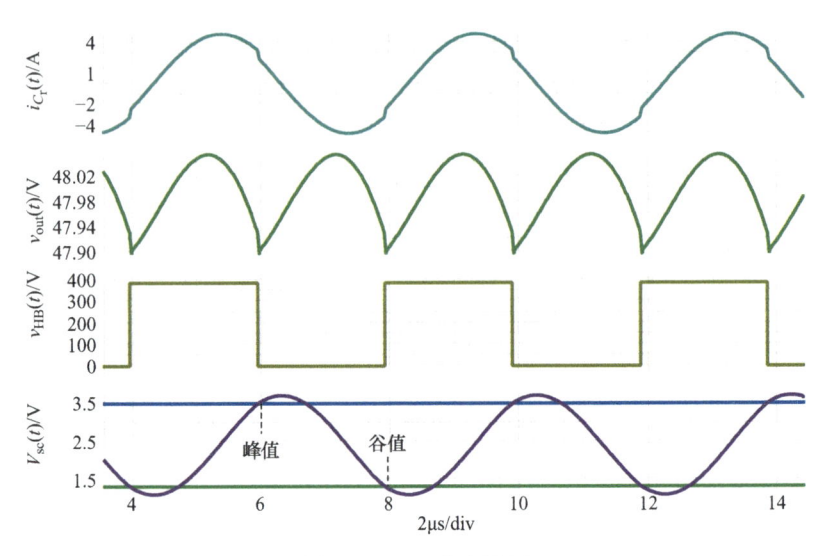

图 16-12 工作点波形

16.5.2 一个表现良好的交流响应

我们可以通过使用 SIMPLIS 的多步仿真功能立即检查负载对传递函数的影响。如图 16-13 所示，当负载在 4.6Ω（500W）和 15Ω（153W）之间变化时，穿越频率几乎不受影响。

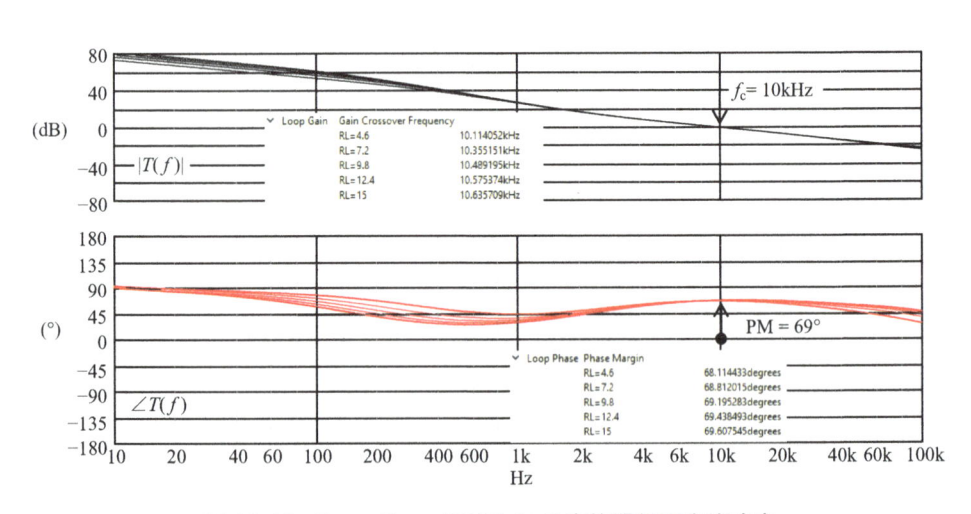

图 16-13 Bang-Bang 控制的 LLC 变换器闭环交流响应

类似地，在恒定 500W 输出功率下，如图 16-14 所示，将直流输入从 360V 变化到 410V 时，穿越频率 f_c 从 8.5kHz 变化到 11kHz，这一变化非常窄。5A 到 11A 的负载阶跃，斜率为 1A/μs，进一步证实了良好的瞬态响应。

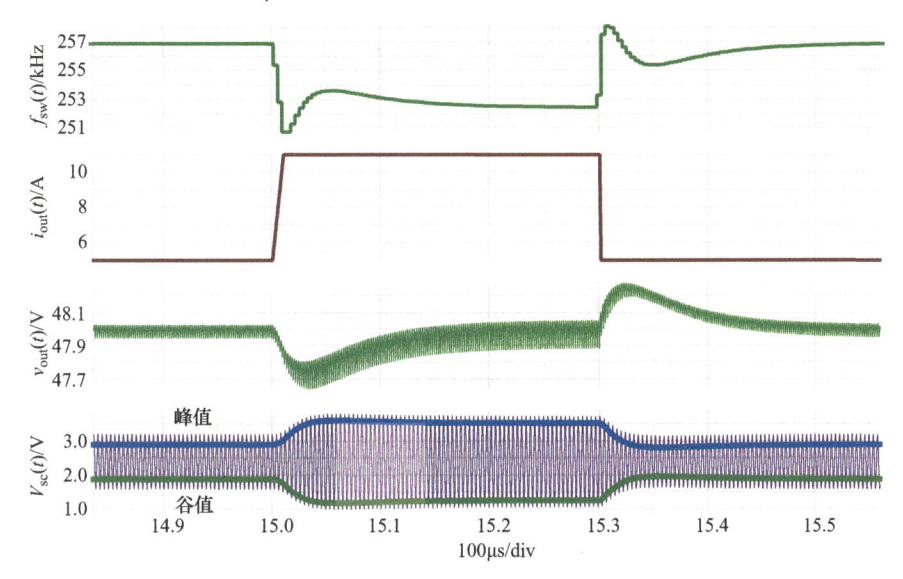

图 16-14 Bang-Bang 控制的 LLC 变换器负载阶跃响应

瞬态响应快速且干净，没有振荡。同时，可以清楚地看到环路是如何调整峰值和谷值阈值的。

16.6 电流模式 LLC 变换器

LLC 变换器也可以在 CM 控制中运行，并有多种实现方案。例如，来自 onsemi 的 NCP1399 能够在监测谐振电流的同时打开高侧开关管。当电流达到设定值时，控制器将关断开关管。它精确记录导通时间，并在低侧开关管导通时将此时间复制，以实现精确的 50% 占空比。开关频率同样由峰值电流设定点间接决定。我围绕一个 10pF 的定时电容构建了调制器，该电容以相同的电流从峰值充放电至 0V。在导通时间结束时，电容达到其峰值电压，而关断时间则是将电容电压降到 0V 所需的时间。对于理想器件，占空比正好是 50%。

LLC CM 控制还需要注入一些补偿斜坡。图 16-15 展示了如何通过从设定的峰值电流水平的误差电压中减去下降斜坡来实现这一点。然后，在驱动半桥式晶体管之前加入死区时间。CM LLC 变换器半桥斜坡补偿如图 16-16 所示。

该电路产生的电压斜坡为 82kV/s，并通过增益为 2 的放大器增加到 164kV/s。

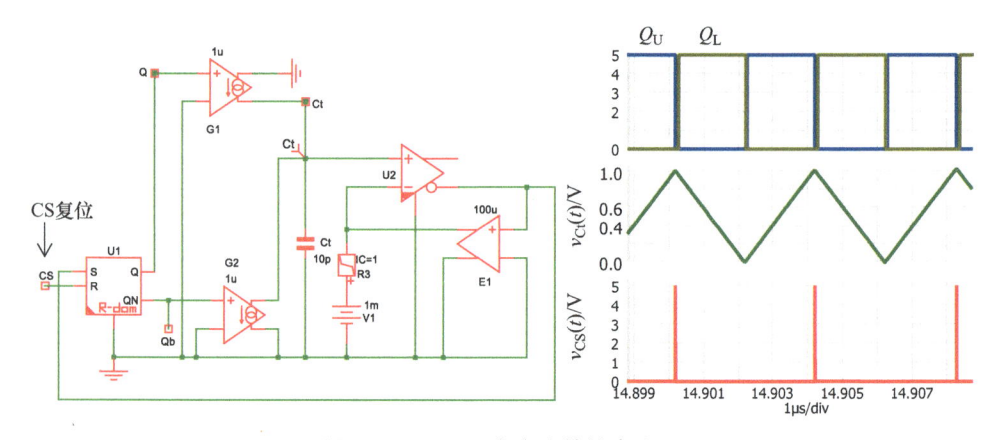

图 16-15　50% 占空比的仿真实现

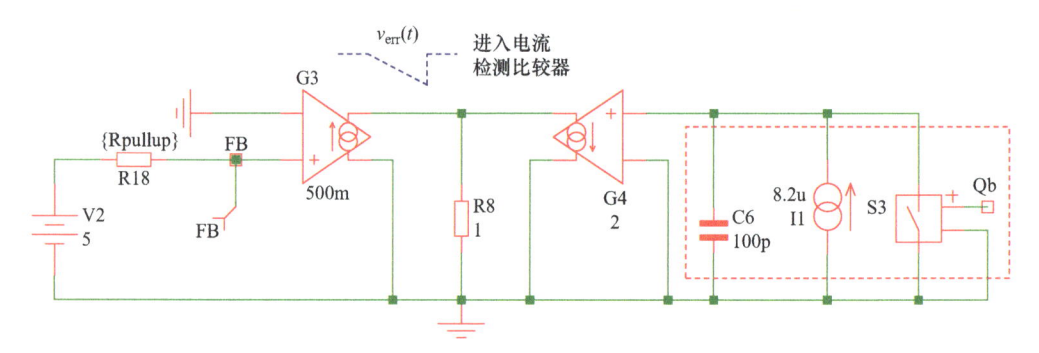

图 16-16　CM LLC 变换器半桥斜坡补偿

16.6.1　电流模式 LLC 变换器的仿真

图 16-17 展示了完整的电路，并标出了不同的电路模块，其工作点波形如图 16-18 所示。我增加了单独的死区时间子电路，以减少桥臂换流中的直通电流。谐振电流通过一个微分电容来检测电容 C_1 上的电压。然后，该信号与调节环路施加的设定值进行比较，调节环路确保在 10A 电流下输出 48V。

变换器的输入电压为 DC 385V，开关频率为 249kHz，接近 Bang-Bang 电荷控制方案的工作点。由于输出电压超过了 TL431 的击穿电压，因此 2 型补偿器的设计没有快速通道。LED 电阻随意选择为 1kΩ。对于 10kHz 的穿越频率，零点位于 2kHz，极点位于 49kHz。需要确保光电耦合器的上拉电阻足够低，以将极点推到约 20kHz。如果这不起作用，使用级联电路（光电耦合器+BJT）可能是一个解决方案。

图 16-17 CM LLC 变换器的 SIMPLIS® 仿真完整电路

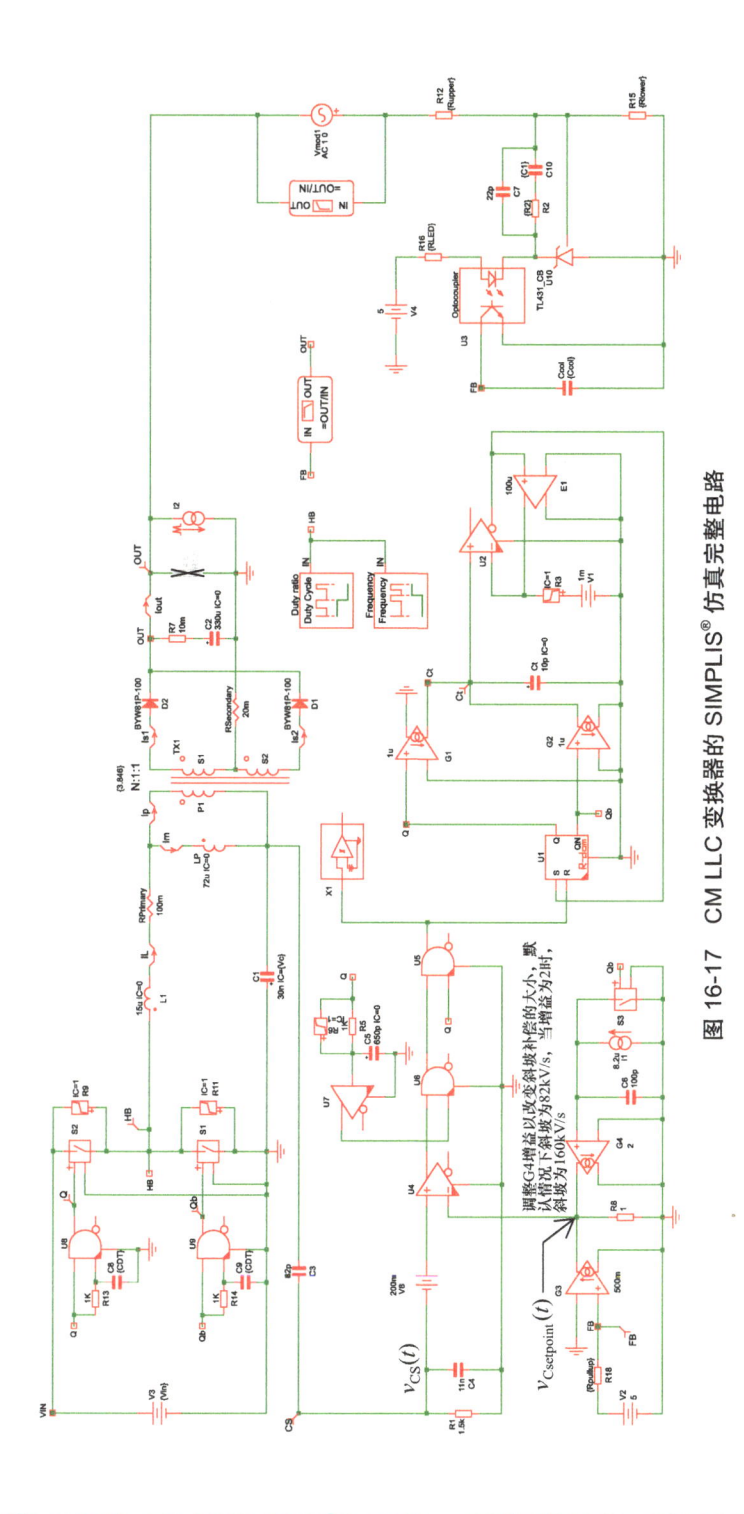

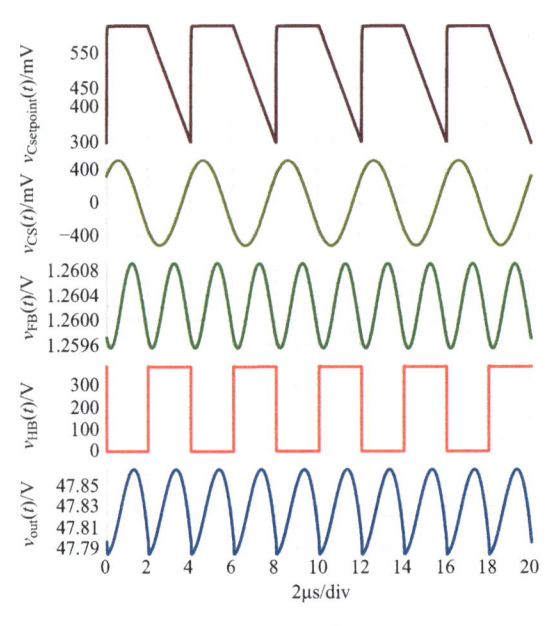

图 16-18 工作点波形

16.6.2 补偿电流模式 LLC 变换器

控制到输出的传递函数显示，补偿并没有特别困难的区域，只要光电耦合器足够快，就可以选择 10kHz 的穿越频率。CM LLC 变换器的交流响应和负载阶跃响应如图 16-19 和图 16-20 所示。

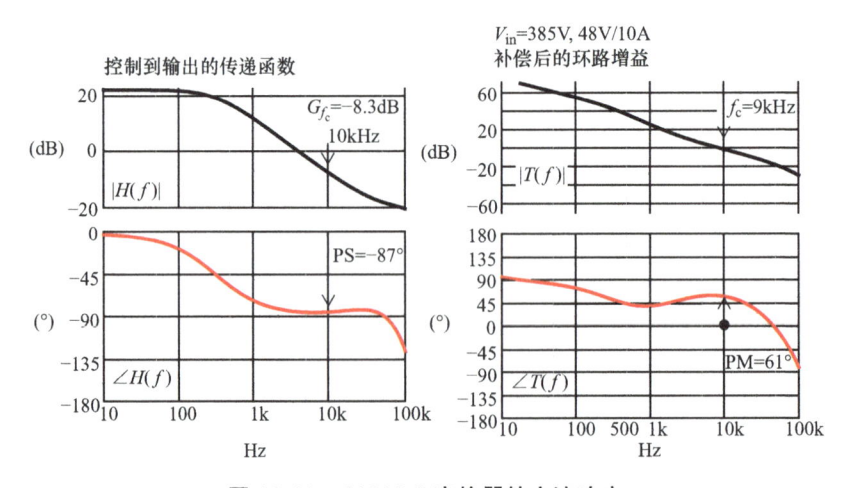

图 16-19 CM LLC 变换器的交流响应

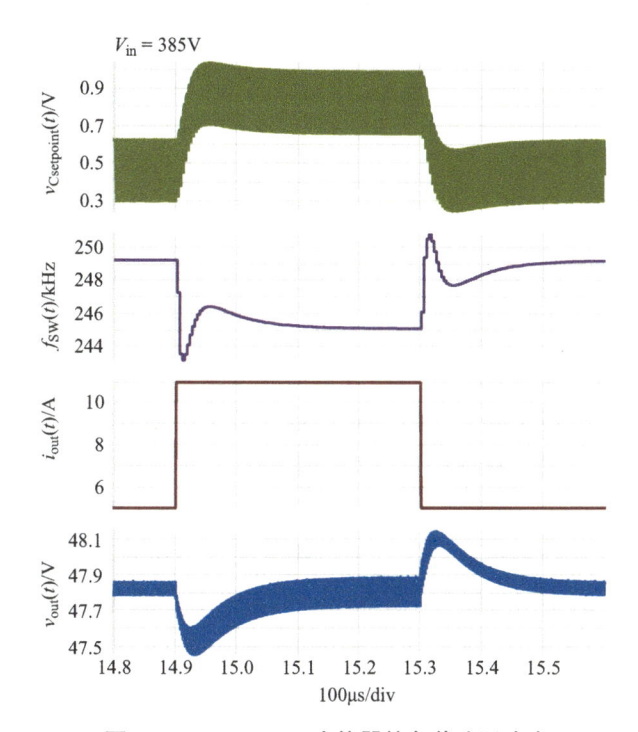

图 16-20　CM LLC 变换器的负载阶跃响应

当输出电流从 5A 阶跃到 11A，斜率为 1A/μs 时，可以看到输出响应非常稳定，没有过冲。我还运行了相同的电路，输入电压从 360V 变化到 410V，响应依然保持稳定。这表明，与直接频率控制相比，补偿这个 CM 的 LLC 变换器要容易得多。

第 17 章
实践操作

实验室工作台的测量是验证理论分析的关键步骤，无论是理论分析还是仿真分析。如果元器件的寄生参数（特别是电容）被正确提取，那么理论结果应该能够很好地接近实验结果，从而验证模型的准确性。确认模型后，可以利用计算机进行进一步探索，并进行蒙特卡罗或最坏情况电路分析（WCCA）。

对于刚开始研究环路控制的工程师，我建议从小功率和低电压的 DC—DC 变换器入手。这种方式不仅可以安全地测量工作波形或触摸电路板而不必担心电击，而且即使不进行环路设计，实验过程中也不会存在危险。我经常遇到不稳定的高压电路在第一次上电时直接达到最大占空比的情况。

在 2018 年和 2019 年的 APEC 研讨会上，我特意开发了一些小型 DC—DC 变换器，包括一个 Boost 变换器和一个 Buck 变换器，它们可以在 VM 和 CM 下工作。这些变换器由经典的 UC3843 控制器控制，误差放大器通过一些插件器件引线连接到主电路进行补偿。图 17-1 展示了 VM 版本，中间的开关可以在开环和闭环模式之间切换。电路板上的引脚设计方便为频率响应分析仪（FRA）注入和测量信号。

图 17-1 Buck 变换器实验电路板

17.1 基于 UC3843 的降压变换器

对于这些实验电路板,我必须修改 UC3843 的原始应用电路,这是一个 CM 控制器。对于 VM,构建了一个锯齿波生成器,同时添加了外部软启动和开环保护(图 17-2 中没有显示)。高端驱动使用了一种简单的驱动电路,如 Monsieur Balogh 在他的著名的应用手册 SULA618 中所描述的那样。

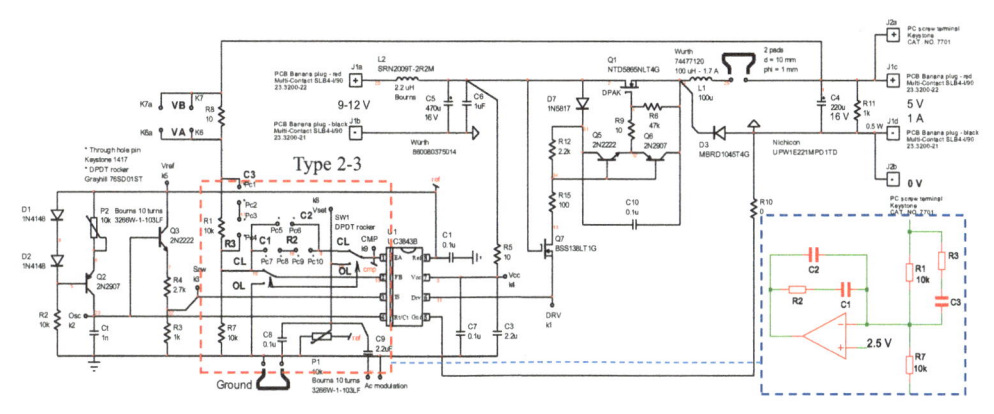

图 17-2 Buck 变换器电路原理图

如果现在使用 FAR 进行测量,并且正确提取了寄生参数,你将能够获得典型的伯德图。初次尝试可能会遇到一些困难,因为需要练习设置滤波器以及在 PCB 上正确放置探头(远离开关节点)。不过,你会看到测得的曲线与理论曲线是多么接近。测量与仿真曲线对比如图 17-3 所示。

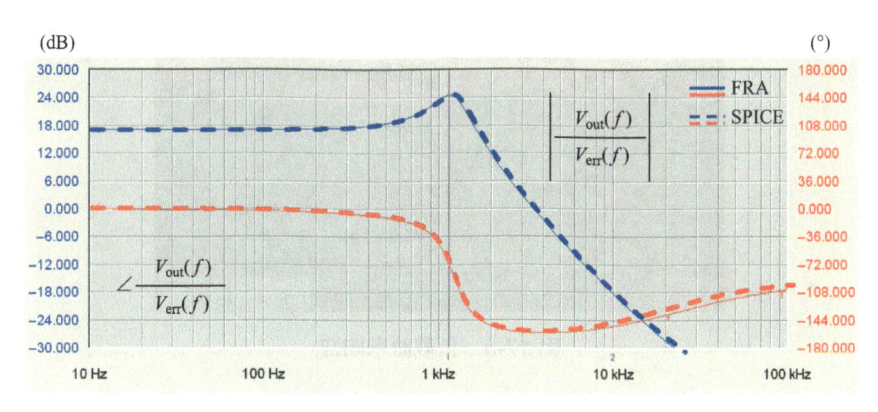

图 17-3 测量与仿真曲线对比

我喜欢将相位和幅值曲线以零为中心放置,这样读取起来更方便,特别是在分析相位裕量与环路增益时。

17.2 检查环路增益

在使用本书中描述的方法对变换器进行补偿后,请检查环路增益,并绘制穿越频率、相位和增益裕量。仿真结果与实验工作台的测量结果非常吻合,如图 17-4 所示。

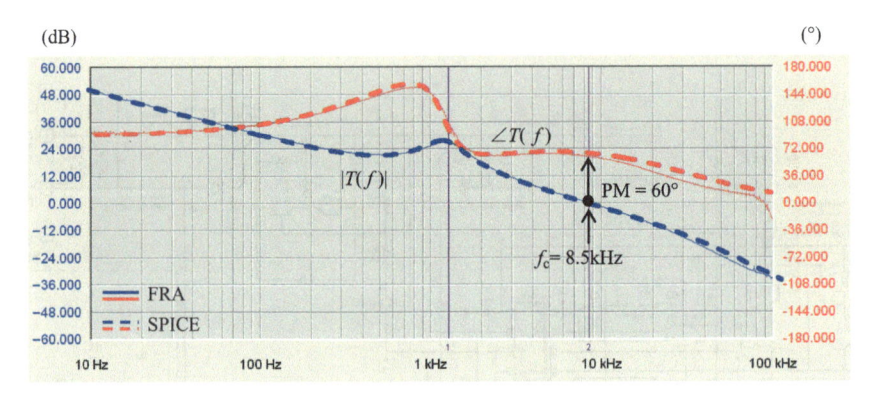

图 17-4 测量与仿真曲线对比

在不同的工作条件下进行负载阶跃测试时,请注意,虽然小信号输出阻抗(或仿真)可以用来预测瞬态响应,但由于许多非线性行为和杂散寄生参数未被考虑,实际测试可能会产生不同的结果。负载阶跃响应如图 17-5 所示。

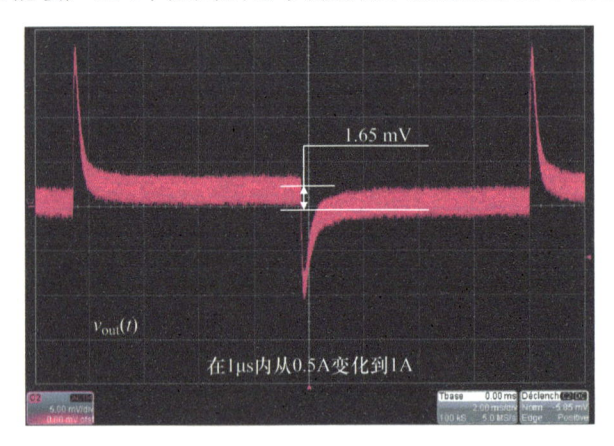

图 17-5 负载阶跃响应

响应看起来良好,没有明显的过冲。在加载时,直流漂移量(下冲)为 1.6mV。如果在保持其 f_c 不变的情况下减少相位裕量,恢复时间将如预期那样缩短。

如果你想组装这些电路进行学习,请通过电子邮件与我联系,我将发送原理图和材料清单(BOM)给你。

关于本主题推荐阅读的几本书籍

我已汇总了一些书籍，相信阅读后能丰富你在控制领域的知识。虽然资料繁多，但专注于这一领域的书籍不多，尤其缺乏包含可立即用于实战的细节的内容。

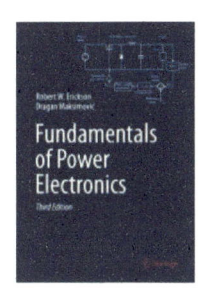

这本书是由 Robert Erickson 和 Dragan Maksimović 合著的一本优秀且全面的教科书，是工程师理解理论内容的必读书籍。

这本书由 Christophe Basso 撰写，中文版由机械工业出版社引进并翻译出版，书名为《开关电源控制环路设计》。书中涵盖了必要的理论与设计考虑之间的平衡，并提供了许多实例。

这本书是 UNITRODE 电源研讨会系列是必不可少的资源，是多年前由最优秀的应用工程师撰写的，包括 Lloyd Dixon、Bob Mammano 和 Bill Andreycak 等人。

这本书由 Roberto Saucedo 和 Earl Schiring 撰写，虽然是一本较老的书，但其中包含了许多有用的理论知识，至今仍然适用！

这本书由 L. Corradini、D. Maksimović、P. Mattavelli 和 R. Zane 合著，中文版由机械工业出版社引进并翻译出版，书名为《高频开关变换器的数字控制》。如果你在寻找严谨且全面的数字控制相关内容，这本书是一个很好的选择。

这本书由 Christophe Basso 撰写。如果你想了解如何推导开关变换器的传递函数，这本书是一个理想的选择。

参 考 文 献

我尝试列出了一些我认为与环路控制主题相关的论文。尽管这份资料清单并不全面，但每篇论文都是另一个知识的宝贵来源。

1. V. Vorpérian, Simplified Analysis of PWM Converters using Model of PWM Switch, parts I and II, IEEE Transactions on Aerospace and Electronic Systems,Vol. 26, NO. 3, 1990.
2. V. Vorpérian, Analysis of Current-Controlled Converters using the Model of the Current-Controlled PWM Switch, Power Conversion and Intelligent Motion Conference, pp. 183-195, 1990.
3. K. Yao et al., Critical Bandwidth for the Load Transient Response of Voltage Regulator Modules, IEEE Transactions on Power Electronics,Vol. 19, NO. 6, 2004.
4. C. Hymowitz, Monte Carlo goneWrong, on-line EDN Magazine, 2019.
5. R. D. Middlebrook, Input Filter Considerations in Design and Application of Switching Regulators, IEEE Proceedings, 1976.
6. R. B. Ridley, A New Small-Signal Model for Current-Mode Control, PhD Dissertation, Virginia Polytechnic Institute and State University, November, 1990.
7. Z. Hu, Y. Liu, Bang Bang Charge Control for LLC Resonant Converters, IEEE Transactions on Power Electronics,Vol. 30, NO. 2, 2015.
8. D. Venable, The k Factor; A new Mathematical Tool for Stability Analysis and Synthesis, Proceeding of Powercon 10, San-Diego, CA, march 22-24,1983.
9. Y. Panov, M. Jovanović, Small-signal analysis and control design of isolated power supplies with optocoupler feedback, IEEETransactions on Power Electronics,Vol. 20, NO. 4, 2005.
10. R. B. Ridley, Designing with theTL431, Designer Series XV, Switching Power Magazine, 2005.
11. C. Basso, TheTL431 in the Control of Switching Power Supplies,onsemi Seminar, September 2009.
12. L. Dixon, Closing the Feedback Loop, SEM300, Unitrode Seminars, SLUP068,Texas-Instruments.
13. C. Basso, Understanding Op Amp Dynamic Response In A Type-2 Compensator, 2-part article,How2Power.com, January 2017.
14. C. Basso, Modern Control Methods For LLC Converters Simplify Compensator Design, How2Power.com, December 2021.
15. C. Basso, Analysis, Simulation and Experimentation Enable Successful Design of Power Supply Compensation, How2Power.com, July 2020.
16. Y. Panov, M. Jovanović, L. Huber, Principles of Converter Control, Internal Course, Delta Electronics,2002.
17. M. Jovanović, Introduction to Digital Control of Switch-Mode Power Converters, Internal course, Delta Electronics, 2014.
18. J.Turchi, Compensation of a PFC Stage Driven by the NCP1654, onsemi,AND8321/D, 2009.